LA PERSPECTIVE CVRIEVSE.

R.P. Joannes Franciscus Niceron ex Ordine Minimorum, egregijs animi dotibus et singulari Matheseos peritia celebris, Obijt Aquis Sextijs 22 Septembris an Dñi 1646, Ætat 33.

Ære micat mentis vis ignea, vultibus ore:
Ars tibi quid fingis? Lux Niceronus erat.

LA PERSPECTIVE CVRIEVSE

DV

REVEREND P. NICERON
MINIME.

DIVISE'E EN QVATRE LIVRES.

AVEC

L'OPTIQVE ET LA CATOPTRIQVE
du R. P. Merfenne du mefme Ordre, mife en lumiere
aprés la mort de l'Autheur.

*OEVVRE TRES-VTILE AVX PEINTRES,
Architectes, Sculpteurs, Graueurs, & à tous autres
qui fe meflent du Deffein.*

A PARIS,
Chez la veufue F. LANGLOIS, dit CHARTRES, ruë
S. Iacques, aux Colomnes d'Hercule.

M. DC. LII.
Auec Priuilege du Roy.

TABLE
DES PROPOSITIONS
CONTENVES AVX QVATRE
LIVRES DE LA
PERSPECTIVE CVRIEVSE.

PREFACE page, 1.
DEFINITIONS *Necessaires pour l'intelligence de cette Perspectiue.* p. 7. *iusques à* 10.
PROBLEMES. p. 10. *iusques à* 17.

LIVRE I.

DEFINITIONS. page, 19.
Experience Optique qui enseigne parfaitement la Perspectiue p. 21.
AXIOMES. p. 24. *iusques à* 27.
Des lignes & des points, qui sont en vsage en cette methode de Perspectiue. p. 28.
Exemples de quelques Perspectiues. p. 28.
AVIS *necessaire, pour la construction des Propositions qui suiuent.* p. 31.
PREMIERE PROPOSITION. *Vn point estant donné au plan Geometral, la hauteur de l'œil, & la distance d'auec le tableau estant pareillement données, trouuer l'apparence du mesme point au plan Perspectif, ou dans le tableau.* p. 32.
PROP. II. III. IV. V. LEMMES. p. 35. 36. 37.
PROP. VI. THEOREME. *La hauteur de l'œil sur le plan est à la hauteur de l'image horizontale qu'on void dans la commune section du plan optique & du tableau, comme toute la ligne totale des distances est à la partie de cette ligne qui se trouue entre l'obiet visible & le tableau.* p. 37.
PROP. VII. *Les lignes droites lesquelles estant situées dans vn plan parallele à l'horizon, sont perpendiculaires à la base du tableau, aboutissent au point principal de la Perspectiue.* p. 38.

a

Table des Propositions

PROP. VIII. *Donner quelques exemples pour la pratique de la susdite methode.* p. 39.

PROP. IX. *Appliquer l'vsage de cette regle au racourcissement des cercles & autres figures comprises de lignes courbes.* p. 42.

PROP. X. XI. XII, XIII. XIV. LEMMES. p. 43. 44. 45. 46.

PROP. XV. *Vn cercle estant donné en vn plan, la distance estant pareillement donnée, & la section, ou le tableau reposant perpendiculairement sur le plan: trouuer la hauteur de l'œil, selon laquelle, le cercle estant mis en Perspectiue, son apparence soit aussi vn cercle parfait.* p. 46.

PROP. XVI. *Vn cercle estant donne en vn plan, la hauteur de l'œil estant pareillement donnée & la section, ou le tableau reposant perpendiculairement sur le plan, trouuer la distance, selon laquelle le cercle estant mis en Perspectiue, son apparence soit aussi vn cercle parfait.* p. 47.

PROP. XVII. LEMME. p. 48.

PROP. XVIII. *La hauteur perpendiculaire du point eminent est à la hauteur de son image dans la section du tableau & du rayon visuel, sur l'apparence de sa base, comme la ligne totale des distances à la partie de ces distances qui se trouuent depuis le pied iusques au tableau.* p. 50.

PROP. XIX. LEMME. p. 51.

PROP. XX. *Estant donnée la hauteur naturelle d'vne ligne perpendiculaire sur vn plan, trouuer sa diminution, ou sa Perspectiue, selon le lieu de son assiete audit plan, ou son auancement dans le tableau.* p. 51.

PROP. XXI. *La perpendiculaire tirée du point Perspectif de sa base dans le diafane iusques à la ligne horizontale est à la hauteur apparente d'vn mesme point eminent dans le tableau, sur le point de la base, duquel la perpendiculaire a esté tirée, comme la hauteur de l'œil sur le plan à la hauteur naturelle perpendiculaire d'vn poinct eminent.* p. 53.

PROP. XXII. *Mettre en Perspectiue vn cube reposant dans le plan sur l'vn de ses costez, en sorte qu'il ne le touche qu'en vne ligne.* p. 54.

PROP. XXIII. *Mettre en Perspectiue en Tetraëdre ou vne pyramide perpendiculairement sur l'vn de ses angles solides, en sorte qu'elle ne touche le plan, qu'en vn point.* p. 56.

PROP. XXIV. *Mettre en Perspectiue vn Octaëdre perpendiculairement sur l'vn de ses angles solides, en sorte qu'il ne touche le plan qu'en vn point.* p. 57.

PROP. XXV. *Mettre vn cube en Perspectiue sur l'vn de ses angles solides, en sorte qu'il ne touche le plan qu'en vn point, & que la surdiagonale du cube soit perpendiculaire au mesme plan.* p. 58.

PROP. XXVI. *Mettre en Perspectiue vn Dodecaëdre reposant au plan sur l'vn de ses costez ou arrestes, en sorte qu'il ne touche ledit plan qu'en vne ligne.* p. 63.

PROP. XXVII. *Mettre en Perspectiue vn Icosaëdre reposant perpendiculairement sur l'vn de ses angles solides, en sorte qu'il ne touche le plan qu'en vn seul point.* p. 65.

de la Perspectiue Curieuse.

PROP. XXVIII. *Donner vne methode facile pour mettre en Perspectiue quelques corps reguliers composez, ou irreguliers, qui naissent des reguliers simples.* p. 67.

PROP. XXIX. *Mettre en Perspectiue plusieurs corps irreguliers disposez en rond, à sçauoir huit pierres solides semblables & égales, dont chacune soit comprise de deux octogones, de parallelogrammes, & de trapezes.* p. 70.

PROP. XXX. *Mettre en Perspectiue vn solide composé de pyramides quarrées qui representent vne estoile disposée en forme de sphere.* p. 72.

PROP. XXXI. *Mettre en Perspectiue six estoiles solides, dont les rayons paroissent plats en dedans, & en dehors aigus comme des prismes, de sorte qu'elles semblent representer vn globe.* p. 73.

PROP. XXXII. *Mettre en Perspectiue vn solide qui face parestre vne sphere estoilée de pyramides égales à 5 pans, ou 5 angles.* p. 75.

PROP. XXXIII. *Mettre en Perspectiue vn cube percé à iour, ou composé de chevrons quarrez.* p. 78.

PROP. XXXIV. *Representer la base & le chapiteau d'vne colomne dorique dans le tableau; ou les mettre en Perspectiue.* p. 81.

PROP. XXXV. *Mettre en Perspectiue quelques figures de l'Architecture militaire.* p. 81.

PROP. XXXVI. LEMME. p. 83.

PROP. XXXVII. *Mettre quelques corps reguliers en Perspectiue selon la methode de la proposition XXXVI.* p. 84.

ABREGE' DES AXIOMES *Et des propositions, qui seruent pour la pratique de la Perspectiue.* p. 86.

ADVERTISSEMENT. p. 87.

Liure II.

AVANT-PROPOS. p. 89.

PROP. PREMIERE. *Tandis que le mesme sommet de la pyramide visuelle demeure: le mesme obiet, ou la mesme image paroist tousiours, quelque changement qui arriue à la base coupée differemment.* p. 90.

PROP. II. *Faire vne chaire en Perspectiue si difforme, qu'estant veuë hors de son poinct, elle n'en ait nulle aparence.* p. 92.

PROP. III. *Donner la methode de descrire toutes sortes de figures, images, & tableaux en la mesme façon, que les chaires de la precedente proposition, c'est à dire, qui semblent confuses en aparence, & d'vn certain point representent parfaitement vn obiet proposé.* p. 93.

PROP. IV. *Descrire geometriquement en la surface exterieure, ou conuexe d'vn cône, vne figure, laquelle quoy que difforme & confuse en aparence, estant neanmoins veuë d'vn certain point represente parfaite-*

Table des propositions.

ment vn obiet proposé. p. 97.

PROP. V. Decrire Geometriquement en la surface interieure ou concaue d'vn Cone, vne figure, laquelle, quoy que difforme & confuse en aparence: estant veuë d'vn certain point, represente parfaitement vn obiet donné. p. 100.

PROP. VI. Decrire par le moyen des nombres, en la surface exterieure ou conuexe d'vn cone, vne figure, laquelle, quoy que difforme & confuse en aparence, estant neanmoins veue d'vn certain point, represente parfaitement vn obiet proposé. p. 100.

APPENDICE. De l'vsage des tables des tangentes, tant pour la proposition precedente, que pour celles qui suiuent. p. 104.

EXPLICATION. des sinus, des tangentes, & des secantes en faueur des Peintres. p. 108.

PROP. VII. Decrire par le moyen des nombres, en la surface interieure ou concaue d'vn Cone, vne figure, laquelle quoy que difforme & confuse en aparence, estant neanmoins veue d'vn certain point, represente parfaitement vn obiet, ou vne image donnée. p. 110.

PROP. VIII. Decrire en la surface exterieure d'vne pyramide quarrée, vne figure laquelle quoy que difforme & confuse en aparence, estant veue d'vn certain point, represente parfaitement vn obiet proposé. p. 111.

PROP. IX. Donner vne methode générale pour figurer telles images qu'on voudra sur la surface conuexe ou concaue d'vn cone, ou d'vne pyramide, qui d'vn point determiné paroisse bien proportionnée & semblable à son original, quoy qu'elle paroisse confuse & difforme à l'œil qui la void directement sur le plan, sur lequel elle a esté figurée. p. 117.

PROP. X. Expliquer vne methode vniuerselle qui sert pour mettre en Perspectiue toutes sortes de figures, dans quelque plan mobile regulier ou irregulier, ou en plusieurs plans mobiles, tels que l'on voudra, soit qu'on les voye directement ou obliquement, en sorte que l'image ou la figure ressemble à l'obiet naturel. p. 121.

PROP. XI. Expliquer vne methode generale, par laquelle toutes sortes d'images veuës directement ou obliquement puissent estre decrites sur toutes sortes de plans reguliers ou irreguliers & mobiles ou immobiles, de sorte que d'vn point donné elles paroissent semblables à leurs obiets. p. 123.

PROP. XII. Expliquer comme l'on doit mettre les obiets proposez en Perspectiue sur les planchers. p. 127.

LA DESCRIPTION, Et l'vsage de l'instrument Catholique, ou vniuersel de la Perspectiue. p. 130.

PREMIERE PROPOSITION. Sur le plan proposé, d'vne distance & d'vne hauteur donnée de l'œil, mettre en Perspectiue toutes sortes d'objets auec l'instrument Perspectif vniuersel. p. 133.

PROP. II. Expliquer comme il faut descrire l'image du prototype, ou l'objet sur vne surface directe ou oblique, & reguliere ou irreguliere, par le moyen dudit instrument vniuersel. p. 134.

TRAITÉ De la lumiere, & des Ombres. p. 136. iusques à 146.

de la Perspectiue Curieuse

PROP. I. *La lumiere estant donnée auec le baston, trouuer l'ombre du baston dans le plan.* p.139.

PROP. II. *La lumiere estant donnée determiner l'ombre d'un parallelipede sur un plan.* p.140.

PROP. III. *La lumiere estant donnée trouuer l'ombre dans le plan du parallelepipede mis en Perspectiue, & en faire la proiection.* p.140.

PROP. IV. *La lumiere estant donnée, mettre en Perspectiue l'ombre d'un tetraèdre situé perpendiculairement sur l'un de ses angles solides.* p.141.

PROP. V. *La lumiere estant donnée, trouuer l'ombre Perspectiue d'un cylindre oblique.* p.142.

PROP. VI. *La lumiere estant donnée, trouuer la Perspectiue de l'ombre d'une pyramide penduë en l'air.* p.142.

PROP. VII. *La lumiere estant donnée trouuer l'ombre estenduë sur diuers plans d'un solide donné.* p.142.

PROP. VIII. *Descrire les ombres de toutes sortes de corps, qui sont faits par la lumiere du Soleil.* p.143.

PROP. IX. *Mettre en Perspectiue l'ombre des corps illuminez par la lumiere d'une fenestre.* p.146.

Liure. III.

AVANT-PROPOS. p.147.

PROPOSITION PREMIERE. *Construire une figure ou image en un quadre, de sorte qu'elle ne puisse estre veuë que par reflexion en un miroir plat, & que le quadre estant veu directement, on en represente une autre toute differente.* p.151.

PROP. II. *Expliquer quelle doit estre la matiere des bons miroirs, ce qui entre en sa composition, la maniere de les fondre, & ietter en moule, & de leur donner un beau poly.* p.154.

PROP. III. *Estant donné un miroir cylindrique conuexe perpendiculaire sur un plan parallele à sa base, descrire en ce plan une figure, laquelle, quoy que difforme & confuse en aparence, produira au miroir par reflexion une image bien proportionnée, & semblable à quelque obiet proposé.* p.156.

PROP. IV. *Estant donné un miroir cylindrique conuexe perpendiculaire sur un plan parallele à sa base, descrire geometriquement en ce plan une figure ou image, laquelle, quoy que difforme & confuse en aparence, estant veüe d'un certain point, produise par reflexion d'un miroir une image bien proportionnée, & semblable à quelque obiet proposé.* p.162.

PROP. V. *Estant donné un miroir conique conuexe sur un plan parallele à sa base, le point de veüe estant en la ligne de l'axe, laquelle soit perpendiculaire au mesme plan, esloigné du mesme plan & de la pointe du miroir d'une distance proposée: descrire sur ce plan autour du miroir une*

Table des Propositions.

figure, laquelle quoy que difforme & confuse en apparence, estant veuë de son point par reflexion dans le miroir, paroisse bien proportionnée & semblable à quelque obiet proposé.   p.168.

Liure IIII.

AVANT-PROPOS.   p.173.

PROP. PREMIERE. *Expliquer la maniere de tailler & polir les verres & cryftaux poligones ou à facettes, de quelle forme qu'on voudra.*   p.176.

PROP. II. *Expliquer la façon de disposer le plan auquel on descrit ordinairement ces figures, & dresser la lunette par laquelle elles font veues.* p.178.

PROP. III. *Donner la methode de diuiser le plan du tableau, & y tracer le plan artificiel de la figure, où les espaces ausquels doit estre reduite chacune de ses parties.*   p.180.

PROP. IV. *Construire le plan naturel de l'image, la descrire audit plan, & en faire la reduction au plan artificiel, de sorte qu'estant veuë par la lunette, elle y paroisse aussi bien proportionnée qu'au plan naturel.* p.184.

PROP. V. *Les parties de la figure estant reduites és espaces du plan artificiel, les desguiser de sorte qu'en cachant l'artifice de la construction, on fasse que la peinture estant veuë directement, represente vne chose toute differente de ce qui s'y doit voir par la lunette.*   p.188.

PERMISSION DES SVPERIEVRS.

Nous F. Pierre Apreſt, Prouincial des Minimes en la Prouince de France, permettons l'impreſſion du liure Intitulé la *Perſpectiue Curieuſe*, compoſé & augmenté par le P. Iean François Niceron Religieux de noſtre Ordre & Prouince, auquel ſont adiouſtés les liures de l'Optique & Catoptrique du P. Marin Merſenne Religieux du meſme Ordre, veus, examinés, & aprouués par les Theologiens de noſtredit Ordre, auſquels nous en auons donné la commiſſion; en foy de quoy nous auons ſigné la preſente en noſtre Conuent de Nigeon, le 4. Nouembre 1651.

F. PIERRE APREST, PROVINCIAL.

PROBATION DES THEOLOGIENS DE L'ORDRE.

Nous-souſſignez Religieux de l'Ordre des Minimes, ayant veu par commandement de noſtre R. Pere Prouincial, les liures de la *Perſpectiue Curieuſe*, du feu R. Pere Iean François Niceron Religieux & Theologien du meſme Ordre, reueus & augmentez, auec le Traité de l'Optique & Catoptrique du feu R. Pere Marin Merſenne auſſi Religieux & Theologien de noſtre Ordre, nous les auons approuuez, comme ne contenant rien de contraire à la foy Catholique, ny aux bonnes mœurs : Mais des choſes belles, curieuſes, doctes & nouuelles, tres dignes de voir le iour pour le bien & la ſatisfaction du public. Fait en noſtre Conuent de Saint François de Paule prés la place Royale à Paris, ce 5. Nouembre 1651.

F. HILARION DE COSTE.

FRERE AMBROISE GRANJON.

EXTRAICT DV PRIVILEGE DV ROY.

LOVIS PAR LA GRACE DE DIEV, ROY DE FRANCE ET DE NAVARRE: A nos amez & feaux Conseillers, les Gens tenans nos Cours de Parlement, Maistres des Requestes de nostre Hostel, Preuost de Paris, ou Lieutenant Ciuil, Baillifs, Senefchaux & autres nos Officiers qu'il appartiendra, Salut. Nostre bien Amé FRANÇOIS LANGLOIS, DIT CHARTRES, Marchand Libraire en l'Vniuersité de Paris. Nous a fait remonstrer qu'il luy a esté mis en main le Manuscript d'vn liure composé en latin & en François par le P. FRANÇOIS NICERON, Prestre Religieux Minime du Conuent de la Place Royale à Paris. Intitulé *La perspectiue Curieuse*, diuisé en plusieurs parties, qu'il desireroit faire imprimer auec ses figures, pour donner ce curieux ouurage au public s'il nous plaisoit luy en accorder la Permission. Et sur ce nos lettres necessaires. A CES CAVSES, desirant contribuer à la facilité des sciences, & instructions du public. Nous auons permis, permettons audit suppliant Imprimer ou faire Imprimer en tel volume ou caractere qu'ils iugera à propos ledit liure, tant en langue Latine que Françoise auec ses figures, vendre & distribuer icelui durant le temps de sept ans à compter du iour qu'il sera acheué d'imprimer. Pendant lequel temps nous faisons tres expresses deffences à toutes personnes de quelque qualité & condition qu'elles soient de l'imprimer ou faire imprimer, de le vendre & distribuer en aucun lieu de nostre Royaume & lieux d'obeissance, soubs quelque pretexte que ce soit, correction, augmentation, changement de titre, desguisement des figures ny reduction de grād en petit, ou autrement en quelque maniere que ce soit, sans le consentement dudit exposant, ou de ceux qui auront pouuoir de luy, à peine de confiscation des exemplaires & de ceux qui seront contrefaits d'amande arbitraire & de tous despens dommages & interests, à la charge qu'il sera mis deux desdits liures imprimez en vertu des presentes en nostre Bibliotheque publique, & en celle de nostre feal le sieur Seguyer, Cheualier Chancelier de France, auant que de les exposer en vente à peine de nullité des presentes. Et vous mandons que du contenu en icelles vous ayez à faire iouir ledit exposant plainement & paisiblement, cessant & faisant cesser tous troubles & empeschemens, ains au contraire. Voulons en outre que mettant au commencement ou à la fin dudit liure coppie de la presente Permission ou vn extraict d'icelle, il soit tenu pour bien & deuëment signifié : Ce mandons au premier Huissier ou Sergent sur ce requis faire pour l'execution des presentes, tous exploicts necessaires sans pour ce demander autre Permission. CAR TEL EST NOSTRE PLAISIR. Donné à Paris le 12. Iour de May l'an de grace, Mil six cens quarante six, & de nostre regne le troisiesme.

Par le Roy, en son Conseil.   VIGNERON.

Acheué d'Imprimer pour la premiere fois le 25. Nouembre 1651.

PREFACE.

PREFACE.
AV LECTEVR.
SVR LE DESSEIN, L'INSCRIPTION, LE
*sujet & l'ordre de ce traité : auec quelques auis necessaires pour
ceux qui le voudront lire auec fruit & contentement.*

TOVTES les parties des Mathematiques ont de rares inuentions, & des subtilitez qui les ont fait estimer & cultiuer par les plus beaux esprits de l'antiquité, & qui les font encore aujourd'huy rechercher par les plus curieux de nostre siecle: mais il faut auoüer que celles-là ont quelque priuilege par dessus les autres, qui auec les veritez qu'elles demonstrent, & dont elles perfectionnent nos entendemens, nous fournissent mille commoditez dans l'execution de nos entreprises, & recreent nos sens, en exerçant l'industrie de ceux, qui ne se contentans pas de speculations inutiles, prennent plaisir de voir reüssir au dehors l'effet de ce qu'ils ont medité: C'est ainsi que l'Architecture tant Ciuile que Militaire, nous prescrit des regles pour l'ordre & la symmetrie des edifices; qu'elle donne le moyen de fortifier, deffendre & attaquer les places; & de dresser en plaine campagne des bataillons de toutes sortes, suiuant les lieux & les rencontres; & que la Mechanique nous fournit en ses demonstrations la façon de dresser des Machines pour leuer des maisons toutes entieres. Or quand ces sciences nous prescriuent des regles, & nous donnent des inuentions par le seul discours, elles nous sont presque inutiles, iusques à ce que nous les reduisions en pratique, & que nous nous en seruions pour les commoditez de la vie, & pour la satisfaction de nos sens, qui semblent s'esleuer par dessus eux-mesmes, lors qu'ils ayent l'esprit pour considerer les rares productions des arts & des sciences: ce qui me fait renoncer à la maxime de Platon, qui rejettoit du rang des Mathematiques tout ce qui estoit attaché à la matiere, & qui croyoit que cette science s'esloignoit de sa pureté, quand

A

PREFACE.

elle faifoit pareftre aux fens quelque effet fenfible & materiel des veritez qu'elle enfeigne.

J'aime donc mieux fuiure le grand Archimede, qui a mis la perfection de ces fciences dans l'vfage, & dans la pratique : & l'on ne peut nier que les Mathematiques prifes de la forte ne nous ayent fourny de grandes vtilitez, & n'ayent produit des effets admirables par l'ayde des mechaniques, qui nous ont donné le Tour, les Poulies, les Gruës, & les Cabeftans, dont nous ferions priuez fi les Mathematiques fe fuffent contentées de la feule Theorie. Ie ne veux pas icy parler des Hydrauliques, des Pneumatiques, & des Automates, parce qu'il fuffit qu'on en voye la preuue en ce qui concerne noftre fujet, & que nous confiderions que l'vfage de l'Optique nous fornit de grands auantages pour l'accroiffement des fciences, & pour la perfection des arts ; & de tres-agreables diuertiffemens pour la fatisfaction de la veuë, qui eft le plus noble de nos fens.

Il n'eft pas neceffaire de particularifer icy d'auantage, ny de prouuer par induction vne verité fi manifefte: tous les Autheurs qui ont traité de l'Optique en ont parlé de la forte; & fi nous faifons reflexion fur ce qui fe prefente iournellement à nos yeux, nous recognoiftrons ayfement fon excellence, & nous verrons que la Geometrie Pratique emprunte d'elle les Quadrans, les Arbaftilles, les Baftons de Iacob, & plufieurs autres inftrumens pour mefurer les longueurs, largeurs, hauteurs, & profondeurs, l'Aftronomie l'appelle auffi à fon fecours, pour bien iuger de la hauteur, & du mouuement des Planetes, par le moyen des Aftrolabes, & des autres inftrumens qui conduifent le rayon vifuel. La Philofophie naturelle verifie la plus part de fes experiences par fon moyen : l'Architecture prend ordre d'elle, pour la fymmetrie & la grace de fes ouurages, qui ne font eftimez beaux, qu'entant qu'ils font agreables à l'œil dans leurs proportions : Et la peinture, que nous appellons la Princeffe des Arts, n'eft autre chofe qu'vne pure pratique de cette fcience, puis qu'il ne s'eft iamais veu bon peintre qui n'y fut fçauant. Et ceux qui y reüffiffent maintenant à Paris, comme les Sieurs Voüet premier Peintre du Roy, de la Hyre, & quelques autres, font cognoiftre qu'ils fuiuent toutes les maximes de l'Optique dans la conduite de leurs deffeins, & dans l'application de leur coloris.

Toutes les fautes que l'on remarque dans les tableaux de plufieurs peintres viennent de l'ignorance de ces principes ; par exemple s'ils veulent faire paroiftre vn pot de fleurs, planté droit au milieu d'vne table, ils le mettent fur le bord : s'ils font des figures en efloignement, ils en affoibliffent le coloris, & ne diminuent point la parfaite configuration de leurs parties, bien que la forme & la figure des objets fe defrobe pluftoft à nos yeux que la couleur, par exemple, vne tour quarrée nous paroift ronde dans

PREFACE.

l'esloignement, auāt que sa couleur s'euanouïsse L'optique a donc autant d'auantage sur les autres sciences, comme la veuë sur les autres sens : C'est pourquoy Villalpand dit en ses Commentaires sur Ezechiel, que la science de la Perspectiue est la premiere en dignité, & la plus excellente de toutes, puis qu'elle s'occupe à considerer les effets de la lumiere, qui donne la beauté à toutes les choses sensibles : & que par ce moyen l'on trace si à propos des lignes sur vn plan donné, qu'elles expriment des figures solides qui trompent les yeux, & qui deçoiuent quasi le iugement & la raison. En effet l'artifice de la peinture consiste particulierement à faire paroistre de relief ce qui n'est figuré qu'en plat. C'est pourquoy les histoires nous font si grand estat de cet ouurage de Zeuxis, qui peignit si naïfuement des grappes de raisin, que les oyseaux les venoient becqueter : & qu'elles rapportent la piece de Parrhasius, qui trompa Zeuxis, par le moyen d'vn rideau qu'il representa si naïfuement, que Zeuxis le pria de le tirer pour voir la peinture qu'il croyoit estre chachée dessous, mais si tost qu'il s'apperçeut de la tromperie, il se confessa vaincu, parce qu'il n'auoit trompé que des oyseaux, & que Parrhasius auoit trompé vn excellent Peintre.

Nous desirerions cette sorte de perfection dans les ouurages de nos Peintres ; ce qui leur manque parce qu'ils ne sçauent pas la Perspectiue, qui pourroit ayder à leur auancement. Plusieurs Autheurs en ont dressé des methodes auec des exemples. Nous auons celle de Viator en Latin & en François, imprimée il y a six vingt ans ; Albert Duret en parle dans sa Geometrie Pratique ; & Leon Baptiste Albert, au traité qu'il a fait de la Peinture. Iean Cousin, du Cerceau, Salomon de Caus & Marolois en ont traité fort amplement ; & depuis eux, les sieurs Vaulezard, Herigone & Desargues, qui en a donné vne methode generale & fort expeditiue, auec plusieurs autres beaux secrets pour la Perspectiue. Les Italiens & les Allemans en ont aussi traité, comme Sebastien Serlio, Sirigati, Vignole, auec les Commentaires du R. P. S. Egnatio Danti ; Guide Vbalde, Daniel Barbaro ; Fernando di Diano, Lenkerus, Iamitserus, Fortius, & plusieurs autres : Ce qui sera peut-estre qu'on s'estonnera qu'apres vn si grand nombre d'Autheurs qui ont escrit de la Perspectiue ie m'en sois voulu mesler, comme si ceux qui en recherchent la connoissance n'auoient pas dequoy satisfaire plainement leur curiosité dans ces ouurages.

A la verité ce qui concerne la Perspectiue commune, par exemple, le racourcissement des plans & l'eleuation des figures solides, a esté si bien expliqué par ces Autheurs, qu'il semble qu'on n'y puisse rien desirer : & particulierement par Iean Cousin & Vignole, qui se sont rendus familiers & intelligibles : aussi n'estoit-ce-pas mon premier dessein d'expliquer ces principes en ce Traité ; mais seulement de proposer les gentillesses de la Perspectiue curieuse,

PREFACE.

comprises dans les trois derniers liures de cét ouurage, me perſuadant qu'apres m'y eſtre employé quelque temps; & apres y auoir decouuert quelques nouueautez, ou du moins apres auoir facilité les methodes & pratiques de ce qui eſtoit deſia inuenté pour mon vſage particulier, & pour me diuertir quelquefois des occupations plus ſerieuſes, ie ne ferois pas choſe deſagreable aux ſçauans de leur preſenter le fruit de mes ſpeculations, de mon trauail & des experiences que i'ay faites ſur ce ſujet, afin qu'ils iouïſſent auec contentement de ce que i'ay aquis auec peine.

Ie preuoyois encore que par ce moyen ie pourrois rendre la Perſpectiue plus recommandable, & que ie la ferois aymer à ceux qui l'ont negligée iuſques à preſent, pour n'y auoir veu que des eſpines: & qu'en leur propoſant ces nouueautez & ces gentilleſſes, comme les plus beaux attraits de cette ſcience, ie la leur pourrois faire rechercher auec ardeur pour leur contentement en de ſemblables pratiques; puis que la neceſſité & l'vtilité de ſes preceptes ordinaires ne leur eſt pas vn aſſez puiſſant motif pour leur faire embraſſer le trauail, ſuiuant cette maxime qui dit

Omne tulit punctum, qui miſcuit vtile dulci,

que le bien vtile & l'agreable joints enſemble en vn meſme ſujet nous attirent plus puiſſamment à ſa recherche, que s'il n'eſtoit auantagé que de l'vn ou de l'autre ſeparement.

C'eſtoit là mon premier deſſein dans cét ouurage: mais comme ie liſois quelquefois les Autheurs qui ont eſcrit de la Perſpectiue, & particulierement ceux qui ont traité des cinq corps reguliers; ie remarquay que ceux qui en auoient eſcrit en François s'y eſtoient trompez, comme Iean Couſin, Marolois, & quelques-vns auſſi de ceux qui en ont traité en Latin, par exemple, l'Autheur du liure intitulé *Syntagma, in quo varia eximiaque, &c.* remply d'vne quantité de belles figures, ſans autre precepte qu'vn general qu'il applique par forme d'exemple à la pyramide ou au Tetraëdre le plus ſimple de tous ces corps; mais auec erreur, comme ie montre dans le Corollaire de la 3. Propoſ. du premier liure, ce qui me fait croire que ce n'eſt pas le meſme qui a fait les figures, & le diſcours de ce liure, ou qu'encore que ces figures ſemblent faites auec aſſez de grace, ſi elles eſtoient bien examinées on y trouueroit beaucoup de fautes. Quant aux autres qui en ont eſcrit, ils ont des methodes ſi abſtraites & ſpeculatiues, comme Guide Vbalde; ou ſi embroüillées, comme Daniel Barbaro, qu'il eſt tres-difficile de les reduire en pratique, ſi l'on n'a d'autres connoiſſances. Il y en a d'autres qui ſe ſeruent à cét effet de diuers inſtrumens, & qui ſuppoſent que l'on ait les corps deuant les yeux que l'on veut mettre en Perſpectiue; ce qui ſe fait mechaniquement: mais l'on n'a pas plus de ſatisfaction ny de connoiſſance en faiſant ces corps reguliers, que ſi on en faiſoit d'irreguliers & à faintaiſie, comme l'on verra dans l'vſage de l'inſtrument vniuerſel de la Perſpectiue. Ia'y donc

PREFACE.

voulu me satisfaire moy-mesme en cecy, & desabuser & instruire les autres selon mon pouuoir: & pour ce suiet i'en ay dressé des methodes tirées de la nature & mesures Geometriques de ces corps par les principes de la Perspectiue, & ay ajoûté aux propositions, par forme de Corollaire, les fautes que i'ay remarqué en quelques-vns de ces Autheurs: C'est pourquoy i'explique en ce premier Liure, qui traite de ces corps, les principes & la methode generale de la Perspectiue commune, en faueur de ceux qui voudront l'exercer sur ces corps, & qui n'ont pas estudié à ceste science; afin qu'ils puissent apprendre à racourcir & à mettre en Perspectiue toutes sortes de plans, & à faire l'eleuation des figures solides, sans auoir besoin d'autres preceptes que de ceux qu'ils trouueront icy reduits en abregé. Et si la methode que ie propose est commune, & prise de la seconde regle de Vignole, ie l'explique plus clairement, quoy que plus briefuement, ce qui soulagera les praticiens, qui en tireront cette vtilité, que par l'application des regles generales dont nous nous seruons pour ces corps, ils pourront mettre en Perspectiue tout ce qui se presentera de plus difficile, comme les saillies des Tores, Listes, Feüillets, Tigettes, Volutes, & autres ornemens d'Architecture, pourueu qu'ils cognoissent leurs mesures naturelles & Geometriques.

Qant aux doctes, s'ils prennent la peine de lire cet ouurage, ils ne doiuent pas trouuer mauuais qu'en certains endroits ie deduise & repete quelques principes que ie supposerois si i'auois à faire à eux; mais mon dessein est d'instruire les simples, & de faire en sorte que ce que i'escris soit compris de ceux qui ne font pas profession des lettres. Neantmoins ce me sera vn surcroist de satisfaction si ie puis plaire à ceux qui s'en meslent, pour lesquels i'y ay inseré quelques maximes & Theoremes, qui demandent le raisonnement.

Or i'ay donné le nom de PERSPECTIVE CVRIEVSE, à cette science, quoy qu'elle mesle l'vtile auec le delectable. Ie la nomme aussi MAGIE ARTIFICIELLE; car les doctes sçauent que si par corruption il a esté attribué aux pratiques & communications illicites qui se font auec les ennemis de nostre salut, il n'est pas neantmoins priué de sa propre signification. Pic de la Mirande en son Apologie en traite fort au long, & monstre que la Magie Naturelle & l'Artificielle ne sont pas seulement licites, mais qu'elles donnent la perfection à toutes les sciences: & dit que le mot de Mage n'est ny Grec, ny Latin, mais Persan; & qu'il signifie en cette langue la mesme chose que le nom de Prophete, chez les Hebreux, celuy de Druides chez les Gaulois; celuy des Gymnosophistes chez les Indiens; & celuy des Sages parmy les Latins. Strabon dit que μάγοι vaut autant comme πφιλοσοφοι διερμηνευτής, car la science les distingue des autres ce qu'vn Poëte a remarqué dans ces vers.

Diuûmque hominûmqne gnarus est summè Magus:
Interpres est Magus Dei, ac cælestium.

PREFACE.

de sorte que nous pouuons appeller Magie Artificielle, celle qui produit les plus admirables effets de l'industrie des hommes: Et si Pererius, Boulanger, Torreblanca & les autres qui en traitent, rapportent à la Magie Articielle la Sphere de Possidonius, qui montroit les mouuemens & les periodes des planettes: la colombe de bois d'Architas qui voloit, les miroirs d'Archimede qui brusloient dans le port les vaisseaux ennemis; ses machines, auec lesquelles il les enleuoit: les Automates de Dædalus; & la teste de bronze faite par Albert le Grand, qu'on dit qui parloit comme si elle eust esté organizée; & les ouurages admirables de Boëce, qui faisoit siffler des serpens d'airain & chanter des oyseaux de mesme matiere: si, dis-je, ces autheurs rapportent ces effets merueilleux & plusieurs autres qui se trouuent dans les histoires, à la puissance & aux operations de la Magie Artificielle, nous pouuons dire la mesme chose des effets de la Perspectiue qui sont aussi merueilleux: c'est pourquoy Philon le Iuif dit en son liure des loix speciales, que la vraye Magie, ou la perfection des sciences consiste en la Perspectiue, qui nous fait connoistre les beaux ouurages de la nature & de l'art, & qui a esté de tout temps en grande estime parmy les plus puissans Monarques de la terre; & les Perses ne mettoient iamais le sceptre de leur Empire qu'entre les mains des sçauans qui auoient conuersé auec ceux qui enseignoient cette sorte de Magie.

Quant à l'ordre de ce traité on le remarquera dans le Sommaire des Propositions, qui montre qu'aprez auoir donné dans le premier liure les principes & la methode generale de la Perspectiue pratique sur les cinq corps reguliers & sur quelques autres reguliers composez & irreguliers, & des figures difformes qui appartiennent à la vision droite, lesquelles estans veuës de leur point, paroissent bien proportionnées. Au second ie traite de celles qui se voient par reflexion dans les miroirs plats, cylindriques & coniques: & dans le troisiesme, i'explique vne methode tres-facile pour dresser les tableaux, qui par vne douzaine de portraits depeints en vn mesme plan, & vûs par vn verre à facettes en representant vn treiziesme different de ceux qu'on y voyoit sans le verre.

PRELVDES
GEOMETRIQVES

DEFINITIONS NECESSAIRES POVR l'intelligence de cette Perspectiue.

I.

ENCORE que le point Mathematique soit defini, ce qui n'a nulle partie, ou ce qui est indiuisible: neantmoins, parce que nous en parlons icy à l'égard des operations de la Perspectiue, est la plus petite marque que l'on puisse faire sur quelque plan ou ailleurs, soit auec vn crayon, ou vn stile bien delié, ou auec vne plume, ou quelqu'autre semblable instrument, de sorte qu'il paroisse indiuisible au sens, quoy qu'il soit diuisible Geometriquement en vne infinité de parties, puis qu'il a quelque quantité: la premiere figure marquée 1, dans la premiere planche le represente.

II.

La seconde figure de la mesme planche represente vne ligne droite, qu'on definit le plus court chemin d'vn point à l'autre; vous la voyez en la mesme figure depuis A iusques à B: sa definition est vne longueur sans largeur; mais dans la pratique de cét art, elle est vn trait le plus delié que nous puissions former, car bien qu'il ne soit pas exempt de toute largeur, il n'est pas neantmoins sensiblement diuisible; or l'on reüssira d'autant mieux dans les operations que cette ligne sera plus deliée, & plus subtile: c'est pourquoy, comme remarque Vitellion au 3. Theoresme de son 2. Liure, l'on doit s'imaginer vne ligne Mathematique, ou insensible, au milieu de cette ligne sensible.

III.

La troisiesme figure est vne ligne courbe, qui est aussi l'estenduë d'vn point à l'autre, mais non la plus courte, car si dans la troisiesme figure du point C iusques à D, l'on vouloit prendre le plus court chemin, ce seroit vne ligne semblable à celle qui dans la seconde figure va depuis A iusques à B.

IV.

Les lignes paralleles sont celles qui estant produites à l'infiny ne se rencontrent iamais, comme sont en la quatriesme figure les lignes EF, GH. Les non paralleles, au contraire, estant produites se rencontrent à certain point où elles forment vn angle plan, qui est defini dans la huitiesme definition du premier des Elemens d'Euclide, l'inclination de deux lignes qui se touchent en vn mesme plan, & qui ne se rencontrét point directement, comme dans la cinquiesme figure, les lignes IK, LK, qui se rencontrent au point K, forment l'angle plan IKL: la definition ajouste, & ne se rencontrent point directement; comme vous pouuez voir en la mesme figure, que les lignes IM, LK, se rencontrant directement au point M, ne forment point d'angle, & ne font qu'vne mesme ligne droite.

V.

Angle solide est la rencontre de 3, 4 ou plusieurs angles plans; mais parce que l'on ne le peut representer sur le papier, si l'on ne le met en Perspectiue, vous en aurez l'exemple és corps que nous descrirons cy-apres.

VI.

La ligne perpendiculaire est celle qui tombe à plomb sur vne autre ligne; comme quand nous laissons pendre vn plomb sur quelque plan mis de niueau, ou parallele à l'horison, il exprime vne ligne perpendiculaire: vous reconnoistrez qu'vne ligne est perpendiculairement abbaissée sur vne autre, quand elle fait les deux angles de part & d'autre égaux, & par consequent tous deux droits, suiuant la dixiesme definition du premier des Elemens d'Euclide, ce qui s'entendra mieux par la sixiesme figure, où la ligne AB tombant à plomb sur la ligne EC, fait l'angle ABC, & l'angle ABE egaux & droits: que si du point D sur la mesme ligne EC, on fait tomber obliquement la ligne DB, elle ne luy est pas perpendiculaire, puis qu'elle fait les angles de part & d'autre inegaux, l'vn obtus, l'autre aigu, lesquels sont definis en cette sorte: l'angle obtus est celuy qui est plus grand qu'vn droit, tel qu'est en la figure l'angle DBC, qui est plus grand que le droit ABC, de l'angle DBA. L'angle aigu est celuy qui est plus petit qu'vn droit, comme en la figure, l'angle DBE est plus petit que le droit ABE, de la quantité de l'angle DBA.

VII.

Le triangle est le plus simple d'entre les superficies comprises de lignes droites: il est diuisé en plusieurs especes.

Premierement, à raison de ses costez il est diuisé en triangle equilateral, isoscele & scalene: le triangle equilateral est celuy qui a les trois costez égaux, tel qu'est le triangle marqué 7. Le triangle isoscele est celuy qui n'a que deux costez égaux, & le troisiesme differe en grandeur des deux autres, comme dans la figure 8, où les costez AB, AC sont égaux, & le costé BC plus petit qu'aucun d'iceux. Le

scalene

scalene est celuy qui a tous ses trois costez inégaux, comme est le triangle marqué 9.

Secondement, le triangle est diuisé à raison des angles qui le composent, en trois autres differentes especes, à sçauoir en orthogone, amblygone, & oxygone; l'orthogone ou rectangle est celuy qui a vn angle droit, comme si dans la sixiesme figure du point A au point C on mene vne ligne droite, le triangle ABC sera orthogone. L'amblygone ou obtusangle est celuy qui a l'vn de ses angles obtus, ou plus grand qu'vn droit, tel que seroit en la mesme figure le triangle DBC, si du point D on menoit vne ligne droite au point C. L'Oxygone ou acutangle est celuy qui a tous ses trois angles aigus ou moindres que les droits, tel que seroit, en la mesme figure, le triangle DBE, si du point D on menoit vne ligne droite iusques en E.

VIII.

Le cercle est vne figure plate comprise d'vne seule ligne courbe, que nous appellons circonference, laquelle est descrite par l'vne des deux iambes du compas commun, l'autre demeurant fixe & arrestée en vn point, que nous appellons centre du cercle, tel qu'est en la dixiesme figure qui le descrit, le point A. Le diametre du cercle est vne ligne qui passant par le centre s'estend de part & d'autre iusques à la circonference, comme la ligne BAC. Portion, ou arc de cercle est vne figure comprise d'vne partie de circonference & d'vne ligne droite qui la sousiient, comme est la figure DEF.

IX.

Le quarré est vne figure comprise de quatre lignes droites, egales & iointes ensemble à angles droits; l'onziesme figure le represente; & la ligne qui est menée d'vn coin à l'autre opposé s'appelle diagonale ou diametrale du quarré, telle qu'est en la mesme figure la ligne GH.

X.

Le quarré long est vne figure telle que vous la voyez marquée du nombre 12. qui est composée de quatre lignes droites iointes ensemble à angles droits aussi bien que le quarré, mais inégales, c'est à dire que deux d'icelles sont plus grandes que les deux autres; en sorte neanmoins que chaque ligne est egale & parallele à celle qui luy est opposée, on l'appelle aussi parallelogramme: la ligne qui est menée de l'vn de ses coins à l'autre opposé, s'appelle aussi diagonale ou diametrale, comme la ligne IK.

XI.

La treiziesme figure est encore vne espece de parallelogramme, appellée Rhombe, ou plus communement lozange, qui est composée de quatre costez égaux, mais d'angles inegaux, deux desquels sont obtus, & les deux autres aigus.

XII.

Rhomboïde est vne figure presque semblable à la precedente, car elle a quatre angles & quatre costez; mais auec ceste difference que le Rhombe ayant ses angles inégaux & ses quatre costez égaux, le Rhomboide n'a ny ses angles ny ses costez égaux, comme vous pouuez voir en la quatorziesme figure; il est la quatriesme espece de parallelograme.

Toutes les autres figures de quatre costez qui ne sont point comprises sous les precedentes definitions, c'est à dire qui ne sont ny quartez, ny quarrez longs, ny Rhombes, ny Rhomboides, sont appellées trapezes, lesquelles pour estre irregulieres sont de plusieurs sortes; la figure marquée 15, en represente vne, dont i'vse au quatriesme liure de ma Perspectiue; le pentagone irregulier marqué 17 est appellé irregulier, pource qu'il n'a ny ses angles ny ses costez égaux, ce qu'a le pentagone regulier au nombre 16.

Au reste le nombre des figures plates regulieres à plusieurs costez procede à l'infiny: elles prennent leur nom de la quantité de leurs angles ou de leurs costez, comme l'on dit l'hexagone qui a six angles & six pans, à la figure 18. pource que ἕξ en Grec signifie six, & γωνία vn angle ou vn coin. Pour la mesme raison la figure heptagone en a sept; voyez la figure 19; l'octogone en a huict, l'Enneagone neuf: le decagone dix; l'endecagone vnze: le dodecagone douze, &c. ce qui suffit, pour entendre ce qui suit.

PROBLEMES.

Seruans à la construction des figures contenuës és liures suiuans.

ENcore que les problemes que ie desire proposer pour seruir à la pratique de ceste Perspectiue puissent estre construits en diuerses manieres, neanmoins parce que les plus curieux se pourront contenter de ceux qui traitent expressement de la Geometrie pratique, ie n'en enseigneray que les plus generaux, & qui peuuent seruir en tout rencontre pour la commodité de ceux qui ne sont point encore exercez en la Geometrie.

PREMIERE PROPOSITION.

A vne ligne droite donnée, mener vne autre ligne droite parallele, d'vne distance donnée.

SOit en la fiure marquée 4, au haut de ceste planche, la ligne donnée GH, à laquelle il faut mener vne parallele de la distance HF. Le compas estant ouuert de la distance donnée, du point G, comme centre, soit descrit vn arc de cercle marqué E, & du point H, comme centre, vne autre portion de cercle marquée F; en apres soit tirée la ligne EF, qui touche les deux arcs de cercle aux points E, F, sans les couper, & elle sera la parallele requise, par la trente-cinquiesme definition du premier des Elemens d'Eucl. Ce probleme est de grand vsage, & sert dans toutes les operations de la Perspectiue commune, dont nous traiterons en ce premier liure: pource que, comme nous dirons dans la declaration des principes de la Perspectiue, la ligne horizontale est tousiours suposée parallele à la ligne de terre.

PROPOSITION II.

Sur vne ligne droite donnée, & d'vn point donné en icelle, esleuer vne ligne droite perpendiculaire.

SOit en la vintiesme figure, la ligne droite donnée AB, sur laquelle du point C, il falle esleuer vne perpendiculaire, ayant pris du point C, vn espace egal de part & d'autre, sur cette mesme ligne, comme CA, CB. Du point B, comme centre, & de tel interual qu'on voudra, pourueu qu'il soit plus grand que BC, soit descrit l'arc DE, & du point A, comme centre, & de l'interuale susdit soit descrit l'autre arc FG; & du point C, soit esleuée vne ligne droite, iusques au point H où ils l'entrecoupent tous deux, & elle sera la perpendiculaire demandée, par l'onziesme proposition du premier des Elemens d'Euclide.

PROPOSITION III.

Sur vne ligne droite donnée, d'vn point pris hors d'icelle, mener vne ligne droite perpendiculaire.

SOit la mesme ligne droite donnée AB, & le point donné hors d'icelle H, duquel il falle tirer vne perpendiculaire sur ladite ligne: du point H, comme centre, soit descrit l'arc de cercle qui coupe la ligne AB aux points IK, & la droite IK soit diuisée par le milieu au point C; la ligne abaissée du point H sur le point C sera la requise, par la douziesme proposition du premier. Or comme il arriue souuent, qu'on a besoin d'vne ligne perpendiculaire sur l'extremité de quelqu'autre, il faut se seruir de la methode qui suit.

Dans la vingt-vniesme figure, soit la ligne proposée AB, & que au bout A, il falle mettre vne perpendiculaire: l'vne des jambes du compas demeurant immobile au point A, de quelque ouuerture que ce soit, par exemple de AC, soit portée l'autre iambe au point C, où elle demeure immobile, & de l'autre soient descrits les deux arcs de cercle DE; & du point E où l'vn des deux coupe la ligne AB, soit menée vne ligne droite par C, laquelle

B ij

coupera l'arc D, & du point de son intersection soit menée vne ligne droite sur le point A, laquelle sera la perpendiculaire requise.

PROPOSITION IV.

Donner le moyen de connoistre si vne ligne est perpendiculaire à vne autre.

L'On sçaura si vne ligne droite est perpendiculaire à vne autre, par exemple si dans la figure 21. DA est perpendiculaire à AB, en cette maniere. Du centre C, milieu de la ligne DE, de l'interuale CD, ou CE, soit descrite la portion de cercle D A E, s'il passe par le point A, l'angle sera droit; s'il passe par dessus, il sera obtus: s'il coupe les lignes AD ou AB, il sera aigu, par la trente-vniesme proposition du troisiesme.

On le peut encore esprouuer d'vne autre maniere qui semble plus generale, en mettant sur la ligne AD cinq diuisions esgales prises à discretion, & sur la ligne AB, trois semblables, car le compas estant ouuert de la grandeur de ces cinq premieres diuisions prises ensemble, & l'vne de ses iambes estant mise au point 3. sur la ligne AB, l'autre doit tomber sur le point 4, en la ligne AD, si l'angle est droit; s'il est obtus, elle approchera vers 3, & s'il est aigu elle s'approchera de 5. Cette preuue est fondée sur la maxime de la trigonometrie, qui enseigne qu'és triangles rectangles la racine quarrée de la somme des quarrez des deux costez, qui font l'angle droit, est leur hypothenuse.

PROPOSITION V.

Diuiser vne ligne droite donnée en tant de parties égales que l'on voudra.

Soit, en la vingt-deuxiesme figure, la ligne droite AB, proposée à diuiser en six parties égales: il faut aux extremitez de cette ligne tirer deux paralleles à l'opposite l'vne de l'autre, comme vous voyez aux lignes AF, BD, qui se descriuent en formant des centres A & B, les arcs de cercles EF, CD, desquels on retranche des parties egales: cecy estant fait soient prises sur chacune des paralleles autant de parties qu'on voudra, & de quelque ouuerture qu'on voudra: de sorte toutesfois qu'il y en ait tousiours vne moins que le nombre des parties, par lequel on veut diuiser la ligne AB en six parties egales, il n'en faut prendre que cinq sur les paralleles, comme elles sont marquées, & puis il faut conioindre ces diuisions par lignes droites 1, 5: 2, 4: 3, 3: 4, 2: 5, 1: qui diuiseront la ligne AB en six parties esgales, comme il estoit requis.

Ceux qui sçauent l'vsage du compas de proportion, abregeront cette operation, & plusieurs autres; car en portant la ligne AB à l'ouuerture du nombre 120, sur la ligne des parties égales, l'ouuerture du nombre 10, donnera la sixiesme partie, d'autant que 20 est contenu six fois en 120 ; & ainsi de toutes les autres diuisions de lignes droites ; car il faut tousiours porter la ligne à diuiser sur la ligne des parties égales à l'ouuerture de quelque nombre qui se puisse commodement diuiser en autant de parties égales qu'on voudra diuiser la ligne ; & puis il faut prendre auec le compas l'ouuerture du quotient sur la mesme ligne : & l'on aura le requis : par exemple, 20 est le quotient de 120 diuisé par six, & par consequent toute la ligne estant portée à l'ouuerture de 120, celle de 20 en doit donner la sixiesme partie.

PROPOSITION VI.

Diuiser vn cercle en 4, 8, 16, &c. parties égales.

Soit, en la vingt-troisiesme figure, le cercle à diuiser ACBD, les deux diametres s'entrecoupans au centre E à angles droits diuisent la circonference en quatre parties, égales aux points AC, BD, & si l'on mene des lignes droites d'A en C, de C en B, de B en D, & de D en A, l'on peut inscrire audit cercle vn quarré parfait : si l'on y veut inscrire vn octogone, l'on diuisera chaque quart de cercle en deux parties égales ; par exemple le quart de cercle CB, en descriuant de C & B comme centres, l'interualle pris à discretion (pourueu qu'il soit plus grand que la moitié du quart de cercle) les arcs F & G qui s'entrecoupent dedans & dehors la circonference, car la ligne menée par les points de leurs intersections coupera cette proportion de circonference en deux parties égales, & donnera la huitiesme partie du cercle, & par consequent le costé de l'octogone inscrit au mesme cercle ; laquelle huitiesme partie de circonference diuisée en deux autres parties égales, par la mesme methode, donnera la seiziesme partie de toute la circonference, & par consequent le costé d'vne figure a seize pans equilaterale, & equiangle, &c.

COROLLAIRE.

Remarquez que par cette proposition on peut diuiser tout arc de circonference, quel qu'il soit, en 2, 4, 8, 16 parties égales, &c. encore que l'on ne connoisse pas le centre.

PROPOSITION VII.

Sur vne ligne droite, & à vn point donné en icelle faire vn angle rectiligne égal à vn angle rectiligne donné.

SOit, en la vint-cinquiesme figure, la ligne droite EF, sur laquelle, au point E, il falle faire vn angle rectiligne égal à l'angle rectiligne CAB de la figure 24. Du point A, comme centre, d'interuale à discretion, soit descrit l'arc de cercle DC qui coupe les deux lignes AB, AC, aux points D &C; & de la mesme ouuerture du compas sur la ligne auec laquelle se doit faire l'angle proposé, du point E comme centrre, soit descrit l'arc de cercle GH ; puis en retranchant vne portion égale à celle qui est comprise entre les points DC, que vous marquerez GH, soit menée vne ligne droite du point E passante par H, & elle formera l'angle HEG égal à l'angle CAB ; ce qu'il falloit faire.

PROPOSITION VIII.

Dans vn cercle donné inscrire vn pentagone ou vn decagone regulier.

LA methode de construire vn triangle equilateral sur vne ligne donnée se peut tirer de la septiesme figure de cette planche, dans laquelle des centres A &B, extremitez de la ligne droite donnée, de l'interuale AB, les arcs de cercle AC, BC estant formez & s'entrecoupans au point C, & les lignes droites menées du point de leur intersection C, et A & en B, formeront le triangle equilateral demandé. Dans la quatriesme proposition de ces preludes, par la figure 23, i'ay enseigné la maniere d'inscrire en vn cercle donné, vn quarré, vne figure à huict & seize pans, &c. L'hexagone d'ailleurs est tres-facile à descrire, comme l'on peut voir dans la dix-huitiesme figure, dans laquelle le demy diametre du cercle ponctué AB, ou la mesme ouuerture de compas, auec laquelle ledit cercle a esté descrit est le costé de l'hexagone, qui y doit estre inscrit, comme l'on void aux lignes AB, BC, CD, &c. qui sont toutes egales : il faut encore sçauoir inscrire vn pentagone ou vn decagone regulier en vn cercle donné, car l'vn & l'autre nous doit seruir pour former le plan geometral de l'icosedre, pour le mettre en Perspectiue sur l'vn de ses angles solides : C'est pourquoy i'en ay voulu proposer vne methode facile : car encore que ce probleme se puisse executer par l'onziesme proposition du quatriesme d'Euclide, en faisant vn triangle qui ait les angles qui sont à la base, doubles de l'autre, & encore plus facilement par la methode qu'en apporte Albert Durer au 2. liu. de sa Geometrie pratique ; neantmoins parce que celle d'Euclide semble trop difficile

Preludes Geometriques. 15

pour ceux qui s'adonnent à la pratique, à qui ie pretens principalement seruir en cét ouurage, & que d'ailleurs celle d'Albert Durer est fautiue, puisqu'il fait vn pentagone equilateral, qui n'est pas équiangle, comme l'a demonstré Clauius dans la vingt-neufiesme proposition du 8. liu. de sa Geometrie pratique, ie crois que celle que ie propose est la meilleure & la plus facile.

Soit donc, en la vint-sixiesme figure, le cercle ABCD, auquel il faut inscrire vn pentagone equiangle & equilateral, ou vn decagone regulier : le cercle estant diuisé en quatre parties egales, par les deux diametres s'entrecoupans au centre K à angles droits, soit diuisé le demy diametre KC en deux parties égales au point E, duquel point E, comme centre, de l'interuale EB, soit descrit l'arc de cercle FB, dont la soustendante, qui est la ligne droite FB, est le costé du pentagone requis, lequel estant conduit sur la circonference de B en G, de G en H, de H en I, de I en L, de L en B, formera le pentagone regulier; ce qu'il falloit faire : Et la ligne FK comprise entre l'extremité de l'arc FB, & le centre K, sera le costé du decagone inscrit au mesme cercle, comme l'on peut voir aux deux costez HD, DI, qui sont marquez.

APPENDICE I.

De la commune diuision du cercle en 360 degrez ou parties, qui sert à la mesure des angles & à l'inscription de toutes sortes de polygones reguliers, ou figures à plusieurs pans.

Les astronomes ont diuisé la circonference du cercle en 360 parties égales, qu'ils appellent degrez; & chacune de ces parties en soixante autres parties, qu'ils appellent minutes, &c. Et d'autant que ceste diuision est de grand vsage en la Geometrie pratique, pour la mesure des angles; & que par son moyen l'on peut inscrire dans vn cercle toutes sortes de polygones ou figures regulieres à plusieurs pans, ie me suis proposé d'en dire quelque chose sur la vingt-septiesme & derniere figure de ceste premiere planche. Le cercle estant diuisé en 360 parties égales, chaque quart vaudra 90, & chaque moitié 180; & d'autant que la mesure de l'angle est la quantité de l'arc terminé par les deux lignes qui le forment; par exemple la mesure de l'angle CAD, en la vingt-quatriesme figure, est l'arc CD compris entre les lignes AC, AD, quand nous sçaurons combien de degrez, ou combien de parties de circonference contient l'arc CD, nous connoistrons la quantité de l'angle CAB : Or pour sçauoir combien l'arc CD contient de degrez, il faut supposer en premier lieu que la ligne AD, en la vint-quatriesme figure, est égale au demy-diametre AB de la vint-septiesme figure; & partant ayant pris, en la vint-quatriesme figure, auec le compas la distance depuis D iusques à C, le compas demeurant ouuert de ceste mesure, il faut mettre l'vne de ses iambes sur le point B, en la vint-septiesme figure, & l'autre estant conduite sur la circonference, tombera sur le 45 degré, & l'on connoistra que l'angle A C D proposé en la vint-quatriesme figure est de 45 degrez.

L'on peut encore faire la mesme chose plus briefuement, & plus facilement sur le compas de proportion en ceste maniere: En la vint-quatriesme figure l'arc C D estant fait à discretion, soit transportée la ligne droite A C sur la ligne des cercles, à l'ouuerture de 60, puis auec le compas commun soit prise la distance CD, laquelle estant portée sur l'vne & l'autre iambe du compas de proportion, iusques à ce qu'elle face l'ouuerture de deux points egalement distans du centre, donnera la quantité de l'angle requis, comme en l'exemple proposé dans la vingt-quatriesme figure, la ligne A C estant portée à l'ouuerture de 60 sur la ligne des cercles, la distance CD sera iustement l'ouuerture de 45, & par consequent la quantité de l'angle proposé, sera de 45 degrez.

Il est facile, par ce moyen d'inscrire toutes sortes de polygones dans vn cercle donné, si l'on sçait la quantité des angles de leurs centres: Or les angles du centre sont ceux que forment deux lignes droites, qui du centre du cercle sont menées à deux angles prochains, comme en la dix-huitiesme figure, l'angle du centre de l'hexagone est l'angle B A C, que forment au centre A les lignes BA, CA: or la quantité de ces angles se connoist, en diuisant 300 par le nombre des costez du polygone proposé : par exemple si l'on a vn triangle à inscrire dans vn cercle, parce que le triangle a trois costez, il faut diuiser 360 par 3, d'où viendront 120 pour chaque costé dudit triangle : pour vn pentagone, par ce qu'il a cinq costez, diuisez 360 par 5, pour auoir 72, qui donnent la quantité de l'angle du centre de ladite figure : c'est pourquoy prenant sur la circonference l'espace de 72 degrez cinq fois de suite, l'on marquera cinq points, puis estant menées des lignes droites par ordre de l'vn à l'autre, l'on aura vn pentagone regulier, comme il est requis.

L'on peut aussi vser du compas de proporption : car si l'on porte sur la ligne des cercles, à l'ouuerture du nombre 60, le demy-diametre du cercle, où l'on veut inscrire le polygone, l'ouuerture du nombre des degrez que contient l'angle interieur du polygone ou de la figure reguliere, donnera le costé de la mesme figure ; par exemple pour le pentagone descrit en la 26. figure, apres auoir porté à l'ouuerture du nombre 60, le demy-diametre K C, l'ouuerture de 72 donnera B G pour le costé du pentagone inscrit au mesme cercle : Voicy les angles interieurs des principales figures regulieres, pour ceux qui ne voudront pas prendre la peine de les chercher par la regle susdite : ceux du triangle sont de 120 degrez:

Preludes Geometriques. 17

grez; ceux du quarré de 90: ceux du pentagone ou figure à cinq pans, de 72: de l'exagone, ou figure à six pans, 60: de l'heptagone ou figure à sept pans, 51 $\frac{3}{7}$: de l'octogone ou figure à huict pans, 45: de l'Enneagone ou figure à neuf pans, 40: du decagone, ou figure à dix pans, 36: &c.

COROLLAIRE.

L'On inscrira tous les autres polygones dans le cercle, apres luy auoir inscrit, par le Corollaire de la 6. proposition, quelqu'vne des figures equilateres & equiangles; car l'on aura d'autres figures qui auront deux fois autant de costez, si apres auoir diuisé les arcs en 2 parties égales, on y aiouste leurs soustendantes: par exemple, le triangle equilateral inscrit donnera l'exagone, le dodecagone & la figure de 24 costez; &c. Et le quarré inscrit donnera l'hoctogone, & puis la figure de 16, de 32, de 64, & de 128 costez égaux.

L'on aura semblablement par l'eptagone de la figure 19. mise à la table, la figure de 14 costez inscrite au cercle, si l'on diuise EF. FG, &c. en 2 parties egales aux points H & I, & que l'on tire leurs soustendantes: & puis l'on inscrira les figures de 18, de 56 & de 112 costez, & ainsi des autres, iusques à l'infiny.

APPENDICE II.

IE mets encore icy vne autre maniere pour inscrire lesdites figures par le moyen du quart de cercle, dont Clauius a parlé sur la derniere prop. du 4. des Elemens, à fin que les Praticiens s'en puissent seruir.

Qu'on veille, par exemple, inscrire l'Enneagone, ou la figure de 9. costez, tant equilateral & qu'équiangle: il faut diuiser le quart de cercle en 9 parties égales par le moyen du compas de proportion ou du compas ordinaire; ce qui est plus aysé que de diuiser le cercle entier. Et la ligne BD qui soustendera 4 de ces parties, sera le costé de l'Enneagone requis. Mais vne ou 2. leçons de l'vsage du compas de proportion enseignerót la maniere d'inscrire toutes sortes de figures dans le cercle, dont on verra vn exemple dans la 17 prop. du premier liure de cette Perspectiue.

Ie ne veux pas estre plus long en ces Preludes, parce qu'il suffira d'expliquer tout ce qui peut icy manquer, dans chaque lieu & en chaque matiere particuliere.

Fin des Preludes Geometriques.

LE
PREMIER LIVRE
DE LA
PERSPECTIVE
CVRIEVSE.

CONTENANT LES PRINCIPES DE LA
Perspectiue, & vne methode generale pour racourcir, ou mettre en
Perspectiue toutes sortes de figures plates & solides; encore qu'elles ne touchent le plan qu'en vne ligne, ou en vn point, verifiée par
exemples és cinq corps reguliers & en quelques autres.

DEFINITIONS.

L'OPTIQVE generalement prise est vne science, qui enseigne à bien iuger des objets de la veuë : el- le comprend sous soy trois differentes especes, dont la premiere, qui retient le nom commun d'Optique, traite des objets qui se voient simple- ment & directement; on la nomme aussi Perspe- ctiue : la seconde espece se nomme Catoptrique, ou science des miroirs & des reflexions, pour ce qu'elle traite des objets qui se voyent par reflexion, qui se fait par les corps polis, comme quand nous voyons quelque chose dans vn miroir : la troi- siesme espece s'appele Dioptrique ou Mesoptique, qui traite des choses veuës à trauers de deux ou plusieurs milieux de differente espece, par exemple de ce qui se void au trauers de l'air, & de l'eau tout ensemble; de l'air & du crystal, &c. Or ces trois especes peuuent estre, ou Speculatiues, ou Pratiques; speculatiues, si elles se contentent de donner les raisons de ces apparences : pratiques, si elles prescriuent des regles & donnét des preceptes pour desseiner. C'est en ceste derniere façon que nous traiterons de ces sciences,

C ij

ceux qui ayment la Pratique. Au premier & second liure nous traiterons des apparences, qui naissent de la vision directe ; au troisiesme, de celles qui se font par la reflexion des miroirs plats, cylindriques & coniques : Au quatriesme & dernier, de celles qui se font par le moyen des refractions des cryftaux polygones, ou à facettes. Disons donc pour la premiere partie de nostre dessein, que

La Perspectiue Pratique est vn art, qui enseigne à representer sur quelque plan que ce soit, les choses comme elles apparoissent à la veuë ; par exemple, si en la troisiesme figure de la 3 planche, le triangle A B C estoit proposé à representer tel qu'il apparoist à l'œil, estant veu du point F, perpendiculairement esleué sur le mesme plan où est figuré ledit triangle, de la hauteur H F ; cét art de Perspectiue en donne la methode, tant pour cette figure plate, que pour toutes sortes d'autres figures plates & solides.

Or comme les Astronomes & les Geographes se seruent de certains points & de lignes, pour expliquer les phenomenes de l'vn & l'autre globe, de mesme les inuenteurs de la Perspectiue ont estably quelques points & certaines lignes, pour la conduite de cét art, d'où vient que suiuant la diuersité de leurs methodes, ils se sont seruis des differentes lignes, lesquelles neantmoins tendent toutes à mesme fin, & produisent le mesme effet dans la pratique, qui est de donner l'apparence d'vn objet en la Section : Or d'autant que le mot de Section donne quelques-fois de la peine à ceux qui comcommencent d'apprendre les principes de la Perspectiue, nous en dirons quelque chose pour satisfaire aux amateurs de cét art.

Ce que les Perspectifs appellent communement Section, nous la pouuons nommer, & la nommerons cy-apres le tableau, ou champ de l'ouurage, par exemple si l'on donne vne toile, vn paroy, ou quelqu'autre plan, pour tracer dessus quelque objet en Perspectiue, c'est, en termes de Perspectiue, donner l'apparence de l'objet proposé dans la Section; & à proprement parler, Section n'est autre chose qu'vn plan esleué à plomb sur la ligne de terre & mis entre l'objet & la veuë, par où l'espece de l'objet passant à l'œil est imaginée laisser quelque marque & quelque vestige de son apparence : par exemple, si l'on mettoit à l'entrée de quelque chambre vne porte de verre transparente, par laquelle celuy qui seroit dehors, vis à vis de la porte, vist tous les meubles de dedans mis naturellement en Perspectiue sur le plan diaphane ou transparant de ladite porte ; & suiuant, la pratique d'Albert Durer au 4. liure de sa Geometrie, s'il marquoit auec vn pinceau sur le verre tous les endroits où passent les especes de chaque chose, par exemple d'vne table, d'vne escabelle, &c. il auroit tout ce qui se peut voir dans la chambre mis exactement en Perspectiue, pourueu qu'il arrestast son œil dans vn point determiné ; or ce qui se feroit naturellement par cette voye se pratique artificiellement & geometriquement, par le moyen des lignes inuentées à ce sujet: d'où vient que quelques autheurs, pour imiter plus precisément la nature, ont estably dans leur methode vne ligne de Section; laquelle est dans l'exemple proposé, vne ligne droite à plomb prise dans le plan diaphane de cette porte, couppée & taillée par toutes les lignes des especes qui viennent du dedans de la chambre iusques à l'œil du regardant qui est dehors; Neantmoins cette methode, quoy que bonne, & plus approchante de la nature que celle que ie veux proposer, me semble embarassante, & ennuyeuse, à cause des continuels transports qu'il faut faire d'vne ligne à vne autre: c'est pourquoy ie la laisse; celuy qui la voudra cognoistre ou pratiquer la treuuera dans Salomon de Caus, & dans Vignole qui la declare au long dans la premiere partie de sa Perspectiue. Or celle que ie donne est tres-exacte & plus facile & plus prompte à l'operation, mesme selon le sentiment de ceux qui ont pratiqué l'vne & l'autre, comme Sebastien Serlio, qui au 2. liure de son Architecture la prefere à l'autre: & Egnatio Danti, qui a commenté la Perspectiue de Vignole, est de mesme auis dans la Preface qu'il a faite sur la seconde regle, & dit que iamais Vignole ne s'en seruit point d'autre, depuis qu'il l'eut inuentée, & qu'il quitta la premiere, come estant plus longue & moins commode: c'est pourquoy ie veux expliquer succinctement ce qui est necessaire pour racourcir toutes sortes de plans, afin qu'apres ie donne vne methode generale pour faire l'eleuation des corps sur ces plans, encore qu'ils ne les touchent, qu'en vne ligne, ou en vn point.

Experience Optique qui enseigne parfaitement la Perspectiue.

LOrs que dans vne chambre tellement fermée de tous costez qu'il n'y entre aucune lumiere sensible, l'on fait vn trou à l'vne des murailles ou des fenestres, & que deuant ce trou l'on met à vne certaine distance vn papier ou vn linge blanc, perpendiculaire à l'Horizon, qui sert de tableau pour retenir les images de dehors, cette reception se fait si parfaitement que l'œil qui void cette peinture naturelle est tellement trompé, que si la science & la raison ne le corrigeoient, on croiroit que ce seroient les veritables obiets, particulierement lors qu'on bouche ledit trou fait de la grandeur d'vne piece de 20 sols, d'vn verre conuexe de lunette à longue veuë; car ces obiets de dehors n'enuoyent pas seulement leurs grandeurs, figures & couleurs, mais aussi leurs mouuemens; ce qui manquera tousiours aux tableaux des peintres, quand mesme ils surpasseroient Apelles, Protogene, Parrhasius, Michel Ange & tous les autres peintres, tant passez, que presens & futurs, dont tous les peintres sculpteurs, miniateurs &c. demeurent d'accord, aprés qu'ils ont consideré cette Perspectiue naturelle.

Mais pour auoir le plaisir entier de cette peinture, il faut que ce trou soit exposé vers quelque lieu où beaucoup de monde passe & se pourmene, comme sont les iardins, les allées, les parterres, les grandes ruës, & les marchez des villes, & des bourgs; les lieux où volent les pigeons & les autres oyseaux, qu'il semble qu'on voye tous viuans & volans sur la charte, qui doit estre blanche & assez large pour receuoir toutes les images qui passent par le trou de la fenestre. Voyez cette sorte de Perspectiue à la Samaritaine sur le Pont neuf.

Or lesdites images sont d'autant plus grandes & plus viues que le verre conuexe est partie d'vne plus grande sphere & mieux taillé & poli; & il faut esloigner la charte du trou, iusques à ce qu'on trouue le point ou le lieu le plus propre pour representer lesdites images.

Cette façon de Perspectiue rauissante a quelquefois tellement trompé l'œil que ceux qui estoient dans la chambre, & qui apres auoir perdu leur bourse, la voyoient entre les mains de ceux qui contoient & departoient leur argent dans vn bois, ou vn parterre, croyoient que cette representation se fist par magie.

Et peut estre que quelque Charlatan eut seduit plusieurs niaiz & ignorans, en leur persuadant que cette vision se faisoit par la science occulte de l'Astrologie, ou par la magie, dont ils sont bien ayses d'estre soupçonnez pour auoir occasion d'abuser les simples & d'en tirer ce qu'ils peuuent: car ayant donné le mot à ceux qui sont de la partie, ou mesme qui peuuent ignorer cette fourbe, le magicien pretendu peut auec vn sifflet, ou autre signal auertir ceux de dehors de comter ledit argent, ou de departir ce qu'il leur aura luy mesme fait dérober: & s'il y a quelqu'vn caché derriere la charte, qui face l'esprit, comme l'on dit, en parlant comme ceux qui font danser les marionnettes, les simples croiront que ce sont les personnes du tableau qui parlent, car on leur void ouurir la bouche & remuer les levres: & si-tost qu'on ouure la fenestre, le tout s'euanoüit, comme l'on raporte des Sabats, où l'on veut que les sorciers assistent, & qui peut estre sont abusez par les images de leur fantaisies, où les medicamens & les demons peuuent figurer des grotesques, qui persuadent aux pauures gens qu'ils ont veu, & qu'ils sont entierement allez és lieux qui leur sont representez. De mesme qu'ils croyroient auoir esté au Sabat, si quelqu'vn se vestoit comme l'on a coustume de presenter les Demons, & qu'vne troupe de gaillards dansassent autour de luy dans vn parterre, en representãt mille sotises; car le tableau d'vne chambre bien fermée representeroit si naïfuement toute cette comedie qu'à moins que de sçauoir cette experience, l'on se persuaderoit quelque sorte de magie.

Ceux qui ont des lieux aux champs peuuent auoir cette sorte de Perspectiue à petits frais; & si l'on desire voir les images toutes droites qui paroissent renuersées, il y a plusieurs moyens de les redresfer, tant par le moyen des verres conuexes des lunettes, que par le miroir, & mesme de les agrandir, pour les faire pareſtre au naturel, comme i'ay veu faire à feu Monſieur le Brun, General de la monnoye.

Or ſi vn peintre imite tous les traits qu'il void, & qu'il y applique toutes les couleurs qui paroiſſent auec viuacité; il aura vne Perſpectiue auſſi parfaite qu'on la puiſſe raiſonnablement deſirer.

Mais parce qu'vne chambre n'eſt pas ayſée à tranſporter, ſi ce n'eſt qu'on la veüille faire comme vn pauillon de guerre ou de campagne, le Peintre peut auoir vne forme de porte-feüille, ou de lanterne tellement percée d'vn trou, comme ladite chambre, que ne receuant de la lumiere que par ce trou, il verra au fond ſur vn papier fort blanc toutes les campagnes, les foreſts, riuieres, maiſons, coſtaux & tout ce qui pourra enuoyer des rayons à ce trou, repreſenté en perfection : & ce par vne autre ouuerture qu'il fera à coſté du portefeüille, ou de quelqu'autre ſemblable inſtrument, ſans que le iour de cette ouuerture puiſſe nuire à telle peinture, qu'il imitera ſur le meſme lieu pour remporter auec ſoy vne peinture immobile priſe ſur la mobile qui s'éuanoüit auſſi-toſt que le premier trou eſt bouché, ou qu'il change de ſituation.

Auant que de quitter cette chambre l'on peut remarquer que les eſpeces, & les images des obiets exterieurs ſoient celeſtes ou terreſtres, ſont receuës dans le fond de l'œil ſur la retine, comme dans vne chambre obſcure, dót l'vuée eſt le trou par où entrent ces images, & le chriſtalin conuexe ſert de verre pour groſſir les images, ou pour les rendre plus diſtinctes : de ſorte que ſi l'on prend vn œil de bœuf ſi-toſt qu'il eſt mort, & qu'on coupe ce qui eſt derriere, ſans offenſer la retine, on void à trauers les eſpeces des obiets qui paſſent dans l'œil; & il eſt aiſé de faire vn gros œil artificiel où l'on verra tout ce qui ſe paſſe dans le veritable œil, ſi l'on huile le papier du derriere, qui ſoit eſloigné d'vn petit chryſtal, comme la retine eſt eſloignée du chryſtalin. Et meſme l'on peut faire ledit papier mobile, afin de l'approcher ou de le reculer du chryſtal conuexe ſuiuant que les objets ſeront plus ou moins proches de cét œil artificiel.

L'on peut auſſi accommoder quelque petite couuerture au chryſtal, qui le puiſſe plus ou moins deſcouurir, afin de voir la difference qu'il y a de voir lors qu'il n'y a qu'vne petite partie du chryſtalin découuerte, & quand il eſt plus deſcouuert; & de comprédre ce qui rend la viſion plus diſtincte ou confuſe, & ce qui fait pareſtre les obiets également éloignez plus ou moins grands, comme il arriue au Soleil, & à la Lune dont la grandeur ſemble eſtre double ou triple de celle qu'ils ont à l'éleuation de 20, ou 30 degrez ſur l'horizon. Car ſi cela vient ſeulement de ce que leurs images ſont plus grandes ſur la retine au matin, qu'à midy, & aux autres temps que ces luminaires nous paroissent beaucoup moindres, l'on verra par les differens retrecissemens de l'ouuerture du chrystal, & des differens éloignemens de la retine de l'œil artificiel tout ce qui en arriuera.

Cette pratique monstre tout ce qui se peut desirer en ce suiet, si l'on en excepte la maniere dont l'ame est excitée par cette peinture; car nous ne sçauons point comme nostre ame agit, & comme elle est determinée par la transmission de ce qui se fait sur la retine iusques au sens commun, ou à l'imagination, & à l'esprit; & partant il suffit de remarquer que si le peintre a vne chambre portatiue, comme sont les chaires qui seruent pour porter les hommes dans les ruës, ou 4 grands chartons ioints ensemble où il puisse mettre la teste, il aura telle Perspectiue qu'il voudra, & qui se formera dans vn moment en toutes sortes de lieux, car la chambre susdite est vn grand œil, comme l'œil est vne petite chambre, si l'on desire d'estre aydé par là, il faut voir la 28 figure de la 2. planche, où l'image de la pyramide ABC, qui passe par le trou H, est renuersée en DEF, comme elle se renuerse dans l'œil, parce que le rayon interieur A de la pyramide va au point D de la charte, de sorte que la dextre de l'obiet tient la gauche du tableau, & la gauche la dextre, à cause que les rayons se croisent dans le trou, auquel se rencontrét les deux sommets de deux pyramides, dont l'vne a sa base dans l'obiet, & l'autre à la sienne dans le tableau. Or bien qu'il arriue la mesme chose à l'œil dont le fond reçoit les images renuersées, neantmoins nous les voyons droites, parce que nous portons l'imagination aux lieux d'où nous sommes frappez. Cecy estant posé, i aioûte les principaux axiomes de l'optique, afin de mieux entendre ce qui suiura.

AXIOME I.

Tout ce qui se void, est veu sous vn angle.

CEcy est aisé à comprendre par la pyramide, dont la hauteur AB est veuë sous l'angle AHB, car il n'importe que le point H soit pris pour le trou d'vne chambre ou pour celuy de l'vuée, qu'on appelle la prunelle. Or chacun peut dire sous quel angle il void chaque chose, lors qu'il sçait l'éloignemét de l'œil d'auec l'obiet, qui sert de rayon au cercle dont l'arc, où sa corde contient les degrez ou la partie du degré de l'angle sous lequel on void l'obiet, par exemple lors qu'on void vn grain de sable éloigné d'vn pied, parce que le diametre de ce grain est 12 égal à la 120 partie d'vn pouce & que mechaniquemét nous pouuós faire le quart de la circonference, égal à vn pied & demy, il est aysé de dire sous quel angle on void ce grain de sable, puis que son diametre est égal à la 120 partie d'vn pouce, c'est à dire à la 25 partie d'vn degré, de sorte qu'on

de la Perspectiue Curieuse. 25

te qu'vn bon œil peut voir le grain de fable fous cét angle, lors qu'il eſt éloigné d'vn pied, ou enuiron : ſi quelqu'vn en veut faire l'eſſay, il faut mettre le grain ſur quelque choſe bien noire, & aſſez polie.

Il eſt difficile de dire quel eſt le moindre angle ſous lequel on peut voir vn objet illuminé ou lumineux, l'experience enſeigne qu'on peut voir d'vne lieuë vne chandelle dont la flamme n'a qu'vn demi-pouce en ſon diametre : il ſemble que l'angle d'vne ſeconde minute eſt le moindre, ſous lequel on puiſſe voir vne lumiere; de ſorte que ſi le Soleil eſtoit tellement diuiſé que la ſeule 1800. partie de ſon diametre, fuſt veuë, c'eſt à dire que le Soleil fuſt reduit à vn globe lumineux, dont le diametre fuſt moindre dix-huict cent fois, que celuy qu'il a, ce ſeroit le moindre obiet lumineux qu'on pût voir; neantmoins la viuacité de la lumiere des eſtoilles eſt ſi grande, que quelques vns ont remarqué que l'on void les moindres ſous l'angle de la ſixieſme partie d'vne ſeconde, comme il doit arriuer ſi toutes les eſtoiles iointes enſemble ne ſont veuës que ſous vn arc, ou vn angle d'vne ou deux minutes.

AXIOME II.

Chaque obiet eſt veu d'autant plus grand, que ſon image receuë dans la retine eſt plus grande.

D'Autant que cette membrane tiſſuë d'vne grande multitude de nerfs, eſt le veritable organe, où les eſprits viſuels reſident, pour porter la nouuelle, ou la ſenſation des images à l'imagination, qui croit ce qui luy eſt rapporté par ces meſſagers, ſans qu'elle puiſſe eſtre deſabuſée ſi la raiſon ne luy ayde.

AXIOME III.

L'image de la retine eſt d'autant plus grande, qu'elle y arriue ſous vn plus grand angle.

IL ſe fait 2 pyramides, ou 2 cones dans l'œil, dont les 2 ſommets ſont contigus : le ſommet du cône exterieur a ſa baſe dans l'obiet & ſa pointe dans le trou de l'vuée, ou dans la prunelle; & le cone interieur a ſa pointe au meſme lieu de la prunelle, & ſa baſe dans la retine.

Or la verité de cét axiome paroiſt à la 28. figure de la 2. planche, où les pyramides A B C, & G I eſtant égales, l'image de la premiere A B C eſt plus grande en D E F, & l'image de la ſeconde G I, eſt moindre en K L : à cauſe du plus grand angle H des rayons A H, B H, & du moindre angle G H I. La demonſtration depend de

D

la 24. du premier. Mais ie ne parle point icy de ce que les differentes refractions qui se font par la rencontre des differentes humeurs de l'œil peut y changer : sur quoy l'on peut voir l'œil deschcuer.

AXIOME IV.

Ce qui se void sous vn plus grand angle paroist plus grand.

IL faut entendre cét Axiome sans l'ayde de la raison, qui change souuent le iugement, parce qu'elle connoist d'ailleurs le different éloignement, & la differente situation des obiets égaux. Voyez la 29 figure ou les 3 fleches AB, CD, EF sont veuës sous le mesme angle AGB, & partant leurs images sont égales sur la retine ; mais parce qu'on sçait leurs éloignemens, & qu'AB est plus éloignée que CD, on iuge qu'AB est plus grande qu'AB.

Semblablement, l'on iuge qu'EF est plus grande que CD, à cause de la situation d'EF, qui la fait voir sous vn moindre angle que celuy sous qui elle se verroit toute droite, comme AB. Ce qui n'empesche pas que pour la Perspectiue qui suit la simple vision sans la correction du iugement, cét axiome ne soit veritable.

AXIOME V.

Ce qui se void sous moindre angle est moindre.

CEtte verité suit de l'autre, parce que la retine reçoit vne moindre image, quoy qu'à raison du different éloignement ce qui est plus grand puisse parestre plus petit: par exemple dans la 30. figure la fleche AB semble moindre que CD, quoy qu'elle soit égale, parce qu'elle est veuë sous vn moindre angle, à raison qu'elle est plus éloignée.

AXIOME VI.

Les obiets qui se voyent sous mesmes angles ou sous angles égaux, semblent estre égaux.

CE qui est vray, si la raison ne desabuse, comme elle fait lors qu'on croit voir le soleil ou la lune d'vne grandeur merueilleuse à leur leuer ou coucher, au lieu qu'ils perdent cette apparence à leur éleuation, soit qu'au leuer on s'imagine que ces astres sont plus proches de nous, ou que les vapeurs de la terre en soient cause.

Car il est constant que le Soleil n'est pas plus grand à son leuer, & mesme qu'il ne parest pas plus grand à l'œil qui le void par la

de la Perspectiue Curieuse.

pinule de quelques inſtrumens, puis qu'il ne pareſt que ſous l'angle d'vn demy degré: il faut dire la meſme choſe de la lune.

AXIOME VII.

Tout obiet pareſt dans le rayon, qui porte ſon image ſur la retine.

LA pratique de la Perſpectiue dépend quaſi toute de cét axiome, puis qu'il faut mettre le propre lieu de chaque point de l'obiet, au meſme point du tableau par où paſſe le rayon qui porte l'image de chaque point : c'eſt pourquoy Euclide a fait 4 axiomes de ceſtuy-cy, à raiſon des 4 principales ſituations de l'œil, qui peut eſtre en haut, en bas, à droit & à gauche, ſuiuant les coſtez d'où viennent les rayons, voyez comme il les enonce.

AXIOME VIII.

Ce qui ſe void par des rayons plus hauts, paroiſt eſtre plus haut.

AXIOME IX.

Ce que l'on void par des rayons plus bas, pareſt eſtre plus bas.

AXIOME X.

Ce qui ſe void par des rayons qui ſont plus à main droite, pareſt auſſi eſtre plus à main droite.

AXIOME XI.

Ce qui ſe void ſous des rayons plus à gauche, paroiſt eſtre plus à gauche.

MAis parce qu'Euclide n'a parlé que de la ſimple viſion, ſans conſiderer la Perſpectiue, voyez l'axiome qui ſuit.

AXIOME XII.

Le lieu dans le plan d'vne choſe veuë ſe trouue où le rayon optique paſſant par la choſe veuë touche ou rencontre le tableau.

CE que l'on verra ſi clairement dans tous les exemples que ie donne dans ces liures qu'il ne ſera pas beſoin d'autre Demonſtration que du témoignage de l'œil qui conuincra l'eſprit.

D ij

Des lignes & des points, qui sont en vsage en cette methode de Perspe-
ctiue.

LEs principales lignes sont, la ligne de terre, la ligne horizontale; les lignes radiales; les diametrales ou diagonales.
Ce que nous appellons ligne de terre, & ce que les Italiens nomment *linea Piana*, ou *linea dello spazzo*, est la face anterieure du bas du plan, où nous voulons mettre quelque obiet en Perspectiue; par exemple, dans vn tableau, la ligne de terre est le bas du mesme tableau, ou du plan de la section, qui est esleué à plomb sur ladite ligne: cette ligne est commune au plan Geometral, & au Pespectif: nous appellons plan Geometral celuy que nous figurons sous la ligne de terre, dans lequel la figure est descrite au naturel, & sans aucun racourssi: par exemple, dans la 3 figure de la 3 table, le plan Geometral est GIKH, auquel le triangle équilateral ABC est descrit en sa proportion naturelle.

Exemple de quelques Perspectiues.

LA figure 31 de la 2 table fera comprendre tout ce que nous auons dit iusques icy: si l'on suppose que le plan ABCD est parallele à l'horizon: dans lequel soit descrite la ligne EF veuë par l'œil G, duquel on mene la perpendiculaire GH sur le plan ABCD; laquelle donne la hauteur naturelle de l'œil, qui void la ligne EF sous l'angle EGF.
Or si l'on fait que le plan diafane IKLM, posé entre l'œil G & l'obiet EF, soit perpendiculaire au premier plan ABCD, il sera la table, & se nommera section, parce qu'il coupe la pyramide Optique (ou suiuant cette figure, le triangle optique EGF, parce que la ligne EF luy sert de base) & laisse la trace de la ligne NO pour marque des rayons qui portent la ressemblance de la ligne EF à l'œil G.
L'on void semblablement le plan ABCD dans la 32 figure, lequel est parallele à l'horizon, & le triangle EFR represente l'obiet, dont la Perspectiue, ou l'apparence Scenografique NOS paroist dans la section IKLM perpendiculaire au plan, car les rayons portent cette image à l'œil G. Il faut donc premierement remarquer que le plan ABCD est parallele à l'horizon, dans lequel se trouue l'obiet, c'est à dire la ligne EF, ou le triangle EFK.
En 2 lieu, que la ligne GH marque la hauteur de l'œil sur ledit plan. En 3. lieu, que le plan IKLM perpendiculaire audit plan, doit estre diafane, puis qu'il sert de section, ou de verre, où l'apparence de l'objet doit estre tracée, comme l'on void à la ligne NO, & au triangle NOS.
Or cette sectió a plusieurs noms, car on l'appelle tableau, muraille,

toile, verre diafane, &c. Cela estant posé, si l'on veut trouuer l'apparence, ou le lieu du point E dans le plan IKLM, il faut, par le 12 axiome precedent, le prendre ou le marquer au lieu où le rayon optique GE mené par le point E arriue au plan IKLM, à sçauoir au point N; parce que l'obiet paroist dans le rayon, qui porte son image sur la retine : & bien que les differentes tuniques & les humeurs de l'œil rompent les rayons auant qu'ils arriuent au fond dudit œil, qu'on appelle *tunique retine*, ou simplement, *la retine*, ie ne veux pas icy mesler ces refractions, d'autât qu'il suffit pour les peintres, & pour ceux qui fôt des desseins & des Perspectiues, de supposer que les rayons visuels qui partent de l'obiet, & qui arriuent iusques à l'œil, sont droits : de sorte qu'il est certain que l'aparence du point E se trouue au point N, auquel le rayon visuel touche le plan IKLM; & que ce point est dans le plan parallele à l'horizon ABCD: il arriue la mesme chose aux points des figures OQS, car les points EQR sont representez dans la section.

D'où il s'ensuit, que si dans la 31 & 32 figure, l'œil est immobile au point G, & qu'il regarde la ligne EF, ou le triangle EFR, au delà de la section IKLM : il pourra tellement descrire, ou peindre les images de tous les objets sur le diafane IKLM, qu'il aura sans aucune autre connoissance la Perspectiue; ou l'aparence NO & NOS de la ligne EF, & du triangle EFC.

Mais on peut voir cette methode dans la Perspectiue de Salomon de Caux, & dans celles de Sirigat, & de Barocius, qui en explique les raisons, & l'vsage dans la premiere partie de sa Perspectiue: car ie prefere la metode que ie propose dans ce liure; & suis de mesme auis que Serlio & Dante, qui a remarqué dans la preface qu'il a faite sur la 2. regle de Barocius, que cét autheur abandonna la premiere methode, qu'il iugea trop longue & trop embroüillée, quand il eut trouué celle dont ie mets icy les fondemens, & les demonstrations.

Ce plan est presque tousiours au delà du tableau, comme l'on void dans la 3 figure qui represente la disposition de la figure 32 de la table precedente, où le plan AMLD est au delà de la section IKLM; & c'est là que l'on void que le triangle equilateral EFR est descrit geometriquemēt sans aucun racourci : & mesme sans estre au delà du tableau, afin d'éuiter la confusion; ioint qu'il importe fort peu que le plan soit dessus ou dessous la ligne de terre, pourueu que cela facilite l'operation.

Remarquez cependant que le triangle equilateral ABC de la 3 figure de la 3 table est descrit geometriquement dans le plan EFHG: que les perpendiculaires sont menées des points ABC à la ligne de terre B1, C2, A3 : & que toutes la 3 figure 1BA3 se tornent sur la droite GH comme sur vn axe, vers la partie anterieure, iusques à ce qu'elle se repose dans le plan GHMA, & vous aurez le plan geometral dessous la ligne de terre; lequel vous rendra la partie superieure

E iij

libre, & degagée, pour y defcrire l'apparence de l'objet.
Or l'on appelle cette defcription geometrique du triangle ABC, & de toutes autres fortes de figures *Icnografie*.
Le plan Perfpectif, qu'on peut nommer Scenografic, n'eft autre chofe que la fection, ou le tableau, qu'on entend eftre perpendiculaire à la ligne de terre, & qui eft eftendu tout autant qu'il eft neceffaire pour y defcrire, les pauez, les campagnes, & toutes les autres figures planes, iufques à la ligne horizontale.
Le plan EGHF qui eft deffus la ligne GH, fait voir le triangle diminué *abc*; dont la reduction s'appelle *Scenographie*.
La ligne horizontale eft le terme, de la plus grande eftenduë de la veuë : elle eft toufiours parallele à la ligne de terre, & efleuée au deffus d'icelle, de la mefme hauteur, de laquelle on fuppofe l'œil, eftre efleué fur le plan, auquel eft l'objet; comme fi l'on fuppofoit que l'œil fût efleué cinq pieds de haut fur le plan, auquel repofe l'objet, on doit faire la ligne horizontale parallele à la ligne de terre de la hauteur de cinq pieds, comme l'on void à la 31. figure de la 3 table, où le tableau I KLM à LM pour fa bafe, & la ligne horizontale TV parallele à ladite bafe, & P eft le point principal, voyez encore la 31 figure de la 2 table où l'œil G a 5 pieds de hauteur, depuis H iufques à G, fur le plan ABC, dans lequel la ligne EF eft defcrite.
L'on met d'ordinaire en la ligne horizontale trois points qui fe peuuent reduire à deux; l'vn principal, & deux autres tiers poincts, qu'on appelle autrement points de diftance; lefquels font mis d'vn cofté & d'autre du poinct principal, dont ils font egalement éloignez; Or ces trois points peuuent eftre reduits à vn poinct principal, & à vn feul point de diftance, pource que, comme nous monftrerons, toutes fortes d'operations fe peuuent faire auec ces deux feuls poincts.
Le poinct principal en cette methode, n'eft pas, comme quelquesvns croyent, le poinct, où eft fuppofé l'œil : mais vn poinct dans la ligne horizontale, directement oppofé à l'œil; il eft le terme du rayon principal de la veuë; en la premiere figure de la 3. table c'eft le point E, qui eft appellé par Salomon de Caus, *poinct declinateur*.
Les tiers poincts, ou poincts de diftance, font ceux, comme nous auons des-jà dit, qui font mis de part & d'autre également diftans du poinct principal, comme dans la mefme figure, le poinct F, lequel nous auons mis feul, pource que nous defirons, qu'en cette pratique on fe ferue d'vn feul poinct de diftance : & ce poinct fe doit mettre toufiours fur la ligne horizontale, auffi loing du poinct principal, comme l'on fuppofe que l'œil eft efloigné du tableau, ou de la fection : où il eft à remarquer, que nous difons *l'œil*, & non pas *les yeux*, pour ce qu'vn tableau de Perfpectiue, pour eftre veu bien exactement, ne doit eftre regardé que d'vn œil.
Dans ladite 1. figure le point fecondaire F eft efloigné de 12 pieds,

parce qu'il represente la 31 figure, dans laquelle l'œil G est aussi éloigné de 12 pieds du tableau IKLM.

Il y a encore des points contingens, ou accidentaux, dont nous ne dirons rien, pource que l'on s'en peut absolument passer en cette methode, & pource que ie ne desire icy rien mettre des principes de la Perspectiue commune, que ce qui est precisément necessaire pour l'intelligence de ce traité, afin de ne point ennuyer le Lecteur en luy presentant ce qu'il pourroit auoir veu ailleurs.

Quant aux radiales & diametrales, i'en traiteray dans l'aduis qui suit, apres auoir remarqué, que la ligne qui descend de l'œil iusques au paué, auec lequel elle fait des angles droits, est nommée par quelques-vns l'*opterocatete*, telle qu'est la ligne GH dans les figures precedentes. Et la commune section du paué ou du plan ABCD, où la droite EF, est tracée, & du tableau IKLM s'appelle *opterometre*; & la ligne HE menée depuis le paué iusques à la base du tableau, se nomme *Dapedodramme*; qui conuient à la ligne HE; dont le contrat E est appellé par quelques-vns *Dapedogramme*.

AVIS NECESSAIRE,

Pour la construction des propositions qui suiuent.

POur proceder auec meilleur ordre, & pour me faire entendre par les moins versez en cét art, sans estre obligé de repeter plusieurs fois vne mesme chose, i'ay iugé à propos de remarquer en ce lieu, auant que de mettre la main à l'œuure, que quand nous descrirons quelque figure au plan geometral, & que pour la mettre en Perspectiue, de tous ses angles nous menerons des perpendiculaires à la ligne de terre, nous appellerons absolument ces lignes, *perpendiculaires à la ligne de terre*, s'il n'est autrement specifié; telles que sont, dans la premiere figure, de la 3 table, les lignes AC, BM: & les lignes, qui naistront de l'extremité de ces perpendiculaires, qui touche la ligne de terre, & seront menées au point principal, s'appelleront radiales, comme sont dans la mesme figure, les lignes *c*E, *m*E: & les lignes, qui des points, où vont tomber les arcs de cercles en la ligne de terre, seront menées au point de distance, se nommeront diametrales, comme dans la mesme figure, les lignes *d*F, *n*F, parce qu'elles naissent de la diagonale, ou diametrale d'vn quarré, comme nous dirons cy-apres. Quand nous parlerons de tirer vne parallele absolument, elle se doit entendre parallele à la ligne de terre, s'il n'est autrement specifié.

Il faut encore remarquer que quand ie diray qu'il faut mener vne ligne occulte, cela s'entendra d'vne ligne, qui ne doit point demeurer apres que l'operation est acheuée, & qui sert seulemét pour trouuer quelque point, comme sont en partie les radiales & les diametrales, &c. d'où vient qu'en trauaillant, on ne les marque d'ordinaire sur le papier qu'auec la pointe du compas; & pour les distinguer des autres, qui doiuent estre veuës au tableau, apres que l'ouurage est finy, nous les ferons le plus souuent auec des points. Pour ce qui est des marques & caracteres de renuoy, i'ay marqué le plan Geometral de chaque figure auec les lettres majuscules A B C D E &c. & le racourci ou plan Perspectif, auec les petites Italiques *a b c d e*; de sorte que chaque lettre de ce plan se rapporte à sa semblable du plan geometral; par exemple dans la premiere figure de la 3 table l'apparence du point A, qui est au plan geometral, est le point *a* du plan Perspectif, & ainsi des autres. Ce qui suffit pour entendre les propositions qui suiuent.

PREMIERE PROPOSITION.

Vn point estant donné au plan Geometral, la hauteur de l'œil, & la distance d'auec le tableau estant pareillement données, trouuer l'apparence du mesme point au plan Perspectif, ou dans le tableau.

SOit en la premiere figure, de la 3 planche au plan geometral G I K H, le point A, au bout de la ligne AB, duquel on veut auoir l'apparence dans la section, ou au tableau, (comme nous l'appellerons cy-apres), que l'on conçoit esleué à plomb sur la ligne de terre GH. Pour premiere disposition, il faut, par la premiere proposition de nos Preludes geometriques, mener la ligne horizontale LF parallele à la ligne de terre GH, de la hauteur dont on suppose l'œil estre esleué sur le plan (nous le supposons icy, esleué de cinq pieds) & puis il faut marquer sur cette ligne le point principal en L, si l'on veut que l'œil soit vis à vis du point dont on desire auoir l'apparence au tableau; ou en E, si l'on veut qu'il soit veu de costé, par exemple de l'espace LE: nous le mettons icy en E; Pour le point de distance on le mettra sur la mesme ligne, aussi esloigné du point principal, que l'œil seroit esloigné du tableau; nous le supposons éloigné d'enuiron douze pieds. En apres, du point A, duquel on veut auoir l'apparence au tableau, soit tirée la perpendiculaire AC; & apres auoir mis l'vne des pointes du compas sur l'extremité de la perpendiculaire, qui touche la ligne de terre au point C, de l'autre pointe soit occultement descrit l'arc de cercle AD, qui sera la quatriesme partie d'vne circonference. Du point C, en la ligne de terre, où tombe la perpendiculaire AC, soit menée vne radiale au point principal E, qui sera *c* E, & du point, où se termine l'arc de cercle AD, en la mesme ligne, soit menée vne diametrale au point de distance F, qui sera *d* F, & le point *a*, où elles s'entrecouperont, sera l'apparence requise du point A, qui est au plan Geometral. Il est aisé de faire le mesme discours sur la 31 figure, de la 2 planche, & sur toutes les autres figures.

COROLLAIRE

de la Perspectiue Curieuse.

COROLLAIRE. I.

Par cette mesme proposition, l'on peut aisément trouuer au tableau l'aparence d'vne ligne droite donnée, par exemple, de la ligne AB, dans la mesme figure : car si à l'extremité B on opere de la mesme façon qu'en A, par le moyen de la perpendiculaire BM, de l'arc de cercle BN, de la radiale mE, & de la diametrale n F, leur intersection en b donnera l'aparence de ladite extremité, de laquelle estant menée vne ligne droite en a, on aura l'aparence entiere de la ligne AB, en ab, parce que les lignes droites ne changeant point de nature pour estre veuës dans vn tableau, ou dans vne Section droite, où elles demeurent tousiours droites, quand on a trouué l'aparence au tableau des deux points de leurs extremitez, la ligne droite menée de l'vn en l'autre est l'aparence requise desdites lignes droites. Quant aux lignes courbes, ou circulaires, nous en parlerons en traitant du racourcissement des cercles.

COROLLAIRE II.

L'on peut encore, par la mesme voye, donner l'aparence de toutes sortes de polygones, ou figures plates comprises de lignes droites, en trouuant l'aparence de tous les points de leurs angles, & en les ioignant par lignes droites, selon leur disposition, au plan geometral ; mais pour vn plus grand esclaircissement, nous en donnerons quelques exemples sur les figures mesmes qui nous doiuent seruir de plan pour les corps reguliers ; aprés auoir fait quelques remarques sur la regle de Perspectiue que nous proposons, pour en faciliter l'intelligence & la pratique à ceux qui s'en voudront seruir.

Il faut donc premierement suposer, que cette pratique de racourcir, ou de mettre en Perspectiue toutes sortes de figure plates, n'est pas differente de la maniere de mettre en Perspectiue des quarrez qui ayent deux de leurs costez perpendiculaires à la ligne de terre : secondement il faut tenir pour regle generale, que dans la Perspectiue, les costez perpendiculaires de ces quarrez doiuent tendre au point principal ; & que leurs diagonales doiuent tirer vers le point de distance : nous rendrons cecy plus familier par l'exemple des deux premieres figures.

Soit, en la seconde figure, le quarré PQRS proposé à mettre en Perspectiue, ayant deux de ses costez PQ, SR, perpendiculaires à la ligne de terre, & les deux autres costez PS, QR, paralleles à la mesme ligne de terre : il est certain que l'aparence des deux costez perpendiculaires PQ, SR, se doit rencontrer sur les radiales pE, sE, suiuant ceste maxime, que toutes les lignes qui sont au plan geometral perpendiculaires à la ligne de terre, doiuent en la Perspectiue

E

tendre au point principal. Pour l'aparence de la diagonale PR, elle doit se rencontrer sur la diametrale *p*E, suiuant cette autre maxime generale, que toutes les diagonales, ou diametrales des quarrez susdits tendent en la Perspectiue au point de distance ; & par consequent le triangle *prs* au tableau sera l'aparence du triangle PRS, qui est au plan geometral la ligne *pr*, qui represente la diagonale PR ; & la portion de la radiale *rs* represente la diagonale PR ; & le costé PS, *ps*, estant commun à l'vn & à l'autre, sur la ligne de terre. Et pour auoir l'aparence du quarré entier, il faut tirer du point *r* la parallele *rq*, qui rencontrera la radiale *p* E au mesme point que la diametrale *t* F ; & par consequent determinera la longueur de la ligne *pq*, & sera l'aparence du costé QR, qui est au plan geometral parallele à la ligne de terre; car les lignes qui sont au plan geometral paralleles à la ligne de terre, luy sont encore paralleles dans la Perspectiue, ou dans leur aparence.

Or il faut remarquer sur ce que nous auons dit, que le racourcissement de toutes les figures plates n'est autre chose que le racourcissement des quarrez, qu'il n'est pas necessaire d'exprimer ces quarrez en toutes sortes d'operations: pourueu que l'on en supose la moitié, qui fait vn triangle rectangle isoscele, dont l'vn des costez est sur la ligne de terre, le second luy est perpendiculaire, & le troisiesme qui soutend l'angle droit, exprime la diagonale d'vn quarré: par exemple pour trouuer l'aparence du point A, dans la premiere figure, il n'est pas necessaire de descrire tout le quarré DOAC, il suffit d'en suposer la moitié, qui fait le triangle rectangle isoscele DCA: ie dis qu'on le supose, parce qu'il n'est pas necessaire de le former tout entier, pourueu qu'on ait les trois points de ses angles, dont le premier est en l'objet donné, par exemple au point A, le second est en C sur la ligne de terre, au point où tombe la perpendiculaire menée du premier AC: le troisiesme se trouue comme nous auons dit, en mettant l'vne des pointes du compas sur le bout de la perpendiculaire, qui touche la ligne de terre en C, & en faisant de l'autre pointe l'arc de cercle AD, qui va tomber au point D, aussi bien que la diagonale AD; ce qui est beaucoup plus facile & plus court que s'il falloit necessairement exprimer ladite diagonale AD.

Il n'est pas mesme absolument necessaire de descrire l'arc de cercle, puisque, sans le faire, la longueur de la perpendiculaire CA peut estre transportée sur la ligne de terre de C en D : & peut produire le mesme effet que l'arc de cercle: ie conseille neantmoins aux apprentifs de les former, afin qu'ils s'embarassent moins, & qu'ils discernent plus aisément d'où chaque radiale & chaque diametrale prouient: parce qu'elles doiuent, en leur intersection, donner l'aparence du point d'où elles sont produites toutes deux : comme la radiale *c*E, & la diametrale *d*F, doiuent, en leur intersection, don-

de la Perspectiue Curieuse. 35

ner l'apparence du point A, duquel elles sont produites: à sçauoir la radiale par le moyen de la perpendiculaire AC, & la diametrale par l'arc du cercle AD.

Il faut aussi remarquer, que bien qu'en toutes les figures ie transporte la longueur des perpendiculaires à gauche par le moyen des arcs de cercle, comme dans la premiere & la seconde figure, par les arcs de cercle AD, BN, QT, RP, il est neantmoins libre de les mettre de quel costé que l'on voudra, soit à droit, ou à gauche, car ils feront le mesme effet de part & d'autre, pourueu qu'ils soient tousiours mis du costé contraire au point de distance, dont la situation se considere à l'esgard du point principal: par exemple si le point de distance est en F, du costé droit, où nous l'auons mis, il faut faire les arcs de cercle en la ligne de terre vers le costé G: & si le point de distance estoit de l'autre costé du point principal E, aussi esloigné comme F, (qui seroit iustement le point où la ligne V rencontreroit la ligne F L, si elles estoient continuées) il faudroit transporter les arcs de cercle du costé H, à l'esgard de leurs perpendiculaires; & au lieu de l'arc QT, on feroit l'arc QS, d'où la diametrale tirée au point de distance V, feroit le mesme effet que la diametrale *t*F, & donneroit en son intersection auec la radiale *p*E le point *q*, pour l'apparence requise du point Q, qui est au plan geometral.

Il est neantmoins expedient pour la pratique, lors que la figure doit estre veuë de costé, comme le quarré PQRS, de mettre le point de distance plus prés de la figure, que plus esloigné, parce que les radiales & les diametrales allant de sens contraire donnent leurs interlections plus nettes, & plus precises: ce que l'on reconnoistra assez par la figure, & plus encore par l'experience.

PROPOSITION II.

LEMME I.

Si entre les lignes droites paralleles AD *&* CE *les deux droites* AE *&* DC *se coupent au point* B, AB *sera à* BE, *comme* DB *est à* BC.

DAns les triangles ABD, EBC, l'angle BAD est égal à l'angle BEC, & l'angle DBA est égal à l'angle BCE, par la 29 du 1, & l'angle ABD est égal à l'angle EBC, par la 15 du 1, donc les triangles ABD, EBC sōt équiāgles; donc, par la 4 du 6, leurs costez qui enuironnent les angles égaux, sont proportionels, & partant EB est à BC, comme AB à BD; & en changeant, par la 16 du 5, DB est à BC, cō-

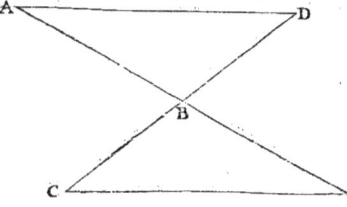

E ij

me AB à BE : donc les segmens A B, B E, D B, B C des droites AE, DC, qui se coupent au point B, & qui sont entre les parallèles AD, CE, sont proportionels, c'est à dire, que DB est à BC, comme AB à BE, ce qu'il falloit demonstrer.

PROPOSITION III.

LEMME II.

Si les droites AE *et* DC *mises entre les parallèles* AD *et* CE *se coupent au point* B, AD *sera à* EC, *comme* AB *à* BE, *ou comme* DB *à* BC.

Nous auons monstré que les triangles ABD, EBC sont équiangles, donc, par la 4 du 6, leurs costez qui soutendent des angles égaux, sont homologues, donc AD est à EC, comme DB à BC, ou comme AB à BE, puis que AD & EC soustendent des angles égaux qui sont terminez par le point B, ce qu'il falloit demonstrer.

PROPOSITION IV.

LEMME III.

Si les deux droites AE, DC *mises entre les deux parallèles* ADCE, *se coupent au point* B, *et que l'on descriue par ce point* B *la droite* FG *à discretion, qui coupe les parallèles* AD, *et* CE *aux points* F *et* G, AF *sera à* FD, *comme* EG *à* GC.

Le triangle AFB est équiangle au triangle EGB, & le triangle DFB au triangle CGB, puis que, par la 29 du 1. l'angle AFB est égal à l'angle EGB, & l'angle FAB à l'angle GEB. De plus, l'angle ABF est égal à l'angle EBG, par la 15 du 1. donc les costez qui soustendent les angles égaux sont semblables, par la 4 du 6. c'est à dire qu'EG est à GB', comme AF à FB ; & en permutant, FB est à GB, comme AF à EG, par la 16 du 5. Mais comme FD est à GC ainsi est FB à GB, donc, puis que les raisons qui conuiennent à vne autre raison, conuiennent entr'elles, EG est à GC, comme FD à EG, ce qu'il falloit demonstrer.

de la Perspectiue Curieuse. 37

PROPOSITION V.

LEMME IV.

Soient les droites paralleles AB, CD, *& soient pris les points* A *&* B *dans la droite* AB, *& dans la droite* CD, *les points* CF, ED, *de sorte que l'espace* CF *soit egal à l'espace* ED; *& soient descrites les droites* AD, BE, AF, BC, *& la droite* HG *par les points de l'intersection; ie dis que* HG *est parallele à la ligne* CD.

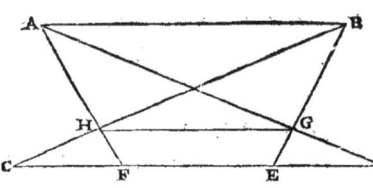

LE triangle AGB est semblable au triãgle DGE, & AHB à FH C, donc comme BG à G E, ainsi AB à DE par la 4 du 6. & parce que DE est égal à CF, par la 7 du 5, AB est à CF, comme BH à HC, il s'ensuit, par l'onziesme du 6. que BH est à HC, comme BG à GE; donc par la 2 du 6. HG, & CE sont paralleles, ce qu'il falloit demonstrer.

PROPOSITION VI.

THEOREME.

La hauteur de l'œil sur le plan est à la hauteur de l'image horizontale qu'on void dans la commune section du plan optique & du tableau, comme toute la ligne totale des distances est à la partie de cette ligne qui se trouue entre l'obiet visible & le tableau.

LA ligne des distances est la droite composée de la distance de l'œil au tableau, & de celle du tableau au visible, par exemple, dans la 33 figure de la 2 planche, la droite HE est composée de HO qui est perpendiculaire au tableau, & de la ligne OE qui donne la distance du tableau IKLM au visible E: que i'appelle visible horizontal, parce qu'il est situé sur son plan parallele à l'horizon, sur lequel l'œil est éleué.

Cecy estant posé, ie dis que si le point E de ladite 33 figure est situé dans le plan ABCD parallele à l'horizon, que la ligne perpendiculaire audit plan GH, soit la distance de l'œil G d'auec ledit plan: & finalement que le tableau IKLM soit aussi perpendiculaire audit plan, la hauteur GH sera à la hauteur perpendiculaire de l'image horizontale consideree dans la commune section du plã Perspectif GNEOH, & du tableau IKLM, comme toute la distance HE, à sa

E iij

partie EO comprise entre le visible E, & le tableau IKLM.

Car puis que la droite GH est perpendiculaire au plan ABCD, le plan GHE luy sera aussi perpendiculaire, par la 18 de l'onziesme, & que le tableau IKLM & le plan GNEON sont perpendiculaires au plan horizontal ABCD, leur commune section NO est aussi perpendiculaire au mesme plan, par la 19 de l'onziesme. Et partant, les lignes GH, NO sont paralleles entr'elles, par la 6. de l'onziesme. Par consequent, par la 2 du 6, la ligne NO coupera proportionellement les costez du triangle GHE : & par la 5 du 6, les triangles GEH, NEO seront équiangles : & par la 4, ils seront proportionels.

Donc GH sera à NO, comme HE à OE : ce qu'il falloit demonstrer. On demonstrera la mesme chose dans le triangle GXH, au regard du point X, bien que HQ ne coupe pas la commune section perpendiculairement.

COROLLAIRE I.

SI la hauteur de l'œil est à vne autre ligne, comme toute la distance susdite est à sa partie comprise entre l'objet & le tableau, l'on aura la hauteur perpendiculaire de l'image visible horizontale dans la commune section du tableau, & du plan Perspectif proposé.

COROLLAIRE II.

SI l'œil void des lignes paralleles également distantes du pied du tableau, elles paroistront aussi paralleles dans le tableau, par exemple, dans la 33 figure, la ligne EX est parallele à la base du tableau ML, & le reste y paroist comme i'ay dit.

PROPOSITION VII.

THEOREME.

Les lignes droites lesquelles estant situées dans vn plan parallele à l'horizon, sont perpendiculaires à la base du tableau, aboutissent au point principal de la Perspectiue.

POur entendre cette proposition, voyez la 31 & 33. figure de la 2 planche, dont le tableau est IKLM ; l'œil G, sa hauteur GH, & la distance, ou la ligne HO est perpendiculaire à la base ML, aussi bien que la ligne EO.

Du point G menez au tableau la ligne GP parallele au plan horizontal, à HO, & au tableau, cette ligne monstrera le point principal en P.

de la Perspectiue Curieuse 39

Le rayon visuel GE, par lequel ou void le point E, coupera la ligne OP au point N, donc le point E paroistra au point N, puis que le rayon de l'œil GE qui regarde l'obiet, coupe le tableau audit point N. Et partant le point E, qui dans l'Icnografie est dans la ligne perpendiculaire à la base du tableau, paroist dans la ligne qui aboutit au point principal de la Perspectiue. Il faut dire la mesme chose de la ligne XL, quoy que l'œil la voye obliquement, car le rayon visuel GX, de la 23 figure, monstre que le point X paroist au point R, & consequemment, dans la ligne LP qui aboutit au point principal. Ce qui arriue semblablement à tous les points de la ligne LX. Mais l'on entendra mieux tout cecy dans la proposition qui suit.

PROPOSITION VII.

Donner quelques exemples pour la pratique de la susdite methode.

LE premier sera d'vn triangle equilateral ABCD, dans la 3 figure de la 3 planche, (semblable à celuy qui seruiroit de plan au tetraëdre reposant sur l'vne de ses faces, ou mis perpendiculairement sur l'vn de ses angles solides, dont nous traiterons apres) lequel estant descrit au plan Geometral CHIK, aussi esloigné de la ligne GH, comme l'on desire qu'il paroisse dans la Perspectiue, par delà la section, ou auancé dans le tableau; il faut de toutes ses extremitez ABC, & du milieu D mener les perpendiculaires B 1, D C 2, A 3, & puis en mettant l'vne des iambes du copas sur les points en la ligne de terre, où tombent lesdites perpendiculaires, à sçauoir és points 1. 2. 3. soient formez, de l'interualle de la longueur de chaque perpendiculaire, les arcs de cercle, du costé contraire au point de distance; par exemple le point de distance estant à droite en F, les arcs de cercle tomberont à gauche sur la ligne de terre, vers G, & seront marquez de mesmes chiffres que les perpendiculaires, d'où ils prouiennent: par exemple, en mettant l'vne des iambes du compas sur le point 1, en la ligne de terre, qui est l'extremité de la perpendiculaire B 1, & en estendant l'autre iambe iusques en B, on formera l'arc de cercle, qui sera marqué du mesme chiffre 1, vers le bout duquel il touche la ligne de terre: de mesme, pour le suiuant; en mettant l'vne des pointes du compas en 2, sur le bout de la perpendiculaire D C 2, premierement de l'interualle 2 D, on formera l'arc de cercle, qui sera marqué au bout dont il touche la ligne de terre du mesme centre, & de l'interualle 2 C, on formera l'autre arc de cercle, qui sera encore marqué au bout, dont il touche la ligne de terre, du mesme chiffre 2, parce que ces deux arcs de cercle naissent de la perpendiculaire marquée 2: l'on operera conformément sur la perpendiculaire A 3, ce qu'estant fait, il faut mener de toutes les perpendiculaires des radiales au point principal E; & de l'extremité des arcs de cercle tirer des diametrales au point de distance F, & où elles s'entrecouperont respectiuement, marquer les points principaux de la figure, qui se doiuent rencontrer dans leur interse-ction : par exemple à l'interfection de la radiale 1 E, & de la diame-trale 1 F il faut marquer le point *b*, qui sera l'aparence du point B, qui est au plan geometral le point d'où naist la perpendiculaire B 1, & l'arc de cercle B 1. On doit operer sur toutes les autres lignes de la mesme façon ; & apres auoir trouué par leur interfection tous les points des extremitez de la figure, il les faut conioindre auec des lignes droites, suiuant la situation qu'elles ont dans le plan Geome-tral ; par exemple ayant trouué, par l'interfection des radiales & des diametrales, les points *a b c d*, il faut mener des lignes droites de *a* en *b* ; de *b* en *c* ; de *c* en *a* ; & du point *d* vers tous les angles *a b c*, & l'on aura l'aparence du triangle ABCD.

Or d'autant que la multiplicité des lignes cause quelquefois de l'embarras, & de la confusion en ces operations, particulierement és figures à plusieurs angles, qui ont besoin d'vn grad nóbre de per-pendiculaires, & de diagonales ou d'arcs de cercle, pour estre mi-ses en Perspectiue, comme nous verrons cy-apres : nous auons des-ja dit, qu'il faut marquer de mesmes chiffres les perpendiculaires & les diagonales, ou arcs de cercles, qui naissent d'vn mesme point au plan geometral, afin que l'interfection de la radiale & de la dia-metrale, qui en seront tirées, donne l'aparence du mesme point. Mais pour mieux éuiter la confusion, ie conseille de mettre, com-me i'ay faict icy, les chiffres des perpendiculaires sous la ligne de ter-re, & ceux des diagonales, ou arcs de cercle au dessus : car par ce moyen l'on verra facilement que de tous les points en la ligne de terre, qui ont leurs chiffres au dessous, on doit tirer des radiales au point principal, comme l'on void dans la troisiesme figure, aux points 1, 2, 3 : & de tous ceux qui ont leurs chiffres au dessus, il faut tirer des diametrales au point de distance, comme dans la mesme fi-gure, des poincts, 2, 1, 2, 3.

L'on connoistra encore facilement par ce moyen, quand il y au-ra deux arcs de cercle marquez de mesmes chiffres, qu'ils doiuent donner deux points sur la radiale : comme dans la figure du trian-gle, les arcs de cercle D 2, C 2, doiuent sur la radiale 2 E, marquer deux points par l'interfection de leurs diametrales, l'vn pour vn des coins du triangle C, l'autre pour le milieu D, parce qu'ils sont en vne mesme ligne droite perpendiculaire à la ligne de terre : & si, au contraire, deux diagonales ou deux arcs de cercle tombent sur vn mesme point dans la ligne de terre, & qu'au dessus de ce mesme point soient marquez deux chiffres differens : comme en la quatries-me figure qui est vn quarré, les diagonales ou quarts de cercle qui naissent de la 2 & 3 perpendiculaire, tombent au mesme point mar-qué 2, 3, c'est à dire que la diametrale tirée de ce point au point de distance, doit, en coupant les deux radiales de ces perpendiculaires,

de la Perspectiue Curieuse. 41

laires, donner deux points, à fçauoir en coupant la radiale o E, donner le point m, & en coupant la radiale 3 E, donner le point n. Et si en la ligne de terre il tombe vne perpendiculaire & vn arc de cercle sur vn mesme point, & qu'il soit marqué de chiffres dessous & dessus : il faut de ce point tirer vne radiale au point principal, & vne diametrale au point de distance ; voyez dans la mesme figure du quarré, où le point marqué 3 est au dessous de la ligne de terre, & marqué 2 au dessus, parce que la troisiesme perpendiculaire N 3 y tombe, aussi bien que le quart de cercle P 2, c'est pourquoy il en faut tirer la radiale 3 E, & la diametrale 2 F.

COROLLAIRE I.

Apres ces obseruations, ie croy qu'il sera facile de donner l'apparence non seulement du quarré LMNO, qui est en la quatriesme figure ; mais encore de toute autre sorte de polygones reguliers ou irreguliers, ou figures plates comprises de lignes droites, en y procedant comme i'ay dit, mais tant en ces figures, qu'és autres, dont nous traiterons cy-apres, l'vsage apportera vne grande facilité à ceux qui s'y exerceront, & qui descouuriront les moyens d'abreger en plusieurs rencontres cette methode, qui est la meilleure, sans qu'il soit besoin des methodes particulieres pour chaque figure, car auec peu d'addresse on en trouuera tant qu'on voudra : par exemple puis qu'on sçait que toutes les lignes du plan geometral pareleles à la ligne de terre, luy sont aussi paralleles en la Perspectiue ; & que les points A B de la troisiesme figure, & le point M de la quatriesme sont en vne mesme ligne parallele à la ligne de terre, il s'ensuit qu'apres auoir trouué l'apparence du point A, qui est en *a* au tableau, il faut tirer vne parallele *a b m*, & l'on aura l'apparence des trois points ABM sur les radiales qui en prouiennent, sans qu'il soit necessaire pour ces points de former les arcs de cercle, ny en tirer les diametrales au point de distance.

COROLLAIRE II.

On recognoistra encore de ce que nous auons dit de cette methode, que pour mettre en Perspectiue vn pauement de quarrez, qui ont l'vn de leurs costez parallele à la ligne de terre ; comme celuy de la cinquiesme figure A B C D, il n'est pas besoin d'en faire le plan geometral, mais qu'il suffit, la grandeur des quarrez estant donnée, de la transporter sur la ligne de terre autant de fois qu'on veut auoir de quarrez dans la largeur du pauement ; comme dans cette figure pour vn pauement large de cinq quarrez, la largeur donnée est mise cinq fois sur la ligne de terre és nombres 1. 2. 3. 4. 5. desquels il faut tirer des radiales au point principal E : & pour la longueur ou profondeur du pauement, apres auoir determiné la

F

quantité des quarrez, comme icy de 5, autant qu'en largeur, il faut de l'extremité du cinquiesme quarré, qui est icy en *a*, tirer vne diametrale au point de distance F, qui sera *a c* F ; & en tirant des paralleles par les intersections qu'elle fera auec chaque radiale, on aura le racourci du pauement aussi parfait que si l'on en auoit fait le plan geometral, tiré les perpendiculaires & les arcs de cercle, &c. Ce qui se recognoist en examinant la figure ; venons aux figures plattes comprises de lignes courbes ou circulaires.

PROPOSITION IX.

Appliquer l'vsage de cette regle au racourcissement des cercles & autres figures comprises de lignes-courbes.

POur mettre vn cercle en Perspectiue, il faut faire le plan naturel du mesme cercle au dessous de la ligne de terre, comme en la 6 figure de la 4 planche, ABCDEFGH : & le diuiser à discretion, en autant de parties qu'on voudra : nous l'auons icy diuisé en huict, és points A B C D E &c. & puis de tous les points de ces diuisions, comme nous auons fait és figures rectilignes de tous leurs angles, il faut mener des perpendiculaires, & des diagonales, ou arcs de cercle, sur la ligne de terre, & des points qu'elles y marqueront, il faut tirer des radiales au point principal L, & des diametrales au point de distance M, & où elles s'entrecouperont, elles donneront les points respondans à ceux de la diuision du cercle parfait, qui seront *a b c d e f g h*, par lesquels conduisant des lignes courbes de l'vn à l'autre, à sçauoir d'*a* en *b*, de *b* en *c*, &c. on aura le cercle mis en Perspectiue en *a b c d e f*, &c. Remarquez qu'en la presente figure, & en celle qui suit les parties de la circonference du cercle racourcy *a b c d e*, &c. ne sont pas conduites à la main, mais auec le trait du compas : dont il y a vne raison particuliere que ie declareray apres, car ie ne veux pas icy donner vne methode generale qui s'estende non seulement à toutes sortes de cercles mis en toutes sortes de façons, & veus de tel point qu'on voudra : mais aussi à toutes sortes d'ouales, d'ellipses, & autres figures qui naissent de la section du cone, que l'on peut racourcir ou mettre en Perspectiue par cette methode, en trouuant plusieurs points de leur courbeure & les conjoignant apres par lignes courbes, comme nous auons dit.

Or bien que pour l'ordinaire la figure qui represente le cercle au tableau soit vne ouale ou ellipse, comme l'on recognoistra en operant : neantmoins, par la cinquiesme du premier des Coniques d'Apollonius, il se peut faire autrement, à sçauoir quand vn cone scalene est coupé d'vne section soucontraire : car pour lors l'apparence mesme du cercle est aussi vn cercle parfait : ce qui a donné occasion aux deux suiuantes propositions, qui sont assez curieuses, pour le racourcissement des plans. La premiere, vn cercle estant donné en vn plan, le point de distance estant pareillement donné, & la section ou le tableau reposant perpendiculairement sur le plan, trouuer la hauteur de l'œil, selon laquelle, le cercle estant mis en Perspectiue, son aparence soit aussi vn cercle parfait. La seconde vn cercle estant donné en vn plan, la hauteur de l'œil estant pareillement donnée, & la section où le tableau reposant perpendiculairement sur le plan, trouuer la distance selon laquelle le cercle estant mis en Perspectiue, son aparence soit aussi vn cercle parfait. Nous donnerons la solution de ces deux problemes, apres auoir proposé deux Lemmes, qui doiuent seruir à leur construction, pour ceux qui ayans quelque cognoissance de la Geometrie veulent sçauoir par principes ce qu'ils ont à pratiquer : quant à ceux qui sont purement praticiens, à qui les termes de Geometrie donnent de la peine, ils pourront passer par dessus, pource que nous en donnerons cy-apres vne pratique plus familiere, és susdites quatriesme & cinquiesme propositions.

PROPOSITION X.

LEMME V.

Quand les lignes droites tirées d'vne ligne courbe perpendiculairement sur la soustendante de cette courbe sont en telle raison que le quarré de chacune est égal au rectangle contenu par les parties de la base ou soustendante coupée par ladite courbe, la courbe est la circonference d'vn cercle.

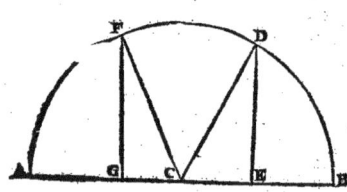

SOit la courbe AFDB, & sa soustendante la droite AB : & que des 2 points FD, l'on mene les 2 droites FG, & DE perpédiculaires à la base AB, de sorte que le quarré de FG soit égal au rectangle AGB, qui sont les parties de la base, & que le quarré DE soit égal au rectangle AEB, ie dis que la ligne AFDB est la circonference d'vn cercle. Voyez la 5 du 2.

PROPOSITION XI.

Lemme VI.

Quant vn plan parallele à la base du cone, coupe le cone il engendre vn cercle.

Voyez la description du cone dans la 18 definition de l'onziéme d'Euclide, & sa figure ABCL, laquelle est engendrée par le triangle rectangle AEC qui se torne autour de son costé AE, demeurant immobile comme vn axe, iusques à ce qu'il reuienne au mesme lieu d'où il est parti.

Soit le cone ABC coupé par le plan FGIK parallele à la base B DCL, la section FGIK sera vn cercle, dont vous pouuez voir la demonstration dans Apollonius, & Claude Mydorge, sans qu'il soit besoin d'en grossir ce liure.

On nomme le cone, rectangle, lors que son axe, qui est icy AB, est perpendiculaire à la base BDCL : & quand le cone est scalene, il en arriue autrement, comme l'on void dans la proposition qui suit.

PROPOSITION XII.

Lemme VII.

Si vn plan coupe par l'axe vn cone scalene en faisant des angles droits auec la base, s'il est encore coupé souz-contrairement par vn autre plan coupant perpendiculairement le triangle fait par l'axe, la section de la surface du cone sera la circonference d'vn cercle.

Soit le cone scalene BAC, dont le sommet est le point B, sa base, le cercle ALC, & qu'vn plan coupant le cercle perpendiculairement, engendre le triangle ABC : & qu'vn autre plan le coupe en telle sorte qu'il face des angles droits auec ABC, qui retranche du costé B le triangle BDC semblable au triangle BAC, mais ayant sa position souscontraire, & le mesme sommet B, mais sa base non parallele à sa base AC & DC.

de la Perspectiue Curieuse. 45

Et que ce plan ait pour section dans la surface du cone la ligne DHC, elle sera la circonference d'vn cercle, dont on peut voir la demonstration dans les autheurs susdits qui ont expressement traité des sections coniques.

PROPOSITION XIII.

LEMME VIII.

A deux lignes droites données, trouuer vne moyenne proportionelle.

SOient, en la sixiesme figure de la 4 planche, les deux lignes droites données ON, NP, ausquelles il faut trouuer vne moyenne proportionelle : qu'elles soient premierement iointes ensemble au point N, & disposées en vne ligne droite O P, laquelle ligne O P soit diuisée en deux parties égales au point *a*, duquel comme centre, & de l'interualle *a* O, ou *a* P soit descrit le demy cercle O QP; & puis soit esleuée du point N, où les deux lignes données sont conjointes, vne perpendiculaire qui rencontrera la circonference du demy-cercle en Q, & sera la moyenne proportionnelle requise N Q.

L'on peut encore trouuer cette moyenne proportionelle par le moyen du compas de proportion, dont l'vsage est facile, & commun.

PROPOSITION XIV.

LEMME IX.

Trouuer vne ligne droite, laquelle iointe à vne autre ligne droite donnée, ait la mesme proportion à quelqu' autre semblablement donnée, que cette-cy à celle qui sera trouuée.

Soient, en la septiesme figure de la 4 planche, les deux lignes droites données NQ, NR : qu'il faille trouuer vne ligne, laquelle iointe auec NR, ait la mesme proportion à la ligne NQ, que NQ à celle qui sera trouuée. Que les lignes NQ, & NR soient iointes ensemble aû point N, à angles droits, & que NR soit diuisée en deux parties égales au point *a*, duquel comme centre, & de l'interualle *a*Q, soit descrit le demy-cercle OQP, qui coupera la ligne NR prolongée de part & d'autre en O, & en P, & donnera NO, ou RP pour la ligne demandée, laquelle iointe à NR, aura la mesme proportion à NQ, que NQ à NO, ou RP, ce qu'il falloit faire.

PROPOSITION XV.

Vn cercle estant donné en vn plan, la distance estant pareillement donnée, & la section, ou le tableau reposant perpendiculairement sur le plan, trouuer la hauteur de l'œil, selon laquelle, le cercle estant mis en Perspectiue, son aparence soit aussi vn cercle parfait.

Soit en la sixiesme figure, de la 4 planche le cercle donné ABCDEFGH, dont le diametre soit NR, & la distance de laquelle il doit estre veu, ON, ou RP : il faut, par le 8 Lemme, trouuer vne moyenne proportionnelle entre ON, & NP, & elle sera la hauteur de l'œil requise, selon laquelle le cercle ABCDE, &c. estant racourcy, son aparence sera vn cercle parfait.

Autrement soit le diametre du cercle donné NR, & soit mise de part & d'autre, en ligne droite, la distance donnée, comme icy NO, R P; & le tout estant diuisé en deux parties egales en *a*, du point *a* comme centre, de l'interualle *a*O, ou *a* P, soit descrit le demy cercle OQP, & du point N, ou R, soit esleuée vne perpendiculaire iusques à la circonference du demy-cercle, qui sera NQ, & elle sera la hauteur de l'œil demandée, suiuant laquelle si l'on fait vne ligne ho-horizontale parallele à la ligne de terre, & si l'on place en icelle le point principal vis à vis du centre de l'objet en L, & le point de distance en M, de l'esloignement donné RP, & si l'on racourcit, ou si l'on met en Perspectiue le cercle ABCDE, &c. son aparence au tableau sera vn cercle parfait, comme l'on void dans la figure *abcd* *efgh*, dont la circonference circulaire passe par tous les points des intersections des radiales, & des diametrales qui representent les points des diuisions du plan geometral.

PROPOSITION XVI.

Vn cercle estant donné en vn plan, la hauteur de l'œil estant pareillement donnée, & la section, où le tableau reposant perpendiculairement sur le plan, trouuer la distance, selon laquelle le cercle estant mis en Perspectiue, son aparence soit aussi vn cercle parfait.

SOit, en la septiesme figure de la 4 planche, le diametre du cercle donné NR; la hauteur de l'œil pareillement donnée NQ: il faut, par le 9 Lemme, trouuer vne ligne, laquelle iointe à NR, ait la mesme proportion à NQ, que NQ à celle qui sera trouuée, à sçauoir à RP, laquelle sera la distance selon laquelle le cercle ABCDE &c. estant mis en Perspectiue, son aparence sera aussi vn cercle parfait; ou plus intelligiblement pour les moins versez en la Geometrie.

Soit en la mesme figure le cercle donné ABCDE &c. la hauteur de l'œil semblablement donnée NQ: il faut trouuer la distance selon laquelle le cercle estant mis en Perspectiue son aparence soit aussi vn cercle parfait. Soient premierement le diametre du cercle NR, & la hauteur de l'œil NQ, ioints ensemble à angles droits, ou à l'équiere en N, puis le diametre NR diuisé en deux également en *a*, & dudit point *a*, comme centre, & de l'interualle *a*Q soit descrit le demy-cercle OQP, lequel coupant la ligne NR prolongée de part & d'autre en O, & en P, donnera NO, ou RP pour la distance requise, laquelle estant portée de L en M, & l'operation estant acheuée, comme nous auons dit en la 15 proposition, l'aparence du cercle ABCD &c. sera aussi vn cercle parfait, comme il est requis.

COROLLAIRE. I.

Il est euident par ce qui precede, que tant en cette operation qu'en la precedente apres auoir trouué la hauteur de l'œil, ou le point de distance conuenable, pour auoir l'aparence entiere du cercle il faut trouuer l'aparence du diametre perpendiculaire à la ligne de terre, comme est le diametre AE; l'aparence se trouuera par le moyen de la radiale *a* L, & de la diametrale SM, qui s'entrecoupent au point *e*; & cette aparence ayant esté trouuée, doit estre diuisée en deux également au point *k*; duquel comme centre, & de l'interualle *ka*, ou *ke*, soit descrit le cercle *abcdefgh*, qui sera l'aparence requise, sans qu'il soit besoin d'operer sur les autres points de la circonference, comme il faut faire d'ordinaire en d'autres rencontres; où il est à remarquer que le point *k*, centre naturel du cercle *abcdefgh*, n'est pas l'aparence du centre du cercle, ABCDE &c. mais le point *i*, comme il est assez exprimé dans la figure.

COROLLAIRE II.

Il y a dans la Perspectiue des plans quantité d'autres semblables propositions, comme de faire en sorte que l'aparence d'vne ellipse, ou d'vne ovalle soit vn cercle parfait &c. mais ie les passe sous silence, puis que ie n'ay proposé celles-cy que pour donner quelque eschantillon des gentillesses de la Perspectiue en ce sujet, n'ayant autre dessein que de donner ce qui est precisément necessaire dans la Perspectiue des plans, pour l'intelligence & la pratique des propositions, qui suiuent & qui traitent des cinq corps reguliers, & de quelques reguliers composez, & d'autres irreguliers : c'est pourquoy ie renuoye le lecteur curieux qui desirera se satisfaire plainement en cette matiere à la Perspectiue de Guide Vbalde & d'Aguilonius qui traite des proiections au sixiesme liure de ses optiques.

PROPOSITION VII.

LEMME II.

Trois lignes estant données trouuer la quatriesme proportionelle.

SOient les 3. lignes données AB, CD, EF, ausquelles il falle trouuer vne 4 proportionelle, c'est à dire qui aye mesme raison à la ligne EF, que la ligne AB à la ligne CD, ou CD à CF. Il faut donc pour ce suiet descrire le demy cercle ACB sur la plus grande AB, qui sera so diametre, & puis il faut appliquer audit cercle la ligne CB égale à la seconde CD : cecy estant fait, les points CA doiuent estre conjointes par la ligne CA; & puis soit menée du point C, la ligne perpendiculaire à la base AB, & sur la ligne BC soit prise la droite BE égale à la 3 proportionelle FE; & finalement, du point E soit menée la ligne EG perpendiculaire à BA, l'on aura BG pour la 4 proportionelle.

La seconde maniere de trouuer la mesme quatriesme proportionelle semble fort ingenieuse, c'est pourquoy i'aioute cette figure, dans laquelle soient les trois mesmes lignes precedentes AB, CD, EF.

Descriuez

de la Perspectiue Curieuse   49

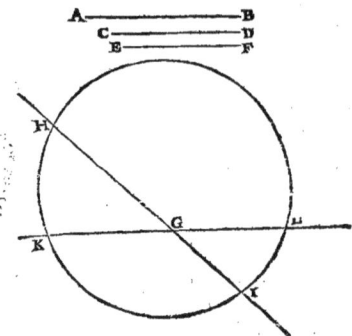

Defcriuez deux droites HI & KL qui fe coupent à tels angles qu'on voudra au point G, & qui foient prolongées tant qu'il fera neceffaire, & prenez dans la ligne HI, en commençant au point G, la ligne GH égale à la premiere des proportionelles AB, & dans la droite KL, prenez GK égale à la feconde CD, & GL égale à la 3 FE; & puis defcriuez vn cercle par les 3 points KHL par la 25. du 3, fa circonference donnera GI pour la 4 proportionnelle.

Ce que nous appliquerons icy à la Perfpectiue : & pour ce fujet, foit, dans la 8 figure de la 5 planche, le tableau FGHI, auquel il falle marquer l'apparence du point A, qui eft éloigné de la bafe dudit tableau, dans le plan geometral, de la ligne perpendiculaire AL. Que la ligne IB foit la diftance du tableau à l'œil, dont la hauteur eft BC, & le point B eft le pied affis fur le paué. Cecy eftant pofé, vous trouuerez le lieu de l'apparence du point donné A.

Et pour ce fujet, menez du point B au point A la droite BA, qui coupera la bafe du tableau au point D, duquel eleuez la perpendiculaire DE, fi vous faites, foit auec le compas de proportion, ou autrement, que DE foit à BC, comme DA eft à BA, vous aurez le lieu de l'apparence du point A.

Or cette 4 proportionelle fe trouue encore ayfement en cette maniere. Que le point A, & tout le refte foit donné comme cy-deuant, tirez du point B au point A la droite BA, & du point B defcriuez vne ligne parallele à la bafe du tableau BC, qui foit égale à la hauteur de l'œil : & puis du point C menez la droite CA ; les droites BA & CA couperont la bafe du tableau, puis que l'on fupofe que le point A eft par delà le tableau, & par ce que BC eft parallele à DK, elles auront mefme raifon que BA à BD par la 4 du 6. donc fi DK eft perpendiculaire à la bafe du tableau au point D, la droite DE fera la 4 proportionnelle.

Ie laiffe vne grande multitude de Corollaires que l'on peut deduire de ce que i'ay dit, afin de parler de la Perfpectiue des objets eminens ou fublimes.

G

PROPOSITION XVIII.

La hauteur perpendiculaire du point eminent est à la hauteur de son image dans la section du tableau & du rayon visuel, sur l'aparence de sa base, comme la ligne totale des distances à la partie de ces distances qui se trouue depuis le pied iusques au tableau.

Soit, dans la 9 figure de la 5 planche, le tableau IKLM, l'œil G, sa hauteur GH, l'éloignement du tableau HC, le point visible horizontal A directement opposé à l'œil ; le point eminent B, qui s'appuye sur le point A par le moyen de la ligne BA.

Soient menées les droites HCA, GDA, & GEB ; & du point C, où HC coupe la base du tableau, soit éleuée la perpendiculaire CDE, le point D representera dans le tableau l'image du point A horizontal, & le point E representera le point eminent B.

Or la hauteur perpendiculaire NO du point eminent B est à la hauteur aparente RS, dans le tableau sur le point R, hauteur de sa base, comme CH, NP, qui est la longueur de la ligne des distances, à sa partie CH, qui est entre le pied & le tableau, ce qu'il falloit demonstrer.

COROLLAIRE I.

Il faut remarquer que l'aparence des obiets égaux plus ou moins éloignez se trouue égale dans le tableau, quoy qu'il faille diminuer leurs peintures suiuant leurs éloignemens, afin qu'ils produisent de moindres, ou de plus grandes images dans le fond de l'œil, ou sur la retine.

Or l'on peut voir comme 2 ou plusieurs colomnes égales differemment éloignées doiuent estre égales sur le tableau : ce qu'il faut aussi conclurre de tous les autres obiets.

Soient donc les 2 colomnes AB, NO, opposées à l'œil G, dans le plan parallele au tableau IKLM : dont la plus éloignée soit NO, & la plus proche AB : DE, RS leurs apparences dans le tableau sont égales ; car puis que le plan sur lequel sont les colomnes & le tableau sont paralleles, les sections faites sur le tableau par les rayons visuels allant de l'œil G ausdites colomnes, seront aussi paralleles par la 16 de l'onziesme.

de la Perspectiue Curieuse.

PROPOSITION XIX.

LEMME. XI.

Que les lignes AD, CD, *de la figure de la 5 planche, se rencontrent à angles droits au point* D, *que dans chacune l'on prenne deux points* AB, CN. *à discretion, & que les droites* AN, BN, AC *&* BC *soient descrites, &* FI *parallele à* DC. *Si du point* I *l'on mene la droite* IH *parallele à la ligne* AB, *iusques à* BN, *& du point* F *la ligne* FG *aussi parallele à la ligne* AB, *iusques à la ligne* BC, *les lignes* IH *&* FG *seront égales.*

CAr, dans la 10 figure de la 5 planche, parce que dans le triangle BNA la ligne IH est parallele à la ligne AB, NI est à IA, comme NH à HB, par la 2 du 6. & tout de mesme parce que la ligne IF du triangle NAC est parallele à la ligne DC, CF est à FA, comme N I à IA: & parce que FG est parallele à la ligne AB, CG est à GB, comme CF à A; & partant CG est à GB, comme NH à HB, donc par la 2 partie de la 2. Proposit. du 6, HG est est parallele à DC, où IF:IH est parallele à FG, comme à BA, donc IHGF est parallelogramme; & par consequent les costez IH, FG sont paralleles par la 34 du 1. ce qu'il falloit demonstrer.

PROPOSITION XX.

Estant donnée la hauteur naturelle d'vne ligne perpendiculaire sur vn plan, trouuer sa diminution, ou sa Perspectiue, selon le lieu de son assiete audit plan, ou son auancement dans le tableau.

DE cette proposition dépend toute la Perspectiue des corps ou figures solides, c'est pourquoy il la faut deduire clairement & amplement.

Soit donc, en la huictiesme figure de la 6. planche, la hauteur naturelle de cette ligne donnée, égale à l'vn des costez du quarré D EFG, par exemple à la ligne DE; il faut pour disposition mettre cette hauteur perpendiculairement sur la ligne de terre, à droit, ou à gauche, comme AB, & de ses extremitez tirer des lignes droites occultes à quelque point de la ligne horizótale à discretió : car l'on aura par tout le mesme effet; neámoins il faut prédre garde de les tirer à vn point vn peu esloigné de ladite ligne AB; autrement on auroit de la peine à s'en seruir pour l'effet que nous pretendons; comme icy des extremitez A, B, nous auons tiré au poinct C; qui est le poinct principal de la perspectiue; les lignes occultes AC, BC: ce qu'estant ainsi disposé, on trouuera facilement la hauteur perspective de cette ligne, autant auancée sur le plan, & en quelque endroit du tableau que l'on voudra qu'elle soit: par exemple, qu'il faille trouuer en la Perspectiue la hauteur de cette ligne lors qu'elle sera supposée tomber perpendiculairement sur le point *e*, ou *g* (qui sont les apparences d'E & G, trouuées par la premiere proposition de ce liure) car c'est la mesme chose, l'vn & l'autre estant dans vne mesme ligne parallele à la ligne de terre, & par consequent l'vn & l'autre egalement auancé sur le plan. Il faut donc du point Q, vers AB tirer vne parallele à la ligne de terre, qui rencontrera la ligne AC au poinct *m*, duquel poinct *m*, la perpendiculaire à la ligne de terre, & parallele à AB, au point ou elle rencontrera l'autre ligne occulte BC, sçauoir en *n*, determinera MN, pour la hauteur requise, laquelle estant mise perpendiculairemẽt sur le point *e*, *ei* sera la hauteur Perspectiue de la ligne AB suposée en *e*, ou en *g*, comme nous auons dit. Or pour trouuer la hauteur Perspectiue de la mesme ligne sur le point *f*, il faut operer en la mesme façon en tirant du point *f* vers la ligne occulte AC, vne parallele qui la rencontre au point *o*, duquel esleuant semblablement vne perpendiculaire iusques à l'autre ligne occulte BC, elle determinera *o*, pour la hauteur requise, laquelle estant portée sur *f*, la hauteur Perspectiue demandée sera *fK* perpendiculaire sur le point *f*.

COROLLAIRE I.

Il est facile, par ce moyen, d'auoir l'aparence d'vn cube reposant sur l'vne de ses bases, comme du cube *defghikl*, en cette figure; car son plan estant racourcy, par l'intersection des radiales & diametrales; & ayant pour l'aparence dudit plan, *defg*: on aura l'aparence des hauteurs perpendiculaires sur chaque point *defg*, lesquelles estant trouuées & determinées en *hikl*, il faut joindre de lignes droites, *hi*, *ik*, *kl*, *lh*, & l'on aura l'aparence requise du cube, de sorte que tant ce qui est exposé à la veuë, que ce qui se verroit du derriere, s'il estoit diafane & transparant, se connoistra dans cette figure.

COROLLAIRE II.

Il s'ensuit encore de cette proposition, qu'vne, ou plusieurs differentes grandeurs, estant mises en vne mesme ligne droite perpendiculaire sur la ligne de terre, comme AB, par le moyen des lignes occultes tirées de leurs extremitez à vn point de la ligne horizontale, donneront les diminutions Perspectiues des mesmes hauteurs en quelque endroit du tableau que l'on voudra, comme nous dirons plus particulierement dans les propositions qui suiuent, où nous donnerons des exemples des cinq corps reguliers, qui faciliteront

de la Perspectiue Curieuse. 53

l'intelligence de cecy: or il faut supofer tant en cette propofition qu'en toutes les autres femblables, que bien qu'en les enonçant nous ne fpecifions pas ces termes, *la hauteur de l'œil & le point de diftance eftant donnez*, ils s'entendent neanmoins toufiours comme neceffaires en la Perfpectiue.

Il faut auffi remarquer que pour faciliter l'intelligence des figures qui fuiuent, en ce qui concerne la Perfpectiue des figures folides, pour ne les point embaraffer d'vne trop grande confufion de lignes, i'ay obmis toutes les radiales & diametrales qui feruent au racourciffement des plans defdites figures folides, en fupofant neanmoins que ces plans foient mis en Perfpectiue, auant que de trauailler à la Perfpectiue des corps; car il en a efté traité affez amplement, pour s'inftruire en ce fujet, dans les propofitions precedentes, fans qu'il foit neceffaire d'en parler dauantage: C'eft pourquoy i'ay feulement mis le plan geometral au deffous de la ligne de terre, où i'ay encore exprimé quelques perpendiculaires, & des arcs de cercles, & ay mis le mefme plan en Perfpectiue au deffus de la ligne de terre, comme l'on peut voir en la huictiefme figure de la 6 planche, le plan DEFG racourcy & mis en Perfpectiue en *d e f g*: & en la dixiefme figure le plan ABCDEF mis en Perfpectiue en *a b c d e f*. Ce dernier plan Perfpectif, auffi bien que ceux des autres corps qui fuiuent, eft figuré de petits traits entrecoupez pour les diftinguer plus facilement des autres lignes qui font le derriere des corps & qui font ponctuées.

Il faut remarquer en dernier lieu, que les lignes fur lefquelles fe porteront les hauteurs naturelles perpendiculaires fur le plan (comme, dans la huitiefme figure, la ligne AB, & en la dixiefme, la ligne HLK, qui naift du triangle ifofcele HIK,) feront appellées en ce traité, lignes de l'orthographie; & que les lignes occultes qui en feront tirées à vn point de la ligne horizontale, comme dans les mefmes figure huit & dixiefme, les lignes AC, BC, HG, LG, KG, feront appellées l'efchelle des hauteurs.

PROPOSITION XXI.

Theoreme.

La perpendiculaire tirée du point Perfpectif de fa bafe dans le diafane iufques à la ligne horizontale eft à la hauteur aparente d'vn mefme point eminent dans le tableau, fur le point de la bafe, duquel la perpendiculaire a efté tirée, comme la hauteur de l'œil fur le plan à la hauteur naturelle perpendiculaire d'vn poinct eminent.

Ayant prolongé les droites GN & AB, de la 9 figure de la 5 planche, iufques en T, l'on a le parallelogramme ATGH; or AT

G iij

est égal à GH. Et parce qu'au triangle AGT la ligne DV est parallele à TA, comme GA est à GD, ainsi AT à DV.

De mesme, comme GA du triangle AGB, est à GD, ainsi AB à DE, donc par l'onze du 6. comme AT à AB, ainsi DV à DE, qui est la hauteur aparente du point eminent par dessus le point D.

COROLLAIRE

D'où il est aisé de tracer l'aparence du point sublime dans le tableau, par la 18 propos. & par la 10 figure de cette planche ; car il faut seulement à trois lignes données AD, AB & FE, trouuer la 4 proportionnelle FG, afin que comme la hauteur de l'œil AD est à la hauteur AB du point eminent, FE soit à FG.

Voyez au compas de proportion combien AD contient de parties egales, & suposons qu'elle arriue depuis le centre du compas iusques à 53 ; & transportez AB sur les 2 iambes à ce mesme nombre 53. De rechef voyez combien FE contient de parties égales, & ayant trouué 43, transportez le sur les 2 iambes aux 2 nombres 43, & vous aurez dans cette ouuerture la 4 proportionnelle.

Mais puis que l'vsage du compas de proportion est tres commun, ie viens aux autres propositions.

PROPOSITION XXII.

Mettre en Perspectiue vn cube reposant dans le plan sur l'vn de ses costez, en sorte qu'il ne le touche qu'en vne ligne.

IL faut remarquer en premier lieu, qu'encore qu'il semble que les figures solides qui ne touchent le plan qu'en vn point, ou en vne ligne, n'ayent point de plan geometral ; il est neantmoins necessaire, pour les mettre en Perspectiue par les principes de la science, de s'en imaginer vn, que ces corps descriuent, si de toutes leurs extremitez on abbaisse des lignes perpendiculaires sur le plan : par exemple si vn cube ayant l'vn de ses costez (& par consequent tous les autres) égal à la ligne BE, en la dixiesme figure de la 6 planche, estoit mis en sorte sur le plan, qu'il ne le touchast qu'en ceste seule ligne BE : si des extremitez, qui ne touchent point le plan, on abbaisse des perpendiculaires sur ledit plan en A, F, C, D, on aura pour le plan dudit cube, vn parallelogramme compris des deux lignes A F, CD, egales aux costez du cube, & de deux autres AC, FD, egales à la diagonale de l'vne des bases du mesme cube : suposé toutesfois qu'il soit mis perpendiculairement sur le plan, comme nous le mettons icy, pour vne plus grande facilité ; car il ne faut pas nous arrester à des difficultez qui sont plus ennuyeuses que profitables : il faut dire la mesme chose des figures suiuantes, qui descriuent leur

de la Perspectiue Curieuse. 55

plan Geometral par le moyen des abbaissées. Nous donnerons en la description de chacune de ces figures la methode de construire geometriquement leur plan, & la ligne de l'orthographie, pour trouuer la diminution des hauteurs perpendiculaires sur tous les points dudit plan.

Soit donc, pour le plan de ce cube, le parallelogramme ABCDEF mis en Perspectiue en *abcdef*, la ligne de l'orthographie sera dressée, si l'on met la ligne ABC du plan geometral perpendiculairement sur la ligne de terre en HLK, & si de ces trois points on mene des lignes occultes en G; HG, LG, KG, l'on aura l'échelle des hauteurs bien preparée : le triangle isoscele HIK, qui est la moitié d'vn quarré égal à l'vne des faces du cube, sert pour la demonstration. Ceste échele estant ainsi disposée, il faut de tous les points du plan racourcy *abcdef*, tirer des paralleles, & trouuer les hauteurs comme i'ay enseigné cy deuant, sur les points *af*, parce qu'ils ne sont pas auancez sur le plan, ou esloignez de la section, il faut esleuer des perpendiculaires occultes *ag, fn*, de la hauteur naturelle H L, qui est sur la ligne de l'orthographie, comme le monstre la ligne de terre *fa*H, qui sert d'vne parallele, & la ligne L *gn*, entre lesquelles cette hauteur est comprise. Pour les hauteurs menez sur *be*, la parallele *ebo*, & du point *o* esleuez vne perpendiculaire, elle sera arrestée en *p*, par la ligne KG, & on aura *op* pour la hauteur requise, laquelle sera transportée en *bh, em* : & pour les hauteurs sur *cd*, menez la parallele *dcq*, & esleuez la perpendiculaire *qr*, elle sera la requise, laquelle il faut transporter en *e*1, *dl*1 mais pour auoir l'aparence du cube mis sur son costé, il faut joindre de lignes droites *be, gn, hm, h*1, 1 *b, bg, gh* : Et si l'on veut encore auoir l'aparence du derriere, qui se verroit si le cube estoit diafane, il faut tirer les lignes *il, el, ml*, lesquelles ie n'ay marqué que de points, comme i'ay fait en tous les autres corps, afin qu'on les discerne plus facilement de ce qui doit estre exposé à la veuë, suposé que les corps soient opaques, comme on les supose d'ordinaire ; d'où vient que pour vne plus grande satisfaction de ceux qui s'y voudront exercer, & pour monstrer l'effet de la perspectiue auec plus de grace, i'ay figuré chaque corps au net auec ses ombres, comme on void aux cubes en la neufiesme & vnziesme figure.

Quand on aura trouué l'aparence de quelqu'vn de ces corps, auec l'obseruation de toutes les lignes necessaires, si on veut la mettre au net, & sans autres lignes que celles qui sont de l'aparéce de la figure : il faut mettre sous celle qui a esté descrite par les regles, vn papier blanc : & puis auec vne aiguille bien deliée, ou mesme auec quelque style, encore qu'il ne perce pas, il faut marquer tous les angles de la figure qui doiuent estre exposez à la veuë, & de l'vn à l'autre mener des lignes droites, & l'on aura ladite aparence mise au net, laquelle on pourra colorer & ombrer, selon qu'il est requis.

PROPOSITION XXIII.

Mettre en Perspectiue vn Tetraëdre ou vne pyramide perpendiculairement sur l'vn de ses angles solides, en sorte qu'elle ne touche le plan, qu'en vn point.

LE Tetraëdre ou la pyramide, que nous mettons entre les corps reguliers, est comprise de quatre faces triangulaires equilaterales & équiangles, c'est à dire, qui ont leurs trois costez & leurs trois angles égaux; elle a six costez ou arrestes aussi egales, douze angles plans, qui en font quatre solides (nous auons dit en nos preludes Geometriques, que l'angle solide se fait par plusieurs angles plans, plus petits tous ensemble que quatre angles droits, n'estant pas en mesme superficie, se rencontrent neantmoins en vn mesme point.) Que si on met la pyramide en quelque plan, perpendiculairement sur l'vn de ses angles solides, & que des trois autres, qui seront egalement esleuez sur le plan, on abbaisse des perpendiculaires sur le mesme plan, on aura pour sa figure ou plan geometral, vn triangle équilateral égal à l'vne des faces de la pyramide; comme si, en la douziesme figure de la 7 planche, l'vn des angles solides de la pyramide estoit mis perpendiculairement sur D, & que des trois autres on abbaissast des perpendiculaires sur le plan, elles tomberoient és points A, B, C, lesquels estant joints de lignes droites donneront le triangle ABCD, pour plan geometral de la pyramide, lequel sera mis en Perspectiue en *abcd*: puis la ligne de l'ortographie sera dressée en cette sorte: soit prise auec le compas la longueur de la ligne AD, BD, ou CD, & transportée sur la ligne de terre en IH, & sur l'extremité H soit esleuée vne perpendiculaire infinie HK: en apres soit prise auec le compas la grandeur de l'vn des costez du triangle ABC, par exemple du costé AB, & l'vne des pointes du compas ouuert de cette grandeur, estant mise sur le point I, & l'autre sur la perpendiculaire infinie, elle tombera au point K, & determinera HK pour la hauteur de la ligne de l'ortographie; la demonstration en est euidente, encore que la construction en soit assez simple, beaucoup plus facile que celle de Guide Vbalde, & hors de la confusion des cercles & des lignes, dont se sert Daniel Babaro au 2. chap. de la troisiesme partie de sa Perspectiue : cette ligne orthographique estant trouuée; il faut de ses extremitez H K mener des lignes occultes à quelque point de la ligne horizontale à discretion, bien qu'en la pluspart de ces figures nous les menions au point principal de la Perspectiue, quand faire se peut commodément ; comme icy nous auons tiré en L, les lignes KL, HL : L'échele des hauteurs estant ainsi preparée, il faut du point *a* du plan racourcy, tirer vne parallele iusques à la ligne occulte HL, qui sera *am*, & du

point

de la Perspectiue Curieuse. 17

point *m* esleuer iusques à l'autre ligne occulte KL, la perpendiculaire *mn*, laquelle estant transportée sur le point *a*, la ligne occulte *ae* sera la hauteur Perspectiue de l'angle solide *e*, sur le plan ; l'on fera la mesme chose pour trouuer les mesmes hauteurs sur *b,c*, en tirant la parallele *bco*, en esleuant la perpendiculaire *op* ; & en transportant sa hauteur sur *cb*, és lignes occultes *bf*, *cg* ; & puis il faut joindre les points *e,f,g*, de lignes droites aparantes ; & de chacun de ces trois points *e,f,g*, tirer vne ligne droite en *d*, & on aura l'aparence requise du Tetraëdre ou de la pyramide, mise perpendiculairement au plan sur l'vn de ses angles solides, qui est figurée au net auec ses ombres en la treiziesme figure de la 5 planche.

COROLLAIRE I.

De cette construction il est euident que la pluspart des auteurs de Perspectiue, qui ont escrit de ces corps, se sont trompez lourdement en cestuy-cy, quoy que tres-aisé, comme Albert Durer, Iean Cousin, Marolois, & l'autheur d'vn liure imprimé à Amsterdam, qui a de belles figures de toutes sortes de corps reguliers & irreguliers, & est intitulé, *Syntagma in quo varia eximiaque &c.* pour tous lesquels corps, il n'a fait aucun discours d'instruction, sinon en general, qu'il applique au Tetraëdre par forme d'exemple, & mesme auec erreur en l'ortographie, car tous d'vn commun accord donnent pour la hauteur du Tetraëdre mis perpendiculairement sur l'vn de ses angles solides, vne ligne égale à CM, c'est à dire la grandeur d'vne perpendiculaire tirée de l'vn des angles du plan ABC sur le costé qui luy est opposé : l'erreur est assez manifeste en ce qu'ils n'ont consideré que l'inclination des costez du Tetraëdre sans prendre garde qu'en cette constitution trois de ses faces sont aussi inclinées sur le plan.

PROPOSITION XXIV.

Mettre en Perspectiue vn Octoëdre perpendiculairement sur l'vn de ses angles solides, en sorte qu'il ne touche le plan qu'en vn point.

L'Octaëdre que nous auons à descrire, est vn corps regulier compris de huict faces triangulaires, equilaterales & équiangles : il a douze costez ou arrestes, vingt-quatre angles plans, qui font six angles solides. Que si ce corps est planté en sorte qu'vne ligne droite passant par deux angles solides opposez soit perpendiculaire au plan, & que de ses quatre autres angles solides soient abbaissées des perpendiculaires sur le mesme plan, on aura pour sa figure ou plan geometral vn quarré parfait, comme en la 14 figure de la 7 planche, si l'Octoëdre estoit mis perpendiculairement sur

H

l'vn de ſes angles ſolides au poinct E, en abbaiſſant des perpendiculaires, comme i'ay dit, on auroit pour ſon plan geometral le quarré ACBDE, lequel ſera mis en Perſpectiue, en *a b c d e*. Pour la ligne de l'orthographie on n'a qu'à tranſporter la ligne AEC du plan geometral ſur la ligne de terre perpendiculairement en HIF, & le triangle iſoſcele FGH, qui eſt la moitié d'vn quarré égal au plan, en monſtre la raiſon, car comme HF eſt la hauteur naturelle de tout le corps, HI eſt la hauteur des quatre angles du meſme corps également eſleuez ſur le plan, la ligne GH, eſtant la iuſte grandeur de l'vn de ſes coſtez, auec ſon inclination ſur le plan. Cette ligne de l'ortographie FIH eſtant dreſſée, il faut, pour trouuer les differentes hauteurs des angles de ce corps, mener des lignes occultes des poincts F, I, H à vn point de la ligne horizontale, comme au point K, & operer ſur cette échele conformement à ce que nous auons dit. Premierement il faut mener par les points *b d* vne parallele iuſques à la ligne HK, qu'elle rencontrera au point *l*, duquel eſleuant vne perpendiculaire iuſques à la ligne FK, on aura *l n* pour la hauteur Perſpectiue de tout le corps; laquelle eſtant tranſportée ſur *e*, elle ſera la ligne occulte *ek*. On aura auſſi ſur la meſme perpendiculaire, *l m*, pour la hauteur Perſpectiue des deux angles ſolides eſleuez ſur les points *b, d*, ſur leſquels elles ſeront miſes par les lignes occultes *bg, di*. De meſme l'on trouuera la hauteur de l'angle eſleué ſur *c*, par le moyen de la parallele *co*, & de la perpendiculaire *op*, laquelle eſtant tranſportee ſur *c*, elle ſera la ligne occulte *ch*: pour la hauteur de l'angle eſleué ſur le point *a*, il faut dreſſer vne ligne occulte de la hauteur naturelle HI, par ce qu'il n'eſt pas auancé dans le tableau, comme le monſtrent les paralleles *a* H, 1 *f*; & puis il faut ioindre les points trouuez pour les hauteurs, de lignes droites, *e g, g k, k* 1, 1 *e*; & des meſmes points *e g k* 1, mener des lignes droites en *f*, & l'on aura l'apparence de l'Octoëdre, en ce qui eſt expoſé à la veuë, & tel qu'il eſt figuré & ombré en la quinzieſme figure. Et ſi l'on veut auoir le derriere, il faut des meſmes points *e g k i*, mener des lignes droites au point *h*, comme nous auons icy fait, où elles ſont ſeulement ponctuées, pour les diſtinguer des apparentes.

PROPOSITION XXV.

Mettre vn cube en Perſpectiue ſur l'vn de ſes angles ſolides, en ſorte qu'il ne touche le plan qu'en vn point, & que la ſurdiagonale du cube ſoit perpendiculaire au meſme plan.

IL n'eſt pas neceſſaire de faire icy la deſcription du cube, l'on ſçait que c'eſt vn corps compris de ſix faces quarrées égales, de douze coſtez, & vingt-quatre angles plans égaux, qui font huict angles ſolides; il faut ſeulement remarquer que la ſurdiagonale du cube est vne ligne laquelle passant par le milieu du cube, va de l'vn de ses angles solides à l'autre qui luy est opposé, comme l'on void aux cubes que nous auons icy mis en Perspectiue dans la dix-septiéme figure, où sont les deux lignes ponctuées *ou*, *ou*. Or le cube estant mis sur quelque plan, de sorte qu'il ne le touche qu'en vn point, & que sa surdiagonale soit perpendiculaire audit plan : si de tous les autres angles solides on abbasse des perpendiculaires, & que les points où tomberont ces perpendiculaires soient joints de lignes droites, on aura pour son plan geometral vn hexagone, ou vne figure à six angles, composée de deux triangles équilateraux entrelassez, comme l'on void dans la figure HIKLMN ; & le poinct O sera celuy sur lequel tombera perpendiculairement la surdiagonale dudit cube : Mais parce que tant en ce corps mis de la sorte, comme aux suiuans, il est difficile de s'imaginer où tombent ces perpendiculaires qui descriuent le plan geometral, & leurs hauteurs naturelles sur le mesme plan, qui sont la ligne de l'ortographie, & que d'ailleurs les moins versez en Geometrie peuuent douter en quelle proportion il faut dresser ces plans & ces lignes de l'ortographie, & que quand l'vn des costez de ces corps est donné, l'on n'a pas tousiours deuant les yeux ces corps en nature pour s'en instruire, ie donne le moyen de le faire geometriquement.

Soit donc, en la seizieſme figure, la ligne AB donnée pour vn costé du cube à mettre en Perspectiue, il faut sur A esleuer AC à angles droits, égal à AB, puis de B en C tirer la ligne droite BC, laquelle sera mise perpendiculairement sur A, & sera AD ; puis en tirant vne ligne droite de B en D, l'on aura BD pour la surdiagonale du cube, dont le costé est AB : laquelle surdiagonale BD estant mise perpendiculairement sur la ligne de terre, & diuisée en trois parties égales, comme en la dix-septiesme figure PQRS, semblable à 1, 2, 3, 4, de la seizieſme, on aura la ligne de l'ortographie toute dressée, laquelle nous mettrons en vsage apres auoir dressé & racourcy le plan geometral du cube en cette sorte.

Soit, en la seizieſme figure, prise auec le compas la grandeur de la ligne BC, & transportée au plan geometral en MK ; sur icelle, soit construit vn triangle equilateral HKM, lequel soit entrelassé d'vn autre semblable ILN, en sorte que les points HIKLMN soient egalement distans l'vn de l'autre, comme vous voyez : & cette figure sera le plan geometral du cube mis perpendiculairement sur l'vn de ses angles solides. Ce plan se peut encore dresser, par le compas de proportion: car si l'on porte sur la ligne des cordes à l'ouuerture de 120. degrez, la ligne BC, de la sexieſme figure, & que le compas de proportion demeure en cet estat, l'ouuerture de 60. degrez donnera la ligne OH pour le demy-diametre du cercle HIKLMN, auquel doit estre inscrit l'hexagone, comme nous auons dit, & ledit hexagone sera le plan geometral demandé, lequel

H ij

sera mis en Perspectiue, en *h i k l m n*; vous auez l'échele des hauteurs en tirant de tous les points de la ligne de l'ortographie des
lignes droites, à la ligne horizontale au point Z: en apres du point
O milieu du plan Perspectif, soit menée vne parallele à la ligne de
terre *o*, *c c*, & soit esleuée la perpendiculaire *c c*, *d d*, laquelle estant
mise en sa place sur *o*, la ligne occulte *o u* sera la hauteur Perspectiue de la surdiagonale du cube, laquelle est perpendiculaire au plan:
puis pour les hauteurs des angles solides qui sont esleuez sur *i*, *n*, soit
menée la parallele *i*, *n*, *a a*, & soit esleuée la perpendiculaire *a a*, *b b*,
laquelle estant mise sur *i*, & sur *n*, sera *i q*, & *n r*. Quant à la hauteur
de l'angle esleué sur *h*, elle ne reçoit point de diminution Perspectiue, parce qu'elle est proche de la section, c'est à dire à l'entrée du
tableau. C'est pourquoy il y faut transporter la hauteur orthographique PR, qui sera en son lieu *h p*: la hauteur des angles esleuez sur
k m, se trouuera par le moyen de la parallele *k m*, *e e* de la perpendiculaire *e e*, *f f*, laquelle estant transportée sur *k*, *m*, sera *k t*, *m s*. La
hauteur de l'angle solide de derriere qui est esleué sur le point *l*, se
trouue en tirant la parallele, *l*, *g g*, & en esleuant la perpendiculaire *g g*, *h h*, laquelle estant mise en son lieu sera *l x*. Les hauteurs de
chaque angle solide estant ainsi trouuées, l'on aura l'apparence du
cube sur sa pointe, en ioignant les points *o*,*p*,*q*,*r*,*s*,*t*,*u*,*x* de lignes
droites; vous auez l'exemple, où les trois faces *o q p r*, *p r s u*, *p u*
t q, qui sont exposées à la veuë, sont marquées de lignes apparentes,
& les trois autres de lignes ponctuées.

I'ay encore mis en la mesme figure vn autre cube au dessus de cestuy-cy, qui est veu du mesme point, & mis comme si on se l'imagi-
noit pendu perpendiculairement par l'vn de ses angles solides, esleué de terre de la hauteur PT, & au dessus du premier cube de la hauteur ST, comme il est exprimé par les lignes de l'ortographie, pour
donner à entendre que quand on veut faire paroistre ces corps en
l'air, il faut placer la ligne de l'ortographie ou échele des hauteurs
autant au dessus de la ligne de terre, comme l'on veut que ces corps
paroissent esleuez, & faire pour le reste conformement à ce que
nous auons dit: mais il faut prendre garde qu'encore que la ligne
de l'ortographie soit esleuée au dessus de la ligne de terre, comme
au second cube la ligne TY: il est neantmoins necessaire, pour
se seruir de l'échelle, de tirer vne ligne du point d'où elle est esleuée
au point de la ligne horizontale, comme icy du point P en Z, pour
auoir la ligne PZ, laquelle seruira à la direction des paralleles & des
perpendiculaires, par lesquelles on trouue les hauteurs; par exemple, pour trouuer la Perspectiue de la surdiagonale du cube d'enhaut, si l'on mene du point *o* du plan Perspectif, vne parallele, elle
rencontrera la ligne PZ au point *c c*; duquel éleuant vne perpendiculaire iusques à la ligne YZ, on trouuera sur la seconde échele,
qui est pour le cube d'enhaut, *k k*, *l l*, pour la hauteur Perspectiue de

de la Perspectiue Curieuse. 61

sa surdiagonale, laquelle estant transportée en son lieu sera o u, comme le demonstrent les paralleles k k o, l l u. De mesme, supposé qu'il faille trouuer l'aparence de l'angle solide r au second cube: puis qu'il est esleué sur n il faut du point n tirer la parallele n a a, & la perpendiculaire a a b b estant continuée iusques à la rencontre de la ligne V Z, determinera au point i i la hauteur dudit angle sur le plan, qui sera transportée en son lieu sur la perpendiculaire n r. Les hauteurs des autres angles se trouueront de la mesme façon, & seront iointes de lignes droites, comme nous auons dit au premier, & comme il se void dans l'exemple, où l'vn & l'autre est marqué de mesmes caracteres : ils sont aussi exprimez tous deux auec leurs ombres en la dix-huict & dix-neufiesme figure.

COROLLAIRE. I.

Quelques-vns soit qu'ils estiment que ce soit le plus court, ou qu'ils n'en puissent venir à bout autrement, se seruent de la methode exprimée en la vingtiesme figure, qui est au haut de la 9 planche, laquelle i'ay voulu proposer en ce lieu pour en monstrer la fausseté, parce qu'elle a quelque chose de vraysemblable, & peut d'autant plus facilement abuser les moins versez en Geometrie. Ils mettent en Perspectiue vn cube sur son plat, dont le quarré est double de celuy qu'ils y veulent inscrire, & qui doit paroistre mis perpendiculairement sur l'vn de ses angles solides. Soit le plus grand cube A B C D E F G, & le moindre I K L M N O P Q : Ils diuisent deux des faces de ce plus grand cube en 9, c'est à dire en trois parties egales quarrément tant en hauteur qu'en largeur, comme les deux faces G B C F, H A D E, & deux autres faces qui sont celle de deuant A B C D ; & celle de derriere H G E F, en trois seulement, selon leur hauteur ; & les deux autres, à sçauoir celle d'en haut A B G H, & celle d'embas D C F E, en deux seulement, mais ils croisent ces deux dernieres faces des diagonales H B, E C, pour trouuer le point du milieu de l'vne & de l'autre I, & Q : ce qu'estant ainsi disposé, le tout selon la Perspectiue, ils y inscriuent, ou mettent dedans vn autre cube, dont l'vn des angles solides repose sur le point Q, qui est le milieu de la face inferieure du plus grand cube, & l'autre angle solide opposé à cestuy-cy, touche au point I, milieu de la face superieure du mesme cube : Et de ses deux costez K L, N O, il touche contre deux autres faces du cube auquel il est inscrit ; voyez la figure, où l'erreur consiste en ce qu'ils font la diagonale de l'vne des faces du cube inscrit N L, & la surdiagonale du mesme cube, egales entr'elles, ce qui est contraire à la verité, & contre ce que nous auons dit en la construction de la seiziesme figure, en la planche precedente, où la surdiagonale B D du cube mis en Perspectiue excede la diagonale de ce quarré B C, ou A D. Or il est euident par cette construction,

H iij

que la diagonale du quarré & la surdiagonale du cube soient suposées egales; parce qu'elles sont l'vne & l'autre perpendiculaires à deux plás paralleles d'vne egale distance; car la surdiagonale IQ est perpendiculaire aux deux plans des costez GACF, & ADEH; ie laisse les 'autres erreurs de cette construction, car il suffit d'auoir proposé la principale pour monstrer que la methode n'est pas bonne.

COROLLAIRE II.

Ie conseille à ceux qui n'ont que la seule pratique, & qui croyent sçauoir la Perspectiue, qu'ils ne s'ingerent point de mettre en Perspectiue ce dont ils ignorent les mesures, & les proportions naturelles & geometriques : car comme il est necessaire, pour donner dans vn tableau l'aparence d'vne colomne à la Corinthienne, de sçauoir quelle doit estre la largeur de sa base, les saillies de ses ceintures tores, listes & de son chapiteau, pour construire son plan Geometral: & cognoistre les hauteurs de chacune de ces parties pour dresser la ligne de l'ortographie : de mesme, pour mettre en Perspectiue toutes sortes de corps reguliers & irreguliers, apres auoir determiné en quelle situation on les doit mettre, il faut connoistre quelles sont leurs grandeurs naturelles, quelle hauteur & quelle inclination elles ont sur le plan, & puis il faut construire leur plan geometral, & dresser la ligne de l'ortographie & l'échele des hauteurs, pour operer sans erreur, autrement si on l'ignore, en pensant mettre vn cube en Perspectiue, on y mettra vn parallelipede, vn corps barlong, ou vn corps irregulier, tel que celuy de la vingtiesme figure ; or ce n'est pas vn moindre monstre en Geometrie qu'en Architecture qu'vne colomne dressée, sans l'ordre de ses proportions.

Dans les exemples que i'ay donnés des cinq corps reguliers, vous auez vne methode qui peut estre imitée en beaucoup d'autres rencontres, & particulierement pour toutes sortes de corps reguliers composez, en faueur de ceux qui ne peuuent ou ne veulent pas y proceder par voye de Geometrie, si les corps qu'ils veulent mettre en Perspectiue ont plusieurs angles & pans, ie leur conseille de les figurer premierement en nature auec du carton, ou du papier double collé, à la façon qu'enseignent Albert Durer, au 4 liu. de sa Geometrie, & Daniel Barbaro dans la troisiesme partie de sa Perspectiue, & de se seruir du naturel pour prendre leur plan & leurs hauteurs, ce qui ne sçauroit manquer de leur reüssir, pourueu qu'ils ayent vn peu d'addresse. Quant aux Geometres ils pourront mettre en Perspectiue ces corps reguliers composez, par le moyen des reguliers simples, en inscriuant les plus difficiles dans les plus faciles : le cube sur sa pointe peut, par la dix-huictiesme proposition du 15. des Elemens de Candalle, estre inscrit en vne pyramide regu-

de la Perspectiue Curieuse. 63

hedre, ou Tetraëdre repofant au plan fur l'vne de fes bafes : mais ie parleray de ces infcriptions & de ces corps infcriptibles, en expliquant la vingt-cinquiefme figure.

PROPOSITION XXVI.

Mettre en Perfpectiue vn Dodecaëdre repofant au plan fur l'vn de fes coftez ou arreftes, en forte qu'il ne touche ledit plan qu'en vne ligne.

LE Dodecaëdre qu'on met ordinairement le quatriefme entre les corps reguliers, eft ainfi nommé parce qu'il eft compris de douze faces pentagonales, équiangles, & équilaterales ; il a trente coftez ou arreftes, foixante angles plans, qui en compofent vingt folides. S'il eft mis fur vn plan en forte que l'vn de fes coftez ou arreftes touche ce plan, & que de tous les angles folides efleuez on abbaiffe des perpendiculaires, on aura pour fon plan geometral vn hexagone irregulier ; par exemple fi dans la vingt-vniefme figure on s'imagine vn Dodecaëdre qui ait l'vn de fes coftez fur la ligne AB, & que de tous fes angles folides efleuez on abbaiffe des perpendiculaires, elles tomberont fur les points DEFGHIKLMN, lefquels eftans ioints de lignes droites formeront la figure que nous auons defcrite, pour fon plan geometral, que l'on peut conftruire geometriquement en cette façon quand vn des coftez du corps eft donné. Soit la grandeur du cofté donné la ligne 4 E : au poinct 4, il luy faut ioindre vne autre ligne d'égale grandeur, 4 M, de forte que ces deux lignes faffent le mefme angle que feroient les deux coftez d'vn pentagone, ce qui fe peut faire par le compas de proportion, en portant fur la ligne des cordes, à l'ouuerture de 72, la ligne 4 E ; & puis en prenant l'ouuerture de 60 pour le demy-diametre d'vn cercle occulte 4 EXYM, qui a fon centre vers A ; Soit de rechef prife l'ouuerture de 72, & mife l'vne des pointes du compas au point 4, vous aurez de part & d'autre les points E & M, pour y tirer les lignes 4 E, 4 M, qui feront les deux lignes de mefme grandeur, que les coftez du Dodecaëdre & qui feront iointes enfemble comme il eft requis. Cela eftant fait, foit tirée vne foutenante à cét angle ME, fur laquelle foit fait le quarré ME GK, & chacun de fes coftez foit diuifé en deux également és points PQXY, & des points de ces diuifions foient tirées deux lignes qui s'entrecoupent à angles droits au point C. De plus, foit diuifée la ligne CP en la moyenne & extreme raifon : ou bien foit diuifée la ligne 4 E en deux également au point O, & foit prife auec le compas commun la grandeur de la ligne OE, & transportée de G en A, & en B: de P en R, en S: de Q en V, & en T : & fur les points R S T V X Y foient efleuées les perpendiculaires en dehors R D, S N, T H, V I, X F, Y L, & les points exterieurs) DEFGHIKLMN estant joints de lignes droites, on aura le plan descrit geometriquement, comme on le demande; lequel sera mis en Perspectiue en *defghiklmn*; & la ligne *ad* sera celle sur laquelle doit estre mis le costé du corps qui repose sur le plan.

Il ne reste plus qu'à dresser la ligne de l'Ortographie pour auoir les differentes hauteurs des angles solides esleuez sur le plan : ce qui est tres-facile : car si des points FEDNML du plan geometral on tire des perpendiculaires sur la ligne de terre, comme on feroit pour le racourcir, elles tomberont és points 1, 2, 3, 4, 5, 6, 7, ce qui donne la hauteur de la ligne ortographique auec toutes ses diuisions, comme elle se voit transferée & mise perpendiculairement sur la ligne de terre en 1 A, 2 B, 3 C, 4 D, 5 E, 6 E, 7 G : d'où nous auons vne grande facilité pour trouuer les hauteurs Perspectiues par le moyen de l'échele AX, BZ, CZ, &c. car AD en la ligne de l'ortographie, estant la hauteur naturelle des angles solides esleuez sur *n, d, i, h*, par le moyen des paralleles *d n a a, h i c c*, & des perpendiculaires *a a bb*, *cc dd*, on aura pour leurs hauteurs Perspectiues *d o, n p, h e e, i ff* : De mesme la hauteur naturelle de tout le corps estant la ligne entiere de l'Ortographie AG, qu'il faut mettre auec sa diminution Perspectiue sur *a b*, en tirant les paralleles *a g g, b h h*, & en esleuant les perpendiculaires *b b i i, h h, l l*, on aura *a mm, b nn* pour ladite hauteur Perspectiue de tout le corps : il faut proceder au reste de la mesme façon ; il suffit de sçauoir les hauteurs naturelles des angles solides qui sont esleuez sur chaque point du plan pour trouuer la diminution de ces hauteurs sur l'échele. Sur chacun des points *m, e, g, k*, sont esleuez des angles solides de deux differentes hauteurs; dont la premiere est AB en sa diminution Perspectiue sur *m, e, k k o o*, & sur *g, k, pp qq*: la seconde hauteur sur les mesmes points est AF, & dans sa Perspectiue *k k r r, pp ff* : De mesme sur les points *f, l* il y a deux differentes hauteurs, dont la premiere AC est en sa Perspectiue *t t u u* : & la seconde AE dans sa Perspectiue *t t x x* : il faut transporter toutes ces hauteurs chacune en sa place, comme *k k o o r r* sur *m q x*, & sur *e r y*, & ainsi des autres ; & conjoindre les points des hauteurs trouuées de lignes droites pour former les angles, & les faces tant du deuant que du derriere de ce corps que l'on void dans la vingt-vniesme figure, ou le deuant seulement auec ses ombres, comme il est en la vingt-deuxiesme.

COROLLAIRE

Ceux qui ont mis ces corps en Perspectiue, ont figuré cestuy-cy reposant au plan sur l'vne de ses faces : C'est pourquoy ie l'ay voulu mettre en cette autre façon qui me semble la plus difficile : si quelqu'vn le desire mettre reposant au plan sur l'vne de ses faces, & qu'il n'en

de la Perspectiue Curieuse

n'en puisse trouuer la raison, qu'il consulte Daniel Barbaro au chapitre cinquiesme de la troisiesme partie de sa Perspectiue, où il en traite au long: Marolois en a aussi mis vn exemple, où il y a de la faute.

PROPOSITION XXIII.

Mettre en Perspectiue vn Icosedre reposant perpendiculairement sur l'vn de ses angles solides, en sorte qu'il ne touche le plan qu'en vn seul point.

L'Icosedre, qui est le cinquiesme & dernier des corps reguliers, est compris de vingt faces triangulaires equiangles & equilaterales de trente costez ou arestes, de soixante angles plans, qui en composent douze solides, sur l'vn desquels s'il est mis perpendiculairemet sur vn plan qu'il ne touche qu'en vn seul point, come en la vingt troisiesme figure, au poinct A; & que de tous les autres angles solides esleuez on abbaisse des perpendiculaires, & que les points où elles tomberont soient conjoints de lignes droites alternatiuement, c'est à dire le premier auec le trosiesme, le deuxiesme auec le quatriesme, &c. on aura pour son plan geometral deux pentagones entrelassez B C D E F G H I KL, lequel plan geometral se peut descrire en cette façon, quand vn des costez de l'Icosdre est donné. Soit le costé donné BC, porté sur le compas de proportion à l'ouuerture de 72 sur la ligne des cordes & soit prise l'ouuerture de 60 sur la mesme ligne, laquelle ouuerture sera AB pour le demy diametre du cercle auquel doiuent estre inscrits les deux pentagones susdits. Et s'il on n'est obligé à nulle grandeur, & qu'on veüille faire ce corps à discretion; pour ceux qui ne sçauront pas l'vsage du copas de proportion, ils peuuent inscrire dans vn cercle, come est BHC IDKELFG, 2 pétagones dont l'vn sera le plan des angles solides de la partie inferieure de l'Icosedre, qui est BCDEF, marqué de lignes pleines; l'autre sera le plan des angles solides de la partie superieure du mesme Icosedre, qui est GHIKL, marqué, pour le distinguer du premier, de petits traits entrecoupez. Or il est facile de construire sur ce plan geometral la ligne de l'Ortographie & l'échele des hauteurs: car ayant dressé sur la ligne de terre, au poinct M, vne perpendiculaire infinie, l'on portera dessus la grandeur de la ligne droite ponctuée FL, ou de quelque autre semblable, qui sera MN; en apres soit prise la grandeur AB, & portée sur la mesme ligne, depuis le point N, qui sera NO, & soit de rechef prise la grandeur MN, & mise sur O, pour monstrer OP; & puis des points M N O P soient tirées de lignes droites à vn point de la ligne horizontale, à l'ordinaire, comme à Q; cela estant fait on aura l'aparence de l'Icosedre, le point principal estant suposé en Q; car MP estant la hauteur

I

naturelle de tout le corps, par la parallele *ax*, & pour la perpendiculaire *xy* on aura *az* pour sa Perspectiue donc la hauteur naturelle des cinq angles solides du premier rang, ou partie inferieure du mesme corps, estant MN, pour le premier, qui est esleué sur *b*, & pour ce sujet ne reçoit point de diminution en sa hauteur, il n'y a qu'à transporter la grandeur MN, comme il se void en *bm*. Pour les deux esleuez sur *c,f*, on aura *cp, fq*, laquelle hauteur est determinée, par la perpendiculaire *on*, de mesme que la hauteur *dt, eu* est determinée par la perpendiculaire *rs*. On fera de la mesme façon pour les cinq autres angles solides du second rang, ou pour la partie superieure du corps: car leur hauteur naturelle estant MO, leurs hauteurs Perspectiues seront comprises entre les deux lignes MQ & OQ, comme *aa bb*, qui est mise en son lieu, sera la hauteur *h cc, g dd*: C'est ainsi que la perpendiculaire *e eff* mise en son lieu, est la hauteur *i hh, l ii*: bref *ll mm* estant au lieu de sa Perspectiue, à sçauoir sur le point *k*, est la hauteur *k nn*. Or toutes ces hauteurs estant marquées il n'y a qu'à tirer de tous le points *ii, dd, cc, hh, nn*, des lignes droites au point *z*: & des autres points trouuez pour les hauteurs des angles solides de la partie inferieure, à sçauoir *q, m, p, t, v*, il faut tirer d'autres lignes droites au point *a*, & ioindre les vns & les autres par triangles, conformement à l'exemple proposé, en tirant des lignes droites de *ii* en *q*, de *q* en *dd*, de *dd* en *m*, de *m* en *cc*, &c. & l'on aura l'aparence requise de l'Icosaëdre qui paroistra reposant au plan sur l'vn de ses angles solides, tant en ce qui est exposé à la veuë, qu'en ce qui s'en verroit, suposé qu'il fut diafane & transparant: l'on peut neantmoins obmettre les lignes du derriere, qui ne sont pas icy que ponctuées, si l'on veut le voir auec plus de grace, & l'ombrer comme nous auons fait en la vingt-quatriesme figure.

COROLLAIRE. I.

Il s'ensuit de cette construction, que Iean Cousin & Marolois, sur le sujet de cette proposition, se sont trompez en la ligne de l'ortographie: car le premier donne deux costez d'vn hexagone, ou le diametre entier du cercle mesme, où seroient inscrits les deux pentagones du plan: & le second la fait de trois costez d'vn octogone inscrit au mesme cercle, exprimé dans la figure qu'il en a mise. Il ne falloit que lire la seiziesme proposition du 13. liure des elemens. La ligne passante par deux angles solides opposez de l'Icosaëdre (qui est en la presente situation de ce corps, la ligne de son orthographie) est composée d'vn costé d'hexagone, & de deux costez de decagone inscrits au mesme cercle, où est inscrit son plan geometral de deux pentagones entrelassez, comme nous auons obserué.

de la Perspectiue Curieuse. 67

PROPOSITION XXVIII.

Donner vne methode facile pour mettre en Perspectiue quelques corps reguliers composez, ou irreguliers, qui naissent des reguliers simples.

LA methode est la mesme dont i'ay traité en parlant du cube mis en Perspectiue reposant sur l'vn de ses angles solides, à sçauoir par l'inscription des plus difficiles és plus faciles; ou par transformation ou metamorphose de simples en composez.

Nous auons descrit les cinq corps reguliers simples, & donné la methode de les mettre en Perspectiue geometriquement: & neantmoins ie donne vn moyen par lequel on pourra mettre en Perspectiue les corps reguliers composez & irreguliers, qui naissent de ces cinq reguliers simples que nous auons descrit és susdites propositions, sans qu'il soit necessaire de faire aucun autre plan Geometral ny autre ligne d'Ortographie que ce que nous en auons fait pour les simples. Mais auant que de passer outre,

Nous appellons corps reguliers simples, les cinq, dont nous auons des-ja traité: le Tetraëdre ou la pyramide, l'Hexaëdre ou cube, l'Octoëdre, le Dodecaëdre; & l'Icosaëdre, qui sont nommez reguliers pource qu'ils ont tous leurs costez égaux, toutes leurs bases semblables & égales, & tous leurs angles solides égaux, & parce qu'estant enfermez dans la concauité d'vne sphere, ou boule proportionée à leur grandeur, ils toucheroient sa surface interieure de tous leurs angles solides.

Nous appellons corps reguliers composez, ceux qui sont composez de deux de ces simples mis ensemble, de sorte que celuy qui en est composé, a autant de bases ou plans de mesme façon, & de mesme inclination que les deux dont il est composé, lequel estant enfermé dans vne sphere proportionée à sa grandeur touche sa surface interieure de tous ses angles solides, tel qu'est l'Hexoctoëdre composé d'vn Hexaëdre ou cube, & d'vn Octoëdre de la 25 figure; d'où vient qu'il a les six bases quarrées du Cube, & les huit faces triangulaires de l'Octoëdre: le nombre de ces angles solides de ces corps reguliers composez se trouue en ajoustant les angles solides de l'vn & de l'autre des corps qui le composent, apres en auoir osté vn de chacun; par exemple, si des huit angles solides du cube vous en ostez vn, & des six angles solides de l'Octoëdre vous en ostez aussi vn, il en reste sept du premier, & cinq de l'autre, lesquels estans ajoustez ensemble font douze angles solides qu'a l'Hexoctoëdre, il faut dire la mesme chose de l'Icosidodecaëdre, qui a les douze bases pentagones du Dodecaëdre, & les vint triangles de l'Icosedre, & des vint angles solides du premier, & des douze de l'autre, il n'en retient que trente pour soy.

I ij

Il y a encore d'vne autre sorte de corps reguliers compofez, lefquels pour n'auoir pas precifément les coftez & les bafes de deux corps reguliers fimples, comme les precedens, ne laiffent pas d'auoir tous leurs coftez, & tous leurs angles folides égaux entr'eux, de forte que de tous leurs angles folides ils toucheront la furface interieure d'vne boule proportionée à leur grandeur, en laquelle ils feront enfermez, auffi bien que les autres. Et tous ces corps reguliers compofez, font appellez corps tronquez ou transformez, parce qu'en effet ils naiffent tous des cinq corps reguliers fimples, dont on retranche les angles folides, comme l'on void dans l'exemple de la vint-cinquiefme figure, ou l'Hexoctoëdre, fait de lignes aparentes, naift du cube des lignes ponctuées ABCDEFGH, quand apres auoir diuifé tous fes coftez en deux également, & tiré des lignes droites d'vne diuifion à l'autre comme *m n, n i, i m*, on retranche l'angle folide A, & par le concours des lignes qui retranchent encore les angles folides F, G, B, il s'en produit d'autres aux points *m, n, i*, &c. Outre les deux reguliers compofez du premier ordre, dont nous auons parlé, à fçauoir l'Hexoctoëdre & l'Icofidodecaëdre, nous tirerons encore de chaque regulier fimple vn compofé du fecond ordre; du Tetraëdre ou pyramide vn; du cube ou Hexaëdre vn; de l'Octoëdre vn, &c. & ferons leur defcription qui feruira à les mettre en Perfpectiue: mais comme la grande multitude des angles & la diuerfité des faces qu'ont ces corps, cauferoit beaucoup de confufion s'il falloit pour chaque angle efleuer des perpendiculaires, & trouuer leurs hauteurs fur l'échele, comme nous auons fait cy-deuant, nous y procederons, pour vne plus grande facilité, par la voye d'infcription, c'eft à dire en les infcriuans és reguliers fimples dont ils naiffent ; c'eft pourquoy il eft neceffaire de fçauoir ce que c'eft qu'infcription.

Par la trente-vniefme de l'onziefme des Elem. vne figure folide eft dite eftre infcrite en vne autre figures folide, quand tous les angles de la figure infcrite font conftitués ou aux angles où aux coftez ou finalement aux plans de la figure, dans laquelle elle eft infcrite, comme lon void dans la vingt-cinquiefne figure, que tous les angles folides de l'Hexoctoëdre *i, k, l, m, n, o, p, q, r, s, t, u*, font fituez au milieu de chaque cofté du cube de lignes ponctuées ABCDEFGH, auquel il eft infcrit.

Et par la trente-deuxiefme definition du mefme, vne figure folide eft dite eftre circonfcrite à vne autre figure folide, quand les angles, ou les coftez, ou finalement les plans de la figure circonfcrite touchent tous les angles de la figure, à l'entour de laquelle elle eft circonfcrite, comme, dans la mefme vint-cinquiefme figure, tous les coftez du cube de lignes occultes ABCDEFGH, touchent tous les angles folides de l'Hexoctoëdre és points, *i, k, l, m, n, o, p, q, r, s, t, u*: d'où vient qu'il luy eft circonfcrit.

de la Perspectiue Curieuse. 69

Or il est certain que quiconque sçaura mettre en Perspectiue les cinq corps reguliers simples, pourra semblablement leur inscrire d'autres reguliers composez, ou irreguliers, & les mettre en Perspectiue, comme vous voyez dans l'exemple de la vint-cinquiesme figure, où apres auoir mis en Perspectiue le cube de lignes occultes ABCDEFGH, & trouué le milieu de chacun de ses costez en la Perspectiue, és points $i, k, l, m, n, o, p, q, r, s, t, u$, il ne reste qu'à les joindre de lignes droites $ik, kl, lm, mi, in, no, op, pm, &c.$ pour auoir l'aparence d'vn Hexoctoëdre en Perspectiue, tel que nous l'auons figuré au net, & auec ses ombres en la vint-sixiesme figure.

Pour auoir l'aparence d'vn Icosidodecaëdre, qui est l'autre regulier composé du premier ordre, contenant les bases ou plans du Dodecaëdre, & de l'Icosedre, apres auoir mis l'vn de ces deux simples en Perspectiue, suiuant les preceptes que i'ay donnez & aprez auoir trouué le milieu de chacun de ses costez, il faut tirer de l'vn à l'autre des lignes droites, qui retranchant ses angles solides en produiront d'autres, & donneront l'aparence requise de l'Icosidodecaëdre.

Il faut dire la mesme chose des reguliers composez du second ordre, dont le premier est compris de quatre hexagones reguliers, d'autant de triangles équilateraux, de dix-huit costez, & de trente-six angles plans, qui en font douze solides : ce corps naist du Tetraëdre, ou de la pyramide, laquelle on transforme en diuisant chacun de ses costez en trois également ; & en retranchant ses quatre angles solides, l'on en a douze autres.

Semblablement, il naist du cube vn autre regulier composé du mesme ordre, en retranchant les huict angles solides du cube, de sorte que chacune de ses bases, ou faces quarrées, est changée en octogone regulier, ou figure plate à huict pans ; & ce corps est compris de huict triangles, de six octogones reguliers, & equilateraux ; de trente-six costez ou arrestes, & de septante-deux angles plans, qui en font vint-quatre solides.

Dans l'Hoctoëdre, l'on en peut encore inscrire vn autre du mesme ordre, qui a quelque conformité auec le precedent dans le nombre de ses faces, de ses costez, & de ses angles plans & solides : il est compris de huict hexagones, de six quarrez, de trente-six costez, de septante-deux angles plans, qui en font vint-quatre solides : il est produit de l'Octoëdre, dont on diuise ses costez en trois parties égales, & en retranchant ses six angles solides, il en naist vint-quatre autres.

Au Dodecaëdre, l'on peut semblablement inscrire vn de ces corps, lequel est compris de douze decagones reguliers, de vint triangles équilateraux, de nonante costez, & de cent quatre-vint angles plans, qui en font soixante solides : il est produit du Dodecaëdre, en diuisant chacun de ses costez en trois, & en ioignant de

I iij

lignes droites ces diuisions, de sorte qu'en retranchant ses vint angles solides, il en vient soixante autres, & chaque pentagone est changé en vn decagone regulier.

Finalement, de l'Icosedre on en forme encore vn, lequel est compris de vint hexagones & pentagones, de nonante costez, & de cent quatre-vints angles plans, qui en font soixante solides: il se fait en diuisant chacun des costez de l'Icosedre en trois parties égales, car les lignes droites menées par les points de ces diuisions retranchent ses douzes angles solides, & en produisent soixante autres.

Or de tous les corps susdits on peut former vne infinité d'autres irreguliers, en les tronquant diuersement, qui s'inscriront & se mettront en Perspectiue par la mesme voye ; mais il suffit apres auoir mis les cinq reguliers simples, & d'auoir dit quelque chose de ces reguliers composez pour ayder les studieux, qui peuuent pour ces cinq derniers reguliers composez du second ordre, consulter vn liuret imprimé à Londres, qui les descrit amplement & en donne les demonstrations, encore qu'il n'en traite pas auec ordre à la Perspectiue : car il donne la vraye methode de les inscrire és simples pour les mettre en Perspectiue par la voye que i'ay enseigné. Daniel Barbaro en traite aussi en la troisiesme partie de sa Perspectiue, mais oûtre qu'il en rend quelques-vns irreguliers que nous faisons reguliers ses methodes me semblent confuses, & embrouillées.

PROPOSITION XXIX.

Mettre en Perspectiue plusieurs corps irreguliers disposez en rond, à sçauoir huit pierres solides semblables & égales, dont chacune soit comprise de deux octogones, de parallelogrammes, & de trapezes.

I'Ay encore voulu ajouster cette proposition aux precedentes, parce que l'exemple en sera fort vtile & applicable, par imitation, en plusieurs rencontres. La construction en est assez difficile, tant à cause de l'irregularité des corps que pour leur differente disposition : Elle sera neantmoins renduë facile dans nostre methode de Perspectiue & beaucoup plus intelligible que ce qu'en escrit Salomon de Caus, lequel, oûtre l'embaras ordinaire de sa methode, n'a pas assez expliqué ce qui concerne cette figure qu'il a mise en son liure.

Doncques pour vne plus claire intelligence de la forme & de la disposition de ces corps solides ou de ces pierres, apres auoir dit qu'elles sont taillées à pans en octogone, c'est à dire qu'elles ont huit costez d'égale hauteur, comme EF, de la vint-septiesme figure, il faut faire l'octogone EFGHIKLM : & puis pour la disposition,

de la Perspectiue Curieuse. 71

supposé qu'elles doiuent estre mises en rond, chacune sur l'vn de ses costez, & également éloignées du centre de ce rond de la longueur B F C G, en la mesme figure, il faut tirer ces lignes FB, G C, & EA, HD, lesquelles venant des angles de l'octogone tomberont toutes à angles droits sur la ligne ABCD. Cette premiere disposition estant faite, il faut s'imaginer que si la ligne AD, de la vint-septiesme figure, estoit mise perpendiculairement sur le point A de la 28. & que l'octogone EFGHIKLM, de la distance BF, CG, fist vn tour en la mesme situation qu'il est à l'égard de cette ligne AD, il descriroit en l'air le cercle BCDEFGHIKL &c. par son costé LK; & par son costé FG, vn autre plus petit cercle par les points Z X V S T Y, &c. C'est pourquoy si l'on met en Perspectiue ces corps ainsi taillez, il faut pour en faire le plan geometral, sur la vint-septiesme figure, prendre auec le compas la distance BL, ou CK; & de cette ouuerture descrire, en la vint-huictiesme, du centre A le cercle B CDEFGH &c. & puis de l'ouuerture BF, ou CG, descrire vn autre cercle du mesme centre ZXVSTY, &c. & de l'ouuerture AE, & A M, encore deux autres cercles, entre ces deux premiers, ausquels quatre cercles, dont nous n'auons icy exprimé que le premier de lignes ponctuées, il faut inscrire des figures à 8, 16, ou 24 pans, selon la grosseur que vous desirez en ces pierres; nous y auons inscrit des figures à 16 pans, supposant ces pierres grosses d'vn costé en dehors de la 16 partie du plus grand cercle, & en dedans de la seiziesme partie du plus petit, & apres auoir tiré des lignes droites passantes par les angles de toutes ces quatres figures à 16 pans, comme QX, RN, BS, CT, &c. nous auons laissé quelques espaces blancs, & les autres gris alternatiuement, d'autant que pour vn plus bel effet nous supposons qu'il n'y a rien sur les espaces blancs, & qu'il y a seulement huit pierres sur les espaces gris, qui sont veritablement le plan geometral de ces pierres, lequel sera mis en Perspectiue à la maniere ordinaire des plans. Pour la ligne de l'Ortographie, elle est toute dressée & diuisée, car il n'y a qu'à prédre, en la vint-septiesme figure, la ligne ABCD, & à la mettre perpendiculairement sur la ligne de terre en *abcd*, & de ces points *abcd*, tirer des lignes droites à vn point de la ligne horizontale, supposé A A, (que nous auons mis hors de la planche, six pouces au dessus de la ligne de terre pour vn plus bel effet, aussi bien que le point de distance qui doit estre, en cette construction, esloigné de dix pouces du point principal) & l'échele des hauteurs sera preparée, sur laquelle on aura l'aparence requise des corps irreguliers disposez en rond 1, 2, 3, 4, 5, 6, 7, 8. I'ay seulement exprimé le plan Perspectif des quatre de deuant, à sçauoir du 1 & 2, 7 & 8, car les lignes des hauteurs Perspectiues, qui se prennent sur l'échele, eussent fait vne trop grande confusion, parce qu'il y en a tres-grand nombre, à cause des differentes hauteurs de tous leurs angles, & de la diuersité de la situation de ces corps:

il suffit de sçauoir que ces corps reposent au plan sur vn trapeze semblable à celuy qui est compris en OPZ, à sçauoir *aa bb cc dd* ; & que la hauteur naturelle des premiers angles esleuez sur *op*, est *ab* en la ligne de l'Orthographie ; la seconde hauteur sur les mesmes points est *ac*, & de mesme sur *z* : & *ad*, est la hauteur naturelle de tout le corps sur *aa bb cc dd* : ce qui se void assez clairement exprimé au septiesme de ces corps que ie n'ay pas voulu ombrer comme les autres, pour y discerner plus facilement les lignes des hauteurs Perspectiues, & leur origine en l'échele *abcd* AA ; ce qui se void assez en quelques-vnes par les paralleles qui y sont tracées.

PROPOSITION XXX.

Mettre en Perspectiue vn solide composé de pyramides quarrées qui representent vne estoile disposée en forme de sphere.

ENcore que cette Perspectiue semble fort difficile à raison de la grande diuersité des plans & de leurs inclinations & saillies, neantmoins apres que l'on aura compris que ce solide est composé de 18 surfaces quarrées, de 8 triangulaires, de 24 angles solides & de 48. costez, on pourra conceuoir ce corps pyramidal estoilé de la 13 planche, qui contient quelques plans de la figure, où finissent les sommets des pyramides *abcdefg* ; car la pyramide *g* n'est pas de cet ordre *g*, car elle a la mesme saillie que la pointe *i*, ce qu'on connoist par la parallele KHI, aux points de laquelle KH tombent les perpendiculaires *g*H, *ik*.

Or apres auoir determiné le globe qui enuironne ce corps estoilé, dont le plus grand cercle soit ABCDEFGHI de la 13 figure de la 12 planche, il faut y descrire l'octogone IBCDEFGH, & puis ioindre par des lignes droites les points opposez IF, BE, HC, GD, afin que par leur intersection le quarré KLMN se trouue au milieu de la surface ortogone & que la croix paroisse à la 1 & 2 figure, comme l'icnographie *lmnopq* du cube paroist dans la 4 figure de la 13 planche, & celle de la croix *rstu* composée de 7 moindres cubes.

Le quarré de la 12 planche represente aussi la grandeur des surfaces quarrées dudit solide, & les 4 parallelogrammes IBLK, HKN G, NMEF, MLCD, & les 4 triangles, IKH, BLC, DME, GNF seruent pour representer ses autres plans, de sorte que chaque parallelogramme, & chaque triangle represente le plan inferieur & le superieur, quoy que ces parallelogrammes ne soient pas quarrez, & que les triangles ne soient pas équilateraux ; à cause des differentes inclinations du plan geometral, comme l'on void à la figure, dont les surfaces *b* & *d* sont tellement obliques dans leur icnographie, qu'elles sont entre l'horizon de la surface *c*. Où l'on doit encore remarquer que ces 8 surfaces quarrées perpendiculaires au plan horizontal,

de la Perspectiue Curieuse. 73

rizohtal, ont pour leur icnographie les lignes qui seruent de costez à l'octogone BCDEFGHI: par exemple la ligne FG est l'icnographic du quarré GF, & la ligne CD celle du quarré c. & de cette maniere l'on a toute l'icnografie du solide proposé.

Or l'on aura le solide pyramidal de la 4 figure en cette façon. Il faut descrire vn moindre octogone dans le plus grand de la 12 planche, à sçauoir *bcdefghi*, & de chacun de ses angles mener vne ligne iusques au milieu de chaque costé du plus grand octogone, par exemple des angles, *i b* il faut mener *io*, *b o*, & de mesme de *b e* a *f*, & ainsi des autres.

Ce qu'estant fait, il faut mener de tous les angles des octogones des perpendiculaires sur la base du tableau, comme l'on void aux points *r s l t u o x y* B *z*, qui donneront son icnografie.

Ce que l'on comprendra, par la 4 figure de la 13 planche, en prenant LAA perpendiculaire à la base du tableau, pour la hauteur du cube, & la ligne LM & MNOP pour l'ortographie de la croix, car le solide estoilé doit estre posé sur ces 2 solides, ausquels se cōtinuera l'ortographie du solide estoilé, auec ses diuisiōs PQRSTVXY Z AA; & puis il faut des points LMNOPQR &c. mener des lignes droites occultes qui aboutissent à vn certain point de l'orizon, & marquent l'echele des hauteurs pour auoir la Perspectiue de toutes les surfaces & des angles solides, en menant des paralleles KHI, C *p q a a*, & des perpendiculaires *a a bb cc*: par exemple si l'on mene *q l* iusqu'à *dd*, & de *dd* en *ee*, on aura la hauteur de la semblable *a a bb cc*, & ainsi des autres.

Lors qu'on a les surfaces quarrées de ces solides, on trouue les points du milieu des plans du plus grand par l'intersection des diametrales, par exemple en *a*, & de ces points on mene des lignes aux 4 angles de la surface quarrée du moindre solide, ou du moins aux 3 qui paroissent, parce que le quatriesme costé de la pyramide est caché. Et si l'on acheue tout, on aura la pyramide estoilée comme elle se void dans la 4 figure de cette 13 planche.

PROPOSITION XXXI.

Metre en Perspectiue six estoiles solides, dont les rayons paroissent plats en dedans, & en dehors aigus comme des prismes, de sorte qu'elles semblent representer vn globe.

CEtte Perspectiue n'est pas moins difficile que la precedente, quoy que si l'on auoit ce corps en nature deuant les yeux, l'on eust plus de facilité pour en donner l'aparence: neantmoins il suffit de sçauoir que ce corps est composé de 6 estoiles, d'vne surface interne plate & vniforme, & de plusieurs autres exterieures qui font paréstre des prismes par leur concours. Chaque estoile à 6 rayons, dont il y en a 4 qui se ioignent à 4 rayons d'vne autre estoile.

K

Dans leur situation la V de dessus & la X de dessous ont leurs surfaces plates interieures paralleles à l'horizon, de sorte que la ligne menée de X en V sera perpendiculaire à ces surfaces & à l'horizon; ce qui arriuera semblablement aux surfaces plates interieures des 4 autres ftoiles.

Ce que l'on entendra mieux, par la 8 figure de la 14 planche, moyennant les perpendiculaires tirées du solide sur le plan. Or il est aisé d'auoir l'icnografie du solide proposé, par la 8 figure de la 14 planche, en cette façon.

Soit descrit le moindre octogone *abcdefgh*, & de son centre V vn cercle occulte grand à proportion qu'on desire faire les rayons des estoiles, par exemple à l'ouuerture du diametre VH; & par le centre V soient menez les diametres égaux à la ligne *gh*, & *cd* : O V K, qui coupera *gf* & *bc* : NVL, qui coupera *fe* & *ab* : & MVH, qui coupera *ha* & *ed*.

De plus du point H où se coupent le diametre & la circonference occulte, soient menées les lignes aux angles prochains du moindre octogone, à sçauoir *h* & *a*; & d'I en *a* & *b*, de K en *b* & *c*, & ainsi des autres pour former des triangles isosceles dont les bases seront sur les costez dudit octogone, qui donneront l'icnografie de 2 estoiles du solide à sçauoir de la superieure & de l'inferieure.

Pour auoir les 4 autres il faut mener par le point H la ligne ponctuée GA, qui face des angles droits auec VH; & de mesme il faut tirer AC, CE, EG; par les points K M O, de sorte qu'elles fassent le quarré ACEG; & puis de son centre V il faut descrire vn cercle occulte concentrique au premier, qui passe par les 4 coins dudit quarré, qui le diuiseront en 4 parties égales, dont chacune sera diuisée en deux autres parties égales aux points 7 BDF, & apres auoir ioint par des droites les points ABCDEFG 7, on aura le plus grand octogone inscrit au cercle.

Or l'Icnographie des estoiles dont les surfaces plates interieures sont perpendiculaires à l'orizon, doit estre descrite dans la 4 partie de la circonference en cette façon.

Par exemple, si l'on veut l'icnografie de l'estoile *aa* de la 8 figure, apres auoir mené la ligne GA de la 7 figure, & determiné les 2 costez 7 A, 7G du plus grand octogone, soient menées les droites *fg*, & *h*, *da*, *cb*, Ll par les points NP, leurs intersectiós *i* QRHSTl auec GA donneront les points ausquels tomberont les perpendiculaires tirées des angles du solide proposé; comme l'on void dans cette Perspectiue que les perpendiculaires *bbi*, *ccl* tirées des sommets des angles *bb*, *cc* tombent sur *il*, & que des angles internes *dd ee* les perpendiculaires *ddr*, *cef* tombent sur les points *r* & *f*.

Où l'on doit remarquer que l'icnographie des faces internes de ces estoiles ne peut estre que la droite GA, dans laquelle se rencontrent les points *i* QRHSTl; mais i'ay laissé plusieurs lignes à des-

de la Perspectiue Curieuse. 75

crire pour acheuer l'icnographie, afin que l'on comprenne mieux l'aparence des estoiles.

Apres auoir fait cette icnographie, il faut tirer de tous ses angles & ses pans principaux des perpendiculaires à la base du tableau, qui tomberont aux points 1, 2, 3, 4, 5, 6, 7, 8, 9, 10, 11, 12, 13. de la 7 figure, afin que la ligne 1, 13, diuisée en ses parties soit l'ortographie du corps proposé: Et pour ce suiet il faut auoir la perpendiculaire à la base du tableau, comme cy-deuant, dans la 8 figure, en G 1, H 2, I 3, K 4, L 5, M 6, N 7, O 8, P 9, Q 10, R 11, S 12, T 13.

Où il faut remarquer que ce solide estoilé n'est pas immediatement sur la base du tableau, parce que ie le fais porter sur 2 autres solides pour vne plus grande beauté, c'est pourquoy i'ay mis les 2 hauteurs EF, EG dans la ligne de l'ortographie; l'vne pour le solide $ff\, gg\, hh$, qu'on peut nommer Exoctaëdre irregulier, & l'autre FG pour la hauteur de la pyramide quarrée XY, qui est sur l'Exoctaëdre.

Vous voyez l'icnographie, & l'ortographie de ces 2 moindres solides dans la 5 & 6 figure de la 14 planche.

Ares auoir marqué toutes ces hauteurs sur la ligne orthographique, & suposé qu'il y a 2 autres hauteurs au de là du point R, égales aux espaces GHI, il faut mener des droites dessous les points de la dite ligne EFGHIKLMNOPQR, & de S & T au point Z de l'orizon, pour auoir l'échele des hauteurs, sur laquelle on prendra aysement les hauteurs Perspectiues du plus grand solide & des autres, ce qui se comprend mieux par la figure que par vn plus long discours.

PROPOSITION XXXII.

Mettre en Perspectiue vn solide qui face parestre vne sphere estoilée de pyramides égales à 5 pans, ou 5 angles.

POur entendre cette proposition, & pour auoir la Perspectiue de ce solide, il faut comprendre sa nature, & son origine: il est donc composé de 12 pyramides pyramides égales, dont chacune a vn pentagone regulier pour sa base, & estant le solide qui en resulte est vn Dodecaëdre, tel qu'on le voit dans la 10 figure de la 16 planche.

La 27 proposition en donne la figure exterieure, & la 26 ayde aussi à le faire entendre, mais parce que nous en auons parlé en ce lieu-là pour vn autre dessein, ie mets icy son plan geometral, & sa ligne ortographique.

Soit premierement descrit, comme dans l'onziesme figure de la 16 planche, vn cercle occulte du centre A, dont la circonference soit diuisée en 10 parties égales BHCIDKELFG, en sorte que des droi-

K ij

tes tirées par ces points faſſent 2 pentagones reguliers, dont les coſtez BC, CD &c. ſoient égaux aux coſtez du Dodecaëdre, & que ces pentagones ſeruent de plan geometral, ou d'icnografic, à ſçauoir que BCDEF ſoit pour la ſurface d'en bas *abcde* du dodecaëdre de la 10 figure; & que GHIKL repreſentent la face d'en haut *fghik* du meſme dodecaëdre.

En apres du point E ſoit tirée par le centre A la droite E*a*, qui coupe le coſté BC au point M; & du point F au point D ſoit menée FD ſouſtenduë de l'angle FED: elle coupera E*a* au point *f*. Du point *a* ſoit menée *ad* à diſcretion, perpendiculaire à E*a*. Du meſme centre A ſoit deſcrit vn autre cercle, en ſorte que la droite FD ſoit égale au coſté du pentagone regulier inſcrit au meſme cercle: & l'on aura 10 points également éloignez ſur la circonference de ce cercle, comme ſi l'on vouloit deſcrire 2 pentagones concentriques & paralleles aux 2 autres, dont les angles fuſſent oppoſez.

Il faut ioindre ces points de proche en proche, par des droites qui faſſent le decagone NOPQRST &c. & les angles du pentagone BCDEF par les droites BX, CN, DP &c. auec celles qui leur reſpondent dans le plus grand cercle: & faire la meſme choſe au pentagone GHIKL de l'icnografie d'en haut, auec les lignes entrecoupées du meſme cercle H*a*, IO, KQ &c. pour auoir dans l'onzieſme figure la parfaite icnographie du dodecaëdre repreſenté par la 10 figure; de ſorte que le pentagone DCDEF ſoit l'icnographie de la face d'enbas *abcde* BCN*a*X, celle de la face enclinée *ablmn*: BF TVX, celle de la face *aeopn*. TFERS celle de la face, *edqro*; ED PQR, celle de la face *cdqſt*. DCNOP celle de *bctul*.

Et GHIKL donnera l'icnografie de la face d'en haut *fghik* parallele à l'horizon, GH*a*XV celle de la face *ghpnm*: GLSTV de *birop*. IRQRS, *kirqſ*. IKQPO, *fkſtu*, & HION*a* donnera l'icnografie de la face *fgmla*.

Quant aux ſommets de toutes les pyramides qui ſont *abcdefg bilm* dans la 12 figure, il faut trouuer leurs points dans le plan geometral, par le moyen des lignes perpendiculaires, dont celle qui paſſe par *a* & *b* diametralement oppoſez, tombe au point A de l'onzieſme figure, c'eſt à dire au centre de noſtre plan geometral. Le reſte eſt aiſé à deſcrire, c'eſt pourquoy ie viens à l'ortographie du meſme dodecaëdre.

Soit priſe dans l'onzieſme figure la longueur de la droite HG, & du centre H, ſoit fait vn arc de cercle ſur la droite *ad* priſe à diſcretion. qui la coupe en *b*: & puis du centre M, de l'interuale ME ſoit marqué ſur la meſme ligne vn autre arc de cercle qui la coupe au point *c*, & ſoit repriſe la longueur de la ligne *ab* ſur la ligne *cd*, afin que toutes ces lignes des hauteurs ortographiques ſoient tranſportées à la 12 figure, & miſes ſur la droite AM.

Mais parce que ce ſolide eſtoilé ne porte pas immediatement ſur

de la Perspectiue Curieuse. 77

sur le plan, & qu'il est posé sur plusieurs autres corps solides qu'on void dans la 9 figure, à sçauoir l'icnographie du parallelipede *no q* dans ABCD; celle des pyramides quarées *rstu* dans les quarez EF GH, IKLM, NOPQ, RSTV: & celle de la croix solide *xyzaa* dans la croix XYZAA, il faut premierement mettre les diuerses hauteurs de ses solides dans la perpendiculaire AM.

Soit donc premierement la longueur A B pour la veritable hauteur du parallelipede *nop q*, comme elle est dans la 9 figure au nombre 1, & l'apparence sera *bb a*, ou *cc dd* dans l'échele de l'ortographie.

Et puis on aura BC pour la hauteur des pyramides, comme l'on void à 2 de la mesme figure: & à 3 CD pour la hauteur de la croix; & DE à 4 pour la hauteur du moindre parallelipede: de sorte qu'E F sera le costé du decagone inscrit au cercle Y E *e* Z F *f*, A *a* G *g* H *h* C *c*.

Et puis FL sera égale au semidiametre du mesme cercle A Y. & L M égale à EF, comme i'ay dit dans la 27. proposition. Mais la ligne *abcd* de l'onziesme figure doit estre mise au milieu de l'espace FL, & G sera la premiere hauteur pour les 5 angles du pentagone d'en bas du dodecaëdre: d'où naist la pyramide qui a sa pointe en *b*, la hauteur H est pour les angles solides du second ordre, comme sont *noqlt* dans la 10 figure. La hauteur I est pour les angles du 3 ordre, comme sont *mp rs n*: & finalement la hauteur K est pour le pentagone d'en haut, d'où vient la pyramide dont le sommet est *a*.

La moindre hauteur des pointes des pyramides est E dans la ligne ortographique & dans la Perspectiue c'est *b*.

La seconde en F est diminuée en *h i l m*: La 3 est en L qui est par tout égale aux points *c d e f g*, parce que tous les sommets de cet ordre se rencontrent dans le plan de la ligne horizontale, où *d* est le poinct principal. La quatriesme hauteur M est *a* dans sa Perspectiue.

Or si l'on entend bien tout cecy, il sera aisé par la 1 proposition de ce liure, d'accommoder tous ces plans suiuant la hauteur donné de l'œil, & le point principal *d*, & la distance, qui est icy hors du tableau; & puis par la 20 propos. on trouuera toutes les hauteurs Perspectiues sur l'échele que i'ay descrit suiuant les hauteurs réelles & veritables, comme l'on void clairement en la 12 figure, de maniere qu'il n'est pas besoin d'alonger ce discours.

K iij

Liure premier

PROPOSITION XXXIII.

Mettre en Perspectiue vn cube percé à iour, ou composé de chevrons quarrez.

ENcore que cette proposition se puisse expedier par la mesme voye que les precedentes, c'est à dire qu'en la vingt-neusiesme figure on puisse mettre en Perspectiue le cube percé, par le moyē de l'Orographie, & de l'échelle des hauteurs ABCD, aussi bien que les corps qui sont tous solides, comme en peut remarquer en quelques-vnes de ses hauteurs perspectiues que nous auons pris sur l'echele, & transporté sur le plan du Cube par le moyen des paralleles ; lequel plan nous supposons estre mis en perspectiue, comme nous auons dit des autres ; neanmoins parce qu'il y a vne pratique particuliere pour trouuer les aparences de toutes les epaisseurs auec moins de trauail, ie l'ay voulu proposer en cet endroit, tant pour ce que la methode est assez generale & instructiue pour beaucoup de rencontres, que particulierement pour ce que l'on apprendra par mesme moyen à mettre en perspectiue vne chaire telle qu'elle est depeinte en la trentiesme figure de la 23. planche, qui seruira de preparation pour la premiere proposition du second liure, où nous commencerons à traicter des figures qui paroissent difformes hors de leur point, & qui estant veuës de leur point se monstrent bien proportionnees & selon les regles de l'art. La 23 planche de ce liure contient deux chaires qui n'en ont nulle apparence, si elles ne sont regardees precisément comme nous dirons quand nous en donnerons l'intelligence.

Quant à l'explication de cette proposition, soit fait sur la ligne terre vn quarré E F G H, pour l'vne des faces du cube proposé : & qu'au dedās de ce premier quarré il en soit fait vn plus petit qui laisse entre les deux l'epaisseur qu'ō aura determinee pour les chevrōs, dont l'on suppose que le cube est composé ; & soit, par exemple, le quarré I K L M, dont les costez soient prolongez iusques sur les costez du grand quarré, comme le monstrent les lignes occultes qui se terminent és points *a b c d e f g h* ; & puis des poicts H, *h*, *a*, E, *b*, *c*, F, soient tirées des lignes droites occultes au point principal Q : en apres, soit transportée sur la ligne de terre la grādeur de l'vn des costez du cube auec ses espaisseurs, du costé cotraire au point de distance, asçauoir H N O P ; & des points N O P soient tirées des lignes droites ocultes au point de distance R, & du poinct *i*, où la ligne P R coupe H Q, soit esleuée vne perpendiculaire iusques à la ligne E Q ; & du point de la rencontre *k* soit menée vne parallele iusques à la ligne F Q, qu'elle rencontrera au point *l* ; où apres auoir ioint de lignes apparentes H *i*, *i k l*, *l* F, on aura l'ap-

de la Perspectiue Curieuse 79

parance du cube, fupofé qu'il fût tout folide : & pour auoir l'aparence des efpaiffeurs des des deux faces E H *ik*, E*kl* F, apres auoir efleué des points *mo* les perpendiculaires *mn*, *po*; & des points de leurs rencontres auec la ligne E Q, tiré les paralleles *n r*, *pq*, il faut remarquer, où elles s'entrecoupent auec les lignes qui vont au point principal, & qui doiuent donner la diminution de ces efpaiffeurs, qui font les lignes *h* Q, *a* Q, *b* Q, *c* Q, & joignant les points de ces interfections, de lignes aparentes, on aura la dimunution des efpaiffeurs du dehors de ces deux coftez, à fçauoir deux moindres quarrez en Perfpectiue compris & enfermez és deux plus grãds *kl* E F, *k* E H *i*; commme I K L M eft enfermé en E F G H : pour ce qui fe voit du dedans, on en aura l'aparence en cefte forte; il faut premierement du point L tirer vne ligne au point principal Q, qui fera L 1; & du point *ſ* vne parallele *ſ* 2, & abbaiffer du point *r* vne perpendiculaire *r* 3, lefquelles s'entrecouperont au point 4 : cela eftant fait, du point M foit tirée vne autre ligne au point principal, & où elle rencontrera la ligne *ſ* 2, foit efleuée vne perpendiculaire, & du point *t* foit menée vne parallele à M L, *tu*; & du point *u*, où elle rencontre L 1, foit encore efleuée vne perpendiculaire : Or il ne faut pas marquer toutes ces lignes aparamment dés leur origine, & l'on doit agir auec iugement, & fuiuant le modelle propofé laiffer ce qui n'eft tracé que de points en ces lignes comme eftant caché, & marquer aparamment ce que nous auons fait de lignes plaines, comme eftant expofé à la veuë : ce que ie dis tant pour cette operation du cube que pour d'autres femblables, cóme de la chaire mife cy-deffous. Or pour acheuer il faut du point *ef* tirer des lignes vers le point principal, iufques à ce qu'elles récontrét les lignes *ſ* 2, *r* 3; & du point 2 efleuer vne perpendiculaire; & du point 3 mener vne parallele, cóme il eft exprimé dans l'exemple; & puis du point où la ligne *c* Q coupe *kl*, il faut abbaiffer vne perpendiculaire iufques à ce qu'elle rencontre L *u*, au point 1, duquel menant vne parallele à *l* 2, vers le cofté *k i*, on aura l'aparence entiere du cube percé auec fes efpaiffeurs tant du dehors que de ce qui fe peut voir du dedans.

COROLLAIRE

Par cette propofition il eft facile de mettre en Perfpectiue vne chaire femblable à celle qui eft en la trentiefme figure, c'eft prefque la mefme chofe qu'vn cube percé, excepté que les quatre chevrons d'embas ne touchent point le plan, mais font efleuez fur iceluy de la hauteur que l'on veut donner aux pieds de la chaire, qui font icy G, H, *m*, 3; & de plus il y faut ajoufter vn doffier, qui eft icy *k p r ſ q l*; pour le refte il en va de mefme que du cube de la vint-neufiefme figure, & fe peut faire auffi bien qu'iceluy par le moyen de l'Ortographie, & de l'echele mise à costé Y X A B C D Z, apres auoir racourcy son plan *a b c d* mis sous la ligne de terre, comme nous auons dit des autres dans les propositiõs precedentes. Or la hauteur naturelle de toute la chaire est dans l'échele Y Z : & dãs A Y celle du dossier : en Z D celle des pieds, & ainsi des autres qui sont transferées en leur Perspectiue, chacune selõ sa situation comme le monstrent quelques paralleles tirées de l'échele vers la chaire ; laquelle se peut encore faire d'vne autre façon independamment du plan & de l'échele, comme nous auons dit du Cube, en faisant au lieu du quarré E F G H, qui est l'Ortographie parfaicte du cube, la figure E F L G H M, pour la chaire, d'autant que le chevron M L doit estre vn peu esleué au dessus du plan, pour laisser espace aux pieds de la chaire. Le reste se faira comme au cube precedent, comme pour trouuer toutes les espaisseurs des costez des chevrons, selon leur situation, & pour obseruer leurs emboitures C'est pourquoy nous les auõs marqué de mesmes characteres l'vn & l'autre, autant que nous l'a peu permettre le peu d'espace qu'il y a en ces espaisseurs, qui a esté cause d'en obmettre quelques-vns ; ce qui se suppleera facilement par celuy qui trauaillera, lequel se pourra, nonobstant cela, seruir du discours fait pour le cube, en la constructiõ de la chaire. On trouuera le dossier en mettãt sa hauteur naturelle sur la ligne H M E, cõme est icy X Y ; & en tirant des points X Y des lignes au point principal Q, qui couperont de la ligne *m h p r* esleuée, autant qu'il en faut pour le racourci du mesme dossier, comme est icy la portion *p r* ; car en menant des paralleles *p q, r s* iusques à l'autre ligne esleuée *l s*, on aura le dossier tout fermé. Or il ne faut pas marquer tout du long les lignes qui les forment, affin de laisser quelques espaces suiuant leurs emboitures, & de mieux distinguer & exprimer ce qui est exposé à la veuë, & ce qui n'y est pas exposé, pour estre caché par quelqu'autre partie.

On doit aussi tellement placer le point principal, & celuy de distance ou d'esloignement, que les chaires en reüssissent bien proportionées, & agreables à l'œil : autrement, on pourroit les placer de sorte qu'en operant, mesme conformement aux regles de l'art, elles viendroient tout à fait difformes, & si mescognoissables qu'on ne les croiroit iamais auoir esté faites pour des chaires : comme l'on pourra recognoistre en celles que nous exposerons dans la premiere proposition du second liure : Or cette hauteur de l'œil, & cet esloignement qui fait paroistre les objets bien proportionnez, s'apprendra plustost par l'habitude, & en trauaillant, que par aucun precepte qu'on en puisse donner.

PROPOSITION

de la Perspectiue Curieuse. 81

PROPOSITION XXXIV.

Repreſenter la baſe & le chapiteau d'vne colomne dorique dans le tableau, ou les mettre en Perſpectiue.

L'On ſçait qu'elle doit eſtre la proportion de la colomne dorique, dont il faut premierement determiner l'épaiſſeur ou le diametre, qui eſt OP de la 31 figure de la 19 planche.

On la diuiſe en 2 parties égales ON & NP, dont l'vne eſt encore ſubdiuiſée en 12 parties, pour ſeruir de regle ou de module au reſte des proportions, comme l'on void à la ligne AM, ſans qu'il ſoit beſoin de nous areſter à l'explication de toutes ſes parties, car ce diſcours appartient à l'Architecture, qui diuiſe le module N en 12. parties.

Or ſi l'on ſupoſe cette diuiſion en 12. parties, chaque partie du chapiteau eſt determinée par la loy de l'Architecture, dont ie ne veux pas icy traiter. Il ſuffit qu'on voye toutes ces parties ſur la ligne AM; auſquelles les lettres A, B, C, D, E, F, G, H, I, K, L reſpondent.

Il faut commencer par O Q R, qui eſt l'icnografie du corps de la columne, dont M P eſt le demidiametre. Apres il faut mettre le plan, & les autres parties en Perſpectiue ſuiuant les regles que nous auons données cy-deſſus.

Par exemple, ſoit le cercle *oqp* la Perſpectiue de O Q P, vous aurez la hauteur de l'aparence de cette partie de colomne au point *q*, en menant la parallele *q 4* du point *q*, & la perpendiculaire *ab* du point *a* miſe en *qx* ſera l'aparence requiſe.

De meſme, vous pouuez tirer la ligne *oc* du point *o*, pour trouuer *cd* qui ſera *oe* en ſa ſituation. Mais la maniere paroiſt ſi clairement dans la figure qu'il n'eſt pas beſoin d vn plus long diſcours.

PROPOSITION XXXV.

Mettre en Perſpectiue quelques figures de l'Architecture militaire.

SOit dans la 32 figure de la 10 planche la ſection d'vne courtine auec ſon foſſé, qui veuë directement, & qui ſoit parallele au plan ſoit du tableau ABCDEFGHIKLM; de ſorte qu'ayant coſtruit ſur la ligne AV la ſectio orthographique auec le foſſé N O P du pentagone regulier de Fritac, qui donne 60 pieds à la largeur du foſſé, l'on deſcriue toutes les autres parties ſuiuant les loix de la fortification, & l'échele que i'ay miſe au bas, il eſt aiſé d'en faire la Perſpectiue, parce que ſon icnographie eſt quaſi toute compoſée de lignes paralleles, perpendiculaires au tableau, & qui par conſequent doi-

L

uent aboutir au point principal X, par la 7 proposition, par exemple ayant mené la droite E e au point principal, il faut pour la terminer suiuant la longueur desseinée dans l icnographie, mener la parallele E b iusques à la ligne de l'orthographie, & voir où *fd* tirée du plan coupe *b*Y, à sçauoir en *d*, duquel il faut tirer vne autre ligne iusques à ce qu'elle coupe E *e* en *e*, où elle determinera la longueur requise.

Le reste se doit faire suiuant la figure de cette planche, car il seroit trop ennuyeux de parcourcir toutes les lignes: c'est pourquoy ie propose seulement dans la 33 figure le fossé du pentagone de Fritac, dont on void à costé les mesures naturelles sur la ligne *a b*.

COROLLAIRE.

Apres auoir leu ce que dit Accoltius, & Danti sur Barocius, aux lieux que cite l'autheur, i'ay enfin trouué que M. Desargues est celuy qui a proposé, & demonstré la maniere vniuerselle de pratiquer le Perspectif sur deuis & par mesures contées d'vn bout à l'autre, sans auoir besoin de sortir hors du tableau pour quelque rencontre que ce soit: ce qui est conforme à la maniere de pratiquer le geometral de la mesme chose.

Or il n'y a rien d'approchant, ou de semblable dans les susdits autheurs, non plus que dans les fragmens atribuez, à M. Aleaume, & imprimez par le soin de M. Migon, ou dans le compas optique du sieur Vaulezard, ou enfin dás tous les autres qui ont escrit de la Perspectiue iusques à present, car ce qu'en a le F D B dans ses liures est copié de la maniere vniuerselle que fit imprimer ledit sieur Desargues dez l'an 1636, & puis dans vn cayer particulier il y a plusieurs années, tiré du liure entier de sa Perspectiue que M. Bosse a fait imprimer; dans laquelle il a aioûté vne seconde partie contenant la regle de placer, & de proportioner les touches & les couleurs diuerses qui perfectionnent le Perspectif, dont on n'auoit encore rien donné au public.

Mais ceux qui ont leu & compris la maniere vniuerselle de M. Desargues, où l'on n'employe aucun point hors du champ de l'ouurage, acheuée de mettre en lumiere par l'excellent graueur M. Bosse l'année 1647. confessent qu'elle surpasse en abregé de pratique tout ce qui en a esté donné iusques à present, & qu'il auoit raison l'an 1636. de se dire l'inuenteur de la methode vniuerselle &c. oûtre qu'elle contient la raison des plans & les proportions des fortes & foibles touches, teintes ou couleurs tant cleres que brunes, ce qui rend le corps de la pratique de cét art complet, & dont aucun n'auoit traité iusques à present.

de la Perspectiue Curieuse.

PROPOSITION XXXVI.

LEMME. XII.

Si dans la figure 21 de la 4 planche, A B coupe les paralleles F B & A E aux pionts A & B, ou en tels autres qu'on voudra, & que l'on prenne les points C & E vers les mesmes parties dans la ligne AE, & les points D & F en la ligne F B vers les parties opposées, en sorte qu'il y ait mesme raison d'A E à F B que d'A C à B D, & que l'on tire les droites D C & F E, elles couperont la ligne B A au mesme point G.

Or si la ligne D C coupe la ligne B A au point G, & que la ligne F E coupe la mesme au point H, ie dis que G & H feront vn mesme point.

CAr par la construction BF est à HE, comme BD à AC; & par ce que le triangle FHB est semblable au triangle AHE, comme le triangle DGB est au triangle AGC, par la 4 du 6. & comme B F est à AE ainsi FH à HE, ou BH à HA.

Semblablement comme BD est à AC, ainsi DG à GC, ou BG à GA, donc comme BH à HA, ainsi BG à GA; & la ligne BA est tousiours coupée au mesme point G, ou H, ce qu'il falloit demonstrer.

COROLLAIRE

Ma methode a cela de propre que si l'on se trouue contraint à cause de la disposition des points & des lignes dont il faut vser, de changer les mesures reelles pour le point de distance dans la ligne horizontale, que du moins on le peut approcher tant qu'on voudra du point principal, sans que cela empesche les intersections des lignes, ou la Perspectiue, de sorte qu'on fera la mesme chose que si l'on obseruoit les mesures naturelles; pourueu qu'on garde la raison de la proportion qui se trouue entre les parties de la base du tableau, & celles de la distance.

Par exemple, soit le tableau FIKB de la 34 figure, & sa ligne horizontale AE, dans laquelle soit le point de distance E eloigné de 18 pieds du point principal; & que la base du tableau aye 10 de ces parties, s'il faut trouuer vn point dans la ligne radiale BA menée de l'angle du tableau au point principal A; & qu'il falle que ce point trouué soit au delà du tableau éloigné de 10 pieds de sa base, il faut tirer vne ligne du point F, entre lequel & le point B l'on mette l'espace de 10 pieds reels iusqu'au point de distance E, & la droite FE donnera le point H à l'intersection de BA pour le point requis éloigné de 10 pieds derriere le tableau: & si par le point H on meine LM parallele à FB base du tableau, tous les points de la mesme ligne se trouueront dans la mesme situation, par le 3 corollaire de la 6 prop. c'est à dire qu'ils seront élognez du pied du tableau de 10 pieds.

L ij

I ajoute que si l'on est tellement contraint dans le tableau FIKB, dont la base FB à 16 pieds, que l'on n'ait pas assez d'espace depuis le point principal A dans la ligne horizontale pour y marquer la distance de 18 pieds, comme il se void en AE, l'on prendra à discretion la ligne AC qu'on diuisera par le compas de proportion en 18. parties égales qui representeront les 18 pieds reels, & par ce que dans nostre figure la ligne AC a 6 pieds, apres auoir diuisé chacun en 3 parties, nous aurons nostre distance au point C, qui seruira pour operer & trouuer tous les points d'aparence plus commodement que si nous vsions des mesures reelles.

Par exemple si l'on veut trouuer le point H ou G dans la ligne B A, & que nous desirions qu'il paroisse 10 pieds par dela le tableau, il faut diuiser BF comme nous auons diuisé AB, afin qu'elle contienne 34 parties, semblables aux 18 d'AC.

Et puis il faut prendre 10 parties sur BD de B vers F, à sçauoir BD; & tirer du point D DC au point supposé de distance C, qui coupera la droite BA en G, ou H.

De plus, si vous desirez d'autres points dans la ligne BA, soit plus ou moins éloignez du pied du tableau, par exemple le point N éloigné de 3 pieds, il faut du point O tirer la droite OZ, qui monstrera le point N par l'intersection de BA. Et par cette mesme voye vous trouuerez tels points que vous voudrez éloignez d'vn, de 2, de 3, pieds &c. du pied du tableau.

Par exemple, la parallele LM soit menée par le point éloigné de 10 pieds du tableau, & qu'en quelque partie de sa base ayant 10 pieds soit prise la grandeur reelle d'vn pied, PQ, & des points PQ soient menées à quelque point de la ligne horizontale PA, QA: & la portion RS de la parallele LM, qui se trouue comprise entre les lignes PA & QA, sera la mesme Perspectiue, ou aparence d'vn pied pris en quelque partie qu'on voudra, pourueu qu'il soit parallele au tableau, dont il est esloigné de 10 pieds : d'où si l'on vouloit éleuer vne perpendiculaire, RS seroit sa mesure. L'exemple de la proposition qui suit sert encore pour vne plus grande intelligence.

PROPOSITION XXXVII.

Mettre quelques corps reguliers en Perspectiue selon la methode de la proposition XXXVI.

IL faut premierement supposer vne certaine grandeur du tableau & celle des obiets auec leur situation, & la distance de l'œil auec sa hauteur : par exemple dans la 35 figure, suiuant l'échele YZ de 12 pieds, la base du tableau FB en contient 10 : la distance de l'œil EQ 18, & sa hauteur EA 7, & ainsi des autres points ausquels ladite échele sert d'examen.

Monstrons comme les apparences doiuent estre marquées dans la 36 figure, de sorte qu'au lieu des 10 pieds qu'a la base du tableau, l'on en mette 17 dans la ligne FT, afin de tirer comme il faut la ligne horizontale TC parallele à la base FB.

Et puis du point Q qui est entre 4 & 5, soit menée la perpendiculaire QA, qui monstrera le principal point A dans la ligne horizontale, suiuant ce qui est representé dans la 35 figure.

Apres quoy il faut marquer la longueur de 18 pieds dans la ligne horizontale d'A vers C : mais puisqu'il n'y a que 6 pieds d'A vers C : il faut vser de nostre methode qui prend des mesures à discretion, en diuisant la ligne AB en 18 parties, qui soient suposées pour 18. pieds, & l'vne de ces parties, comme AD ayant esté transportee sur la base du tableau en RS, il faut tirer de ces points RS les droites R A, SA, dont on fera l'echele des pieds, pour trouuer la situation des apparences de l'obiet.

Car la ligne tirée RC donnera le point V dans l'intersection de la ligne SA; quoy qu'il ne soit esloigné que d'vn pied de la base du tableau, aussi bien que s'il est esloigné de 18 pieds.

Ayant donc menéa trauers le tableau par le point V vne parallele à FB, elle represétera la ligne éloignée d'vn pied d'auec la base du tableau, & la mesme parallele coupera RA en X, duquel la ligne X C estant tirée, donnera le point O, dans la ligne SA, par lequel la parallele estant menée representera la ligne 2 pieds par de la le tableau, & ainsi des autres, de sorte qu'on peut aysement trouuer sur la ligne SA les proiections de toutes sortes d'obiets.

Or pour euiter la confusion des lignes, on peut transporter à costé du tableau l'echele des mesures sur les lignes FT & BC, par le moyen des paralleles menées par S V, op, qui donneront les diminutions proportionelles aux costez BC, aux points 1, 2, 3, 4, 5, 10, 15, 20. comme il est marqué dans la figure.

Par exemple, voyez le plan geometral, ou l'ichografic du cube GHIK dans la 35 figure, & vous connoistrez en commençant par le premier angle G, par le moyen de la ligne IQ mesurée sur l'echele YZ, que cét angle est eloigné de 2 pieds & trois quarrez de la base du tableau. Et cette échele sert pour mener RAS parallele à G*b* qui soit eloignée de ladite base de 2 pieds 3 quarts, & l'aparence de l'angle G sera dans ladite parallele.

L'on sçaura le point de cette ligne, en portant la perpendiculairement GL sur l'echele YZ, & ayant trouué qu'elle diminuë, il faut prendre l'aparence d'vn demi pied dans le tableau sur la parallele *a* G *b*, & la mettre à la gauche de la ligne QA, & LG sera diminuée suiuant les mesures de l'echele FTV.

Apres cela, pour auoir l'esleuation du cube, dont le costé est MN dans la 35 figure, il faut mesurer ce costé sur l'echele YZ, & si l'on sçait qu'il est de 2 pieds & vn quart, il faut du point G tirer la perpendiculaire GM, ayant cette mesme mesure prise sur FTY, sur la parallele *b* & *a* menée par le point G : & de mesme il faut tirer des points H & K les perpendiculaires HO & KN sur la parallele qui passe par KH.

Ayant trouué par cette methode tous les points de l'apparence & des eleuations, il les faudra ioindre par des lignes qui formeront le cube GHIKLMNOP. L'on trouuera de la mesme façon l'aparence du Thetraëdre *c d e f* situé sur l'vn de ses angles solides, dont RST est l'icnographie.

COROLLAIRE.

L'on peut voir 3 espece de proiections dans le 6 liure d'Aguillonius, qu'il explique par l'application d'vne chandelle à quelque obiet dont elle est eloignée d'vne distance indefinie ; ou qu'elle touche ; où enfin, dont elle est eloignée d'vn interualle tel que doit estre celuy de l'œil pour voir le tableau, l'image, ou son obiet en perfection. Voyez aussi Guidubalde sur le Planisphere de Roias. Ledit Aguilon nomme ces 3 sortes de proiection, ortographie, stereographie, & scenographie, mais puis que son liure est commun, il n'est pas necessaire de le copier.

ABREGE' DES AXIOMES ET DES PROPO-
sitions, qui seruent pour la pratique de la Perspectiue.

I. TOut point d'vn obiet est marqué sur le tableau par vn autre point, d'autant qu'il arriue à l'œil par vne ligne droite qui ne peut couper le tableau que dans vn point.

II. Toute ligne droite, laquelle estant prolongée passeroit par le centre de l'œil, est aussi marquée d'vn point sur le tableau, parce qu'elle ne le coupe qu'en vn point.

III. Toute ligne qui ne passeroit pas par le centre de l'œil marque aussi vne ligne sur le tableau, parce qu'elle forme vne surface triangulaire en arriuant à l'œil, dont la base est la mesme ligne & l'angle qui luy est oposé est dans l'œil : mais cette surface ne coupe le tableau que dans vne ligne.

IV. Toute surface droite qui prolongée passeroit par le centre de l'œil a toutes les especes qu'elle enuoyée à l'œil dans vn mesme plan, qui ne peut couper le tableau, que dans vne ligne.

V. Toute surface qui prolongée ne passeroit pas par son centre marque vne surface sur le tableau, parce que les especes qu'elle enuoye à l'œil font vne pyramide solide de rayons, qui laisse & marque sa surface sur le tableau.

VI. Toute surface parallele au tableau & toute ligne prise dans cette surface se dépeint sur le tableau de la mesme sorte qu'elle est dans la figure Geometrique, qui ne differe point de l'aparence sinon en grandeur, comme l'on peut conclure de la 18 proposition.

D'où il arriue que l'on void souuent les frontispices des bastimens dans le tableau sans aucun changement, à sçauoir lors qu'ils se recontrent en des plans paralleles au tableau: & que les fenestres des bastimens, quoy qu'elles soient egales en la peintures, paroissent neantmoins inégales, à cause de l'inégalité des angles qu'elles font dans l'œil.

VII. Toute ligne droite qui n'est pas dans vn plan parallele au tableau, estant mise en Perspectiue, butte au point qui va de l'œil au tableau, c'est à dire qui est l'aparence du rayon, tiré de l'œil au tableau, & qui est parallele à ladite ligne.

VIII. Toutes les lignes qui sont paralleles entr'elles & à la base du tableau, demeurent aussi paralleles dans la Perspectiue; comme il arriue aux pauez, & aux planchers, & lambris.

IX. Si la surface plus haute que l'œil est parallele à l'horison, ses extremitez semblent descendre, & si elle est plus basse que l'œil, ils semblent monter, comme l'on experimente dans les grandes & tres-longues galeries, dont les pauez semblent se hausser vers le plancher, comme le plancher semble descendre sur le paué.

Ce qui arriue aussi aux allées, dont les extremitez semblent s'estressir & s'approcher les vnes des autres, parce que dans les plans perpendiculaires à l'horizon & au tableau ce qui est à droit va à gauche, & ce qui est à gauche va à droit, iusques à ce que chaque chose se reduise quasi à l'axe optique.

ADVERTISSEMENT.

CEux qui voudront voir les essays de plusieurs qui ont trauaillé à la Perspectiue, peuuent lire auec profit ce qu'en a donné Iean Baptiste Benoist, depuis la 119. page, iusques à la 140 page; & ie conseille tát aux Mathematiciens qu'aux Philosophes de lire cét auteur, soit que l'on aye les Problemes Arithmetiques, dont il parle deuant le susdit traité de Perspectiue; ou que l'on face estat des mechaniques, ausquelles il donne beaucoup de lumiere, en montrant qu'Aristote s'est trompé dans la solution de plusieurs de ses questions mechaniques.

Si ceux qui trouuent quelque chose de nouueau dans les arts & dans les sciences, en faisoient part au public comme luy. Plusieurs les imiteroient, & nous aurions maintenant mille belles choses tant dans les Mathematiques que dans la Philofophie, qui fe perdent iournellement: ce qui arriue auſſi quelquefois, bien que les auteurs facent imprimer leurs penſées & leurs inuentions à cauſe, qu'ils eſcriuent d'vne maniere trop briefue, ou trop obſcure, laquelle ne pouuant eſtre entenduë eſt mepriſée : par exemple le fieur Deſargues a donné vn proieȼt des coniques tres-vniuerſel, mais il a vſé de termes qui n'eſtant pas ordinaires, ont rebuté pluſieurs : & le ſeul remede pour faire lire ce traité auec profit & plaiſir à ceux qui aiment la Perſpectiue, eſt de le prier qu'il l'eſtende vn peu, & qu'il le rende plus intelligible à toutes ſortes de perſonnes.

On defireroit auſſi que M. des Cartes fiſt ſa Philoſophie par propoſitions, afin qu'on veiſt les raiſons de Mechanique qui luy ſeruent d'apuy, & que les demonſtrations lineaires contraigniſſent d'embraſſer ce qu'il croit pouuoir demonſtrer. Et parce qu'il y a grande multitude de proportions Arithmetiques qui n'ont point eſte trouuées, par exemple, s'il y a des nombres parfaits, qui ſe puiſſent trouuer en d'autres proportions, ou analogies que celle de, 2, 4, 8 &c. comme dans l'analogie de 1, 3, 9, 27. &c. & par quelle methode on peut ſçauoir cela : s'il y a des nombres, dont les parties alliquotes faſſent le ſeptuple, le millecuple &c. ou s'il n'y en a point, comme quoy il ſe peut demonſtrer : il faudroit prier M. Fermat de donner cette partie qu'il a cultiuée tres particulierement, puis que feu M. de S. Croix qui auoit merueilleuſement trauaillé ſur ce ſuiet ne nous en a rien laiſſé; ou finalement perſuader à M. Frenicle qui a eſté, comme ie croy, le plus auant en cette matiere, qu'il feiſt imprimer pluſieurs excellens volumes qu'il a compoſez ſur ce ſuiet.

Fin du premier Liure.

LE SECOND LIVRE
DE LA
PERSPECTIVE
CVRIEVSE.

Auquel sont declarez les moyens de construire plusieurs sortes de figures appartenantes à la vision droite, lesquelles hors de leur point sembleront difformes & sans raison, & veuës de leur point, paroistront bien proportionnées.

AVANT-PROPOS
SVR LE SVIET DE CE LIVRE.

VIS que nostre principal dessein est de traiter en cét œuure de ces figures, lesquelles hors de leur point monstrent en aparence tout autre chose que ce qu'elles representent en effet, quand elles sont veuës precisément de leur point: le bon ordre qui va des choses les plus simples aux composées pour auoir la cognoissance des vnes & des autres, requert qu'en ce liure nous commencions par les aparences qui appartiennent à la vision droite, pour traiter és deux autres suiuans de celles qui sont causées par la reflexion des miroirs, & par la refraction des verres & des cristaux. Ie ne pretends pas d'en dire tout ce qui s'en peut conceuoir, ny d'en proposer toutes les pratiques: il suffira de mettre les principales, & les plus gentilles, car ceux qui auront quelque addresse dans la Perspectiue, n'inuenteront que trop de nouueautez par l'application de ces regles a beau-

M

coup de fuiets differents, fuiuant leur genie.

On fait de certaines images, lesquelles, fuiuant la diuersité de leur aspect, representent deux ou trois choses toutes differentes, de sorte qu'estant veuës de front, elles representent vne face humaine; du costé droit vne teste de mort, & du gauche quelqu'autre chose differente; ces images ont esté en estime, encore qu'il n'y ait pas grand artifice à les dresser: mais elles sont maintenant renduës si communes qu'on en void partout, d'autant qu'il n'y a pas d'autre subtilité pour en faire que de couper deux images d'vne mesme grandeur par petites bandes selon leur longueur, & de les disposer sur vn mesme fonds (lequel peut estre vne troisieme image) d'egale grandeur auec elles, en sorte que toutes les bandes qui appartiennent à vne image tombent soubs vn aspect, & toutes les bandes qui appartiennent à l'autre image, sous vn autre: C'est pourquoy ie ne m'y arresteray pas, veu que c'est chose de peu de consequence, & pour laquelle il n'est pas necessaire d'auoir aucune connoissance de la Perspectiue, & de ses effets, comme des autres que nous allons proposer.

PREMIERE PROPOSITION.

Tandis que le mesme sommet de la pyramide visuelle demeure le mesme obiet, où la mesme image paroist tousiours, quelque changement qui arriue à la base coupée differemment.

PVis que cette proposition sert de fondement à tout ce que nous dirons en ce liure, il faut l'expliquer amplement, & remarquer qu'il y a 3 choses necessaires en toute sorte de Perspectiue, à sçauoir l'obiet qui doit estre representé l'œil; auquel doiuent arriuer des rayons de chaque point dudit obiet, & le plan sur lequel on transporte la Perspectiue, ou l'image de l'obiet.

Quant au plan & à l'objet ils peuuent alternatiuement changer de place, mais l'œil est tousiours à l'vne des extremitez, parce qu'il reçoit tousiours le sommet de la pyramide visuelle, laquelle va quelquefois de l'œil iusques à l'obiet à trauers le plan, & d'autrefois va sur le plan à trauers l'obiet. Or nous auons seulement consideré iusques à present le plan situé entre l'œil & l'obiet, mais nous le considerons desormais indifferemment, soit que l'obiet ait sa place entre l'œil & le plan, ou derriere le plan.

Il arriue vne grande diuersité à la Perspectiue, quant à la grandeur de l'image, suiuant les differens éloignemens de l'œil & du tableau, quoy que l'image demeure tousiours semblable, à cause de l'axe optique de l'œil qui coupe tousiours ledit tableau d'vn angle égal, & du parallelisme des autres lignes, c'est pourquoy l'on peut appeller ce changement accidentel: parce que l'espace de la figure

de la Perspectiue Curieuse. 91

ne change point, par exemple, ce qui est quarré ou rond demeure touſiours quarré ou rond.

Mais lors qu'au lieu d'vn quarré la ſituation du tableau, ou de l'œil eſt cauſe qu'il ſe fait vn parallelogramme ou vn rhombe, & qu'au lieu d'vn rond, il faut marquer vne ellipſe, on appelle ce changement eſſentiel : qui deſpend de la ſection de l'axe pyramidale & du tableau, ſuiuant qu'elle eſt droite ou oblique.

Or quelque changement qui ſe faſſe à la baſe de la pyramide, & en quelque ſorte qu'elle coupe le tableau, la viſion eſt touſiours la meſme tandis que le ſommet de la pyramide ne ſe change point dans l'œil : il n'y en aura point auſſi dans la viſion, quelque extrauagante que puiſſe eſtre l'aparence ou la figure Perſpectiue du tableau.

Ce qui s'entendra mieux par la 37 figure de la 22 planche, dans laquelle LMNO eſt le tableau perpendiculaire au plan horizontal GHIK : & R eſt l'œil eſleué de PR ſur le meſme plan. Il faut conſiderer le quarré ABCD ſitué ſur le plan EFGH mis au delà du tableau, & parallele au meſme tableau ; de ſorte que de tous les points ABCD il ſorte des rayons qui faſſent vne pyramide au point R, laquelle ſoit coupée par le plan interpoſé, aux points abcd, qui deſcriront le quarré abcd par le moyen des lignes d'vn point à l'autre.

Ce quarré eſt ſemblable à l'obiet tant geometriquement qu'en Perſpectiue, ou en apparence, d'autant qu'il eſt veu ſous angles égaux ſans aucun changement du ſommet de la pyramide ABR CD, & que les plans EFGH & LMNO ſont paralleles ; d'où il s'enſuit que le triangle ARB qui les coupe, a ſes coſtez AB & ab paralleles, par la 16 de l'onzieme, & que les triangles ARB, aRb ſont équiangles ; & partant qu'ab eſt à AB, comme Ra à RA : & ſemblablement, qu'au triangle ARD, ad eſt à AD, comme Ra à RA ; donc, par l'onzieſme du 5. comme ab eſt à AB, ainſi ad à AD, & alternatiuement, comme AB à AD, ainſi ab à ad. Mais ABC D eſt vn quarré, par ſuppoſition, dont ſes coſtez AB & AD ſont é-gaux, dont ab, ad, coſtez du quarré abcd, ſont auſſi égaux.

Quant à l'égalité des angles, elle eſt euidente ; par la 10 de l'on-zieſme, puis que les droites AB, & ab ; AD & a, ad ſont paralleles & qu'elles ne ſont pas en meſme plan, donc elles font les angles BA D, bad égaux entr'eux. L'on peut aiſément prouuer la meſme choſe de tous les autres.

D'où il s'enſuit que dans la 37 figure, ſi la pyramide optique AB RCD, dont la baſe eſt dans l'obiet ABCD, eſt coupée par le plan LMNO parallele à la meſme baſe, elle imprimera ſa figure ſemblable à l'obiet ſur le tableau ; ſoit que l'on ſupoſe que le quarré A BCD, qui doit eſtre marqué dans le tableau LMNO, ſoit entre ledit tableau, & l'œil, ou que l'on ſupoſe que le plan EFGH eſt le ta-

M ij

bleau mesme, sur lequel il falle transporter l'obiet *abcd* descrit dans le plan interposé L M N O ; car la demonstration est semblable en l'vn & l'autre encore que la quantité change.

Car si l'on supose que l'obiet est ABCD, sa Perspectiue du plan interposé L MNO, sera beaucoup moindre en *abcd*: au contraire, si *ab cd* est l'obiet dans le plan interposé, & que le tableau EF GH soit à l'extremité, l'aparence ABCD sera beaucoup plus grande.

I'aioûte seulement que quelque figure que l'on descriue dans le quarré A B C D, qui soit raportée proportionellement dans le quarré *abcd*, sera tousiours semblable en toutes ses parties.

Dans la 38 figure, si l'œil est R, & R I perpendiculaire au plan L MNO, sur lequel l'obiet ou le quarré *abcd* doit estre representé, la pyramide optique *ab*R*cd* menée du point R, tombera sur les points *abcd* à angles obliques, & encore plus obliques sur le plan F M N G : sur lequel le trapeze ABCD luy seruira de base, lequel quoy que geometriquement dissemblable au quarré *abcd*, luy est neantmoins semblable optiquement, parce qu'il est compris sous les mesmes angles, & que la pointe de la pyramide ne change point ; c'est pourquoy si vous transportez vne figure descrite dans le quarré *abcd* prooportionellement dans le trapeze ABCD, l'on aura tousiours la mesme aparence ou vision dans l'œil.

De là vient que, dans la 39 figure, il arriue la mesme chose à l'égard du quarré *abcd*, qu'au plan LMNO, quand on veut faire la Perspectiue d'vn obiet : ce qu'il est aisé d'apliquer à la pyramide quadrilatere A B V C D ; & ce qui paraistra encore plus clairement dans tous les exemples de ce liure.

PROPOSITION XII.

Faire vne chaire en Perspectiue si difforme, qu'estant veuë hors de son poinct, elle n'en ait nulle aparence.

ENcore que l'effet de cette proposition, és figures 31 & 32, de la 23 planche, semble estre tout autre que celuy de la 33 proposition du liure precedent : neantmoins la construction en est presque toute semblable, c'est pourquoy i'ay marqué ces chaires de mesmes characteres, que celle de la trentiesme figure de la 18 planche, afin qu'elles aydent à l'operation de celles-cy par le discours que nous auons fait en ladite proposition. Il faut seulement remarquer que ce qui engendre cette difformité en ces chaires veuës de costé, est que pour la grandeur des chaires & la hauteur de la ligne horizontale, le point principal Q est fort éloigné à costé de ces chaires, & le point de distance R fort prés dudit point principal, c'est pourquoy des points N O P estant me-

de la Perspectiue Curieuse. 93

nées les diametrales occultes au point de diſtance R, elles coupent fort loin la radiale HQ, comme en *o, m, i*, & donnent pour la largeur d'vn chevron tout l'eſpace H*o*, & pour la largeur d'vn coſté de la chaire qui doit paroiſtre égal à l'Ortografie E F G H, tout l'eſpace H*omi*, & ainſi du reſte à proportion: de ſorte que ces figures trente-vnieſme & trente-deuxieſme, quoy que difformes en aparence, eſtant veuës de front, pareſtront bien proportionnées eſtant veuës de coſté du poinct R eſleué perpendiculairement ſur Q de la hauteur QR. La premiere des deux, à ſçauoir la trente-vnieſme figure, pareſtra ſemblable à celle de la trentieſme figure, en la 18 planche; mais l'autre a ſon doſſier autrement diſpoſé.

J'ay mis en l'vne & en l'autre la ligne de l'ortographie, & l'eſchele des hauteurs, pour monſtrer qu'on le peut encore faire par cette voye.

Que ſi l'on en deſire faire vne ſemblablement difforme, & veuë de front, il faut, apres auoir dreſſé l'ortographie de la chaire, comme en E F G H, eſleuer la ligne horizontale fort haut par deſſus la ligne de terre, & y mettre le point principal vis à vis du milieu de cette Ortohraphie, & vn peu à coſté, de l'eſpace QR, le point de diſtance, & operant conformément à ce que nous auons dit, elle reüſſira ſi difforme, que ſi elle n'eſt veuë de ſon point elle ſera meſconnoiſſable.

PROPOSITION III.

Donner la methode de deſcrire toutes ſortes de figures, images, & tableaux en la meſme façon, que les chaires de la precedente propoſition, c'eſt à dire, qui ſemblent confuſes en aparence, & d'vn certain point repreſentent parfaitement vn obiet propoſé.

CEtte propoſition a ſon fondement en la 8. du premier liure, ſur ce que nous auons dit du racourſi des pauemens; or ce qu'elle a de particulier depend de bien placer le point principal, & celuy de diſtance, pour en faire reüſſir l'effet deſideré, ſelon que nous auons dit en la propoſition precedente.

Soit donc propoſé de faire vne figure, laquelle veuë de ſon point repreſente vn quaré parfait diuiſé en 36 autres petits quarrez, ſemblable à la trente-troiſieſme figure A B C D, de la 24 planche, quoy que hors de ſon point elle n'en ait nulle aparence; il faut, comme en la trente-quatrieſme figure, apres auoir fait *ad* égal à l'vn des coſtez de la trente-troiſieſme, & auoir mis ſur iceluy ès points *efghi*, autant de grandeurs de petits quarrez, qu'il y en a en la trente-troiſieſme ès points E F G H I, deſdits points *aefgid*, tirer des lignes au point principal P, (qui en doit eſtre autant eſloigné que l'on veut faire la figure difforme) & puis eſleuer le point de diſtance vn peu

M iij

au deſſus, comme il ſe void en R ; cela eſtant fait, du point *h* ſoit tirée vne ligne droite occulte au point R, laquelle coupera la ligne *g* P au point *k*, par lequel ſi l'on tire *pq*, parallele à *ad*, on aura l'eſpace *apqd*, qui repreſentera les ſix quarrez compris en A P Q D, de la trente-troiſieſme figure : en aprez, du point *i* qui eſt plus eſloigné du point *g* de la grandeur d'vn quarré que n'eſt *h*, ſoit tirée encore vne ligne droite occulte au point R, qui coupe la ligne *g* P en *l*, ſi l'on tire encore par ce point *l* la parallele *rs*, on aura l'eſpace *prſq*, qui repreſentera les ſix quarrez compris en P R S Q, de la trente-troiſieſme figure ; & ainſi des autres : de ſorte qu'apres auoir tiré la ligne *d*R qui coupe *g*P en *m*, par où doit paſſer vne troiſieſme parallele, pour auoir les trois autres eſpaces qui repreſentent ceux de la trente-troiſieſme figure T V, X Y, Z A A, C B, il faut transferer au deſſous de *d*, autant de largeurs de quarrez, comme icy 4, 5, 6, & de ces points tirer des lignes droites occultes en R, qui determineront la grandeur de ces eſpaces par leur interſection auec la ligne *g* P. L'on en peut aioûter autant que l'on voudra par la meſme methode, par exemple ſi l'on veut augmenter cette figure de la largeur d'vn petit quarré, de ſorte qu'elle ſoit plus large que haute, en transferant cette largeur au deſſous de 6, en la trent-quatrieſme figure, la figure eſtant veuë de ſon point R eſleué perpendiculairement ſur P de la diſtance P R, repreſentera vn parallelogramme diuiſé en 42 petits quarrez.

Quand on deſirera repreſenter vn quarré parfait, la methode exprimée en la trente-cinquieſme figure, de la 24 planche, quoy que dans la meſme raiſon, eſt neantmoins beaucoup plus prompte & expeditiue : car apres auoir fait la ligne *ad* égale au coſté du quarré propoſé, mis ſur icelle toutes les diuiſions qui forment les petits quarrez, és points *efghi*, & d'iceux tiré des lignes droites au point principal, pour auoir les diminutions Perſpectiues des largeurs des petits quarrez, il faut tirer vne ligne droite occulte du point *d* en R, laquelle coupant la ligne *a* P en *b* repreſentera la diagonale D B de la trente-troiſieſme figure ; & par conſequent du point *b* eſtant tirée *b c* parallele à *ad*, on aura le trapeze *abcd* pour l'aparence du quarré parfait ; & la premiere largeur Perſpectiue des petits quarrez ſera determinée au point *k*, où la diametrale ponctuée *db* coupe la radiale *i*6 ; la ſeconde au point *l*, où elle coupe la ligne *h*5 : la troiſieſme en *m*, où elle coupe la ligne *g* 4, & ainſi des autres ; par leſquels points d'interſection l'on tirera les paralleles *pq*, *rſ*, *tu*, &c. qui repreſentent P Q, R S, T V, &c. de la trente-troiſieſme figure. L'on peut icy adioûter pluſieurs precautions, tant pour la liberté du point de veuë, que pour les differentes obliquitez des obiets & du tableau, mais outre que l'on peut conceuoir tout cela par la ſeule conſideration de la 22 planche, nous en parlerons aſſez dans les propoſitions qui ſuiuent.

de la Perspectiue Curieuse. 95

COROLLAIRE I.

Il est euident de cette proposition que si dans le quarré ABCD, de la trente-troisiesme figure, quelque image estoit descrite dans vne deuë proportion, & que les parties de l'image comprises és petits quarrez fussent transferées (comme si on vouloit la reduire au petit pied) aux trapezes ou quadrangles de la trente-quatre, ou trente-cinquiesme figure qui representent lesdits quarrez, estant veuë du point R esleué à angles droits sur P de la hauteur PR, elle paroistroit aussi parfaite, & aussi bien proportionée comme dans le quarré ABCD; encore que veuë de front & hors de son point elle ne parût estre autre chose qu'vne confusion de traits sans dessein, & faits à l'auanture.

Pour rendre cette reduction plus facile à ceux qui n'en ont pas la pratique, i'en ay mis deux exemples en la 25 planche, dans laquelle l'image descrite au quarré ABCD, de la trente-septiesme, en sorte que la partie de l'image est comprise dans le quarré AKNE de la trente-sixiesme soit transferé au trapeze *akne* de la trente-septiesme : & que ce qui est en KLON soit transporté en *klon*, & ainsi du reste, chaque partie selon son lieu & sa situation, ce qu'estant fait exactement, la figure trente-septiesme veuë du point R, parestra semblable à la trente-sixiesme.

Le second exemple a vne disposition differente, où l'image descrite au quarré de la trente-huictiesme figure est faite comme pour estre veuë d'embas; aussi est-elle reduite en la trente-neufiesme, de la mesme façon, pour donner à entendre qu'on peut dresser de ces figures, non seulement pour estre veuës de costé en quelque gallerie le long d'vn mur : mais encore en quelque grand pan de mur esleué perpendiculairement par dessus l'horizon, comme celle-cy est desseignée, laquelle estant veuë d'embas du point Y esleué à angles droits sur X de la hauteur XY, parestra toute semblable à la trente-huictiesme.

On en peut aussi faire pour estre veuës d'enhaut en establissant le point de veuë en quelque fenestre qui sera dans le plan de la peinture : & mesme l'on peut se seruir de cette methode pour desseiner vn plat-fonds tout le long du plancher de quelque gallerie, en mettant le point de veuë à la porte de la gallerie, esleué de terre de la hauteur d'vn homme ; afin qu'en entrant on voye le bel effet d'vne peinture bien proportionnée, & par tout ailleurs on n'y connoisse que de la confusion.

Il y a plusieurs rencontres, où l'on se peut seruir de ces regles, par exemple on peut faire de ces figures és trois especes d'optique, que distingue Cœlius Rhodiginus en son 15 liure chapitre 4, où il appelle simplement optique, celle par laquelle nous regardons vers l'horizon, c'est à cette espece que doit estre rapportée la trente-septiesme figure, l'*anoptique*, celle par laquelle nous regardons en haut au desius de nous, & pour laquelle est faite la trente-neufiesme figure: & Catoptique, celle par laquelle nous regardons em-bas au dessous de nous, & pour laquelle on en peut desseiner à l'imitation des autres, qui seroient entierement difformes, car supposé qu'on eût à y desseiner plusieurs figures d'vn tableau, pour estre veuës d'en haut de quelque fenestre où l'on auroit estably le point, lors qu'on les regarderoit d'embas ou de front, elles parestroient auoir les iambes presque aussi grosses, & deux fois plus longues que tout le reste du corps.

COROLLAIRE II.

Parce qu'il est trop ennuyeux à ceux qui s'adonnent à la pratique de ces regles pour desseiner plusieurs sortes de ces figures en des plans portatifs, comme sur des ais, ou des cartons, de faire le trait de ces lignes à chaque fois, ie leur conseille, apres l'auoir fait vne fois, de les picquer & en faire vn poncif, ce qui les soulagera beaucoup: car toutes & quantesfois qu'ils voudront reduire quelque image en cette sorte de Perspectiue, ils n'auront qu'à poncer ces lignes sur vn ais ou carton, & y reduire l'image en quelque sens qu'ils voudront. La figure estant acheuée ils pourront aisément effacer le trait de ces lignes, qui ne sera formé que de poussiere de charbon, ou autre matiere semblable, dont on fait les poncifs, selon la couleur du fonds sur lequel on s'en veut seruir.

Il faut icy remarquer qu'vne figure ou image estant proposée à reduire en cette sorte de Perspectiue, il n'est pas necessaire de la desseiner premierement en vn quarré égal à celuy qui doit parestre, la figure estant veuë de son point; il suffit de diuiser l'image donnée en plusieurs quarrez, comme si on la vouloit reduire au petit pied, & en faire autant à proportion des lignes de la figure Perspectiue; car que les quarrez qui diuisent l'image soient plus grands ou plus petits que ceux qui doiuent parestre en la Perspectiue, demeurans quarrez, & les trapezes de la figure Pespectiue representans des quarrez, c'est de mesme que si on reduisoit ladite figure de grand en petit, ou de petit en grand.

COROLLAIRE III.

Quelques-vns tracent ces figures entre de paralleles, & qui font, pour representer les quarrez, où la figure est descrite en sa proportion, des parallelogrammes égaux en hauteur, & doubles, triples, ou quadruples en longueur, selon qu'ils veulent que leurs figures semblent difformes: en effet elles seront difformes, & mal proportionnées

tionnées de tout sens, soit veuës de costé, ou de front; & n'y a point de lieu d'où estant regardées, elles puissent se ramasser, ou reduire en leur perfection: car oûtre qu'en cette methode il n'y a point de point de veuë determiné, quand on l'aura establypaa discretion, il est certain, par la cinquiesme proposition des Optiques d'Euclide, que ce qui sera plus prés de ce point, paresta plus grand que ce qui en est plus esloigné, les grandeurs qui representent les costez du quarré estant égales en effet, au lieu qu'elles deuroient estre inegales pour parestre egales à la veuë. C'est neantmoins la methode que donne Danti en ses Commentaires sur la premiere regle de la Perspectiue de Vignole, laquelle ie ne sçaurois approuuer pour les raisons susdites, non plus que celle de Daniel Barbaro en la cinquiesme partie de sa Perspectiue, dont le mesme Danti fait mention, & dit qu'elle n'a pas vn tel fondement que la sienne: mais ie n'y trouue pas beaucoup de difference, & crois que l'vne reuient à l'autre; car les paralleles de Danti, & la Methode de Daniel Barbaro, qui enseigne de piquer l'image que l'on veut accommoder, à l'extremité du plan preparé pour la Perspectiue, à angles droits, de sorte qu'estant opposée aux rayons du Soleil, la lumiere qui passera par ces trous, marque le lieu où doit estre desseinée chaque partie de l'image, est la mesme chose, que si on la dessinoit entre les paralleles; puis que les rayons du Soleil tomberont sur ces trous & en sortiront comme paralleles: oûtre qu'il n'y aura pas de point de veuë determiné non plus qu'en la methode precedente.

On feroit quelque chose de mieux par la lumiere d'vne Chandelle, en la mettant au lieu du point de l'œil, autant, esleuée sur le plan de la peinture que seroit le point de distance: & l'on en peut faire mechaniquement en mettant l'œil au point de veuë determiné pour desseiner tout ce qu'on voudra auec vn crayon qu'on peut attacher au bout de quelque baguete, s'il est necessaire d'atteindre loin: car apres auoir fait le dessein, en sorte que du point où l'on auoit l'œil, il paroisse bien proportionné, quand on le regardera d'ailleurs, on n'y connoistra que de la confusion: nous suposons tousiours que le point principal & celuy de distance soient bien situez pour produire cét effet.

PROPOSITION IV.

Descrire geometriquement en la surface exterieure, ou conuexe d'vn cone, vne figure, laquelle quoy que difforme & confuse en aparence, estant neantmoins veuë d'vn certain point represente parfaitement vn obiet proposé.

LE cone droit, dont nous voulons icy traiter, est vne figure solide contenuë sous la surface descrite par vn triangle rectangle mené à l'entour de l'vn de ses costez, qui contient l'angle droit, ce mesme costé demeurant fixe & immobile; dont la forme est semblable à vn pain de sucre, ou pour mieux dire à vn cornet de papier ou carton, puis que nous deuons icy parler tant de sa surface interieure ou concaue, que de la conuexe & exterieure : car la surface interieure ou concaue d'vn cone est comme le dedans d'vn cornet ; & la conuexe ou exterieure est comme le dessus.

Estant doncques proposé de descrire en cette surface conuexe ou exterieure, vne figure ou image, laquelle, quoy que difforme & confuse en apparence, estant veuë d'vn certain point represente parfaitement vn objet donné ; Soit premierement descrit à l'entour de la figure, ou de l'image le cercle $bdefghik$, de la quarante-vniesme figure de la 26 planche & la circonference estant diuisée en autant de parties qu'il sera necessaire, soient tirez les diametres de chaque point de la diuision à son opposé, bg, dh, ei, fk, qui diuisent l'espace compris du cercle, & par consequent la figure qui seroit dedans, en huit parties. L'on peut encore diuiser en autant des parties égales l'vn des demy-diametres comme ab, & par tous les points de la diuision faire passer les cercles 1, 2, 3, 4, &c. qui diuiseront ces espaces en plusieurs quadrangles, comme l'on voit en cette quarante-vniesme figure. Voyons comme l'on doit tracer en la surface exterieure du cone des lignes, lesquelles estant regardées d'vn certain point, monstrent vne figure semblable à celle cy, encore qu'elle en soit fort differente : afin qu'à proportion l'image qui seroit descrite en la quarante-vniesme figure, estant trans-ferée en celle-cy, quoy qu'extremement difforme & confuse, par cette reduction, la represente neantmoins parfaitement estant veuë d'vn certain point determiné.

Or pour le faire plus facilement, il faut tracer ces lignes en plat, c'est à dire, qu'il faut trauailler sur quelque matiere bien vnie, qui se puisse (apres y auoir tracé ce qu'on voudra selon les regles) plier en cone, comme vne feüille de papier ou carton, dont on feroit vn cornet : nous donnerons apres le moyen de les tracer sur vn cone de bois ou de pierre, ou de quelqu'autre matiere semblable, ce qui s'entendra mieux, apres auoir compris la maniere de tracer cette figure sur vn plan. Si l'on veut qu'elle paroisse non seulement semblable à l'objet donné, mais aussi égale en grandeur, soit fait, comme en la quarantiesme figure, vne ligne droite AC double de la ligne kf, qui est l'vn des diametres de la quarante-vniesme figure ; & puis du point A soit esleuée à angles droits AB égale à AC, & du point A, comme centre, & de l'interualle AB, ou AC, soit descrit le quart de cercle BDEFGHIKC, lequel sera diuisé en huit parties egales, és points DEFGHIK, & de ces points soient tirez les rayons au centre A, DA, EA, FA, &c. le quart de cercle plié en sorte que la ligne AB soit iustement jointe & conuienne à AC, formera vn cone sur lequel ces rayons paroistront comme les diametrs du cercle $bdefghik$, & le point A qui sera à la pointe du cone, exprimera le centre dudit cercle, où aboutissent tous ces rayons : il faut pourtant supposer que l'œil soit mis directement vis à vis de la pointe de ce cone, d'vne distance proportionnée, c'est à dire qu'il en soit esloigné autant que la pointe du cone, formé du quart de cercle A B C, seroit esloignée d'vn plan sur lequel reposeroit sa base.

Il faut apres diuiser la hauteur de ce cone en sorte que du mesme point de veuë les lignes qui le diuiseront paressent égales & semblables aux cercles concentriques & equidistans de la quarante-vniesme figure, & que les espaces compris entre ces lignes paressent aussi égaux à ceux qui sont contenus & enfermez des mesmes cercles; ce qui se pourra faire de cette sorte. Il faut premierement estendre la ligne C A, de la quarantiesme figure, iusques en L, en sorte qu'A L soit égale à A C, & sur le point L esleuer la perpendiculaire L M, d'égale grandeur à L A; pour faire le quart de cercle L M A semblable au premier A B C; & puis du point L soit tirée vne ligne droite en B, qui diuisera l'arc M A en deux au point N: ce qu'estant fait, supposé que la quarante-vniesme figure soit de huit cercles concentriques & equidistans, & partant qu'elle comprenne les huit espaces également larges 1, 2, 3, 4, 5, 6, 7, 8, il faut diuiser l'arc A N de la quarantiesme figure, en autant de parties égales, és points, 1, 2, 3, 4, 5, 6, 7, 8, N, & du centre L par tous les points de cette diuision tirer des lignes droites occultes, iusques à la ligne B A, qu'elles couperont és points O P Q R &c. car elles donneront par ce moyen la diminution proportionelle & Perspectiue des interualles qui doiuent exprimer les espaces compris entre les cercles de la figure quarante-vniesme; & le quart de cercle estant plié en cone, & exposé à la veuë de la distance determinée, ils paresteront égaux entr'eux, & semblables à ceux des cercles proposez.

COROLLAIRE

Il est euident de ce que nous venons de dire que si dás le cercle *bde fghik* quelque figure, ou image est mise en sa deuë proportion, & que les parties de cette image comprises dans les quadrangles formez des cercles de la quarante-vniesme figure, & des diametres qui les coupent, sont transferées és quadranglas du quart de cercle A B C, en la quarantiesme figure, comme quand l'on veut reduire au petit pied : cette figure ou image descrite au quart de cercle, quoy que confuse & sans raison en aparence, se verra bien proportionée, & égale & semblable à la naturelle, qui seroit desseinée en la quarante-vniesme figure, ledit quart de cercle estant plié en cone, & opposé à l'œil de la façon, & de la distance que nous auons determiné. Pour vne plus grande intelligence de cette pratique nous donnerons és suiuantes propositions, quelques exemples de cette reduction.

PROPOSITION V.

Descrire Geometriquement en la surface interieure ou concaue d'vn Cone, vne figure, laquelle, quoy que difforme & confuse en apparence: estant veuë d'vn certain point, represente parfaitement vn obiet donné.

CEtte proposition differe fort peu de la precedente en sa construction, comme l'on peut voir en la quarante-deuxiesme figure de la 6. planche, dressée à cét effet, où le quart de cercle A B C est diuisé en huit parties égales par les rayons A B, D B, E B &c. lesquels ont mesmè proportion auec le diametre *k f* de la quarante vniesme figure que ceux de la quarantiesme. Il faut remarquer que bien que la surface interieure ou concaue de ce cone doiue estre opposée à la veuë, en sorte que l'œil soit en vne ligne droite, qu'on s'imagineroit partir de la pointe, & passer par le centre de sa base, autant esloigné de la pointe neantmoins qu'en cette constitution la base est plus proche de l'œil que la pointe, ce qui est le contraire de la precedente proposition : C'est pourquoy au lieu qu'en celle-là les grandeurs Perspectiues des espaces compris entre les arcs de cercles vont en augmentant de la pointe du cone vers sa base, comme en la quarantiesme figure A 1, 12, 2 S, S R, &c. en cette-cy & d'où vient que le quart de cercle L M A, qui donne ces grandeurs par les lignes L 1, L 2, L 3, &c. est disposé de sens contraire.

Pour Corollaire de cette proposition nous pourrions tirer la mesme consequence de la precedente, mais parceque ie traite particulierement de la reduction de ces images dans les propositions qui suiuent où que i'en donne les exemples; ie n'en dis rien dauantage, sinon qu'en l'vne & l'autre surface, c'est à dire tant interieure qu'exterieure, ou concaue & conuexe du Cone opposé à l'œil en la façon que i'ay dit, l'aparnce de la quarante-vniesme figure sera veuë aussi parfaite auec tous ses diametres & ses cercles equidistans & concentriques, comme si elle estoit descrite sur vn plan compris du cercle de sa base.

PROPOSITION VI.

Descrire par le moyen des nombres, en la surface exterieure ou conuexe d'vn cone, vne figure, laquelle, quoy que difforme & confuse en aparence, estant neantmoins veuë d'vn certain point, represente parfaitement vn obiet proposé.

CEtte proposition est presque la mesme que la 4 de ce liure car, elle n'en est differente qu'en la maniere de sa construction;

celle-là se fait par les lignes, celle-cy par les nombres de la Trigonometrie, sçauoir par les tangentes : & elle me semble plus seure que la premiere, non pas que l'vne & l'autre n'ait sa demonstration, puisque celle-là est en quelque façon le fondement de ceste-cy, mais d'autant que cette premiere est plus sujette à erreur, soit parce qu'il se peut faire que la regle ne soit pas bien iustemét appliquée sur le centre du second quart de cercle, comme en la quarantiesme figure sur le point L : soit qu'elles esloignetant soit peu du point de la diuision, par où doit passer la secante, ce qui pourroit causer vne grande erreur dans le progrez &c. joint qu'il est vtile de sçauoir faire vne mesme mesme chose en plusieurs façons, & chaque methode, n'est pas despourueuë de ses auantages particuliers, comme l'on recognoistra dans la 27 planche és figures 43, 44 & 45.

Or pour l'intelligence de cette methode, bien qu'elle semble supposer la connoissance des principes de la Trigonometrie, neanmoins pour la pratique il n'est pas necessaire d'en sçauoir d'auantage que ce que nous en dirons icy en peu de mots.

La Trigonometrie est la partie de la Geometrie qui enseigne à mesurer toutes sortes de triangles, en sorte que de six choses dont chacun est composé, à sçauoir de trois costez & de trois angles, si l'on en connoist trois, à sçauoir deux costez & vn angle, ou deux angles & vn costé &c. on peut venir à la cognoissance des trois autres parties inconnuës : mais d'autant que la quantité de leurs angles, pour estre mesurée par le cercle, ne se peut connoistre facilement, les Mathematiciens ont trouué le moyen d'en faire la reduction aux lignes droites, en examinant quelle est la quantité d'vne ligne droite appliquée à vn arc de cercle, ce qui se peut faire par le moyen de la regle & du compas commun, & encore plus facilement sur le compas de proportion en la façon qu'il est dit au traité de son vsage : mais la methode la plus vniuerselle & la plus seure, particulierement pour les triangles rectangles, est de les resoudre par le moyen des tables dressées à ce suiet. Or apres auoir declaré quelques termes qui y sont vsitez, dont nous auons besoin, nous ferons le contenu de nostre proposition, & donnerons puis apres le moyen de se seruir de ces tables en semblables propositiós sans estre obligé de les sçauoir supputer : mais il faut premierement supposer ce que nous auons dit sur la fin de nos preludes geometriques, de la commune diuision du cercle en 360 degrez, & de chaque degré en 60 minutes &c. & que par cette diuision se mesure la quantité des angles; De plus il faut sçauoir que ce qu'on appelle tangente, est vne ligne droite esleuée à angles droits sur l'extremité du rayon ou demy-diametre d'vn cercle ; Et la secante vne autre ligne droite tirée du centre du mesme cercle, & coupante vn arc de sa circonference de tant de degrez; par exemple dans la qua-

N iij

rantiesme figure, la ligne A B est tangente à l'esgard du quart de cercle L M A, d'autant qu'elle est perpendiculaire sur l'extremité de son rayon ou demy-diametre du cercle L A, & les lignes ponctuées L N B, L 7 O, &c. sont toutes secantes, pource qu'en partant du centre L elles coupent la circonferance M N A.

Nous appellons la tangente de tant de degrez, pour exemple de 45 degrez qui est terminée d'vn costé de l'extremité du rayon sur lequel elle est perpendiculaire, & de l'autre costé par la secante qui passe par le nombre de degrez proposé; comme A B est d'vn costé terminée du rayon L A, & de l'autre en B, par la secante L N B, laquelle passant par le point N, tranche l'arc A N de 45 degrez moitié du quart de cercle L M A, & pour ce suiet elle est appellée la secante de 45 degrez : de mesme la secante L 7 O est la secante de 39 degrez 22 minutes ½, & par consequent la ligne A O, qu'elle coupe d'vn costé en O, sera la tangente du mesme nombre de degrez, & d'autant de minutes, à sçauoir de 39 degrez 22 minutes ½ : & ainsi des autres : Ce qui suffira iusques à ce que nous expliquions le reste, apres auoir fait ce que contient cette proposition.

Estant donc proposé de faire voir la quarantetroisiesme figure de la 26 planche, sur la surface exterieure ou couexe d'vn Cone aussi parfaitemét que si elle estoit descrite en vn cercle égal à sa base, cóme elle se void en cette mesme quarátetroisiesme figure: Soit premierement, faite la ligne A B, en la quarante-cinquiesme figure, double de ok, diametre de la quarante-troisiesme, & sur cette ligne soit fait le quart de cercle A B C, duquel la circonferenée B C soit diuisée en autant de parties egales que la circonference entiere du cercle proposé dás la quarantetroisiesme l l : sera assez facile & commode de les diuiser en huit, comme nous auons fait és points B H I K L M N O C, qui expriment $b h i k l m n o c$ de la quarante-troisiesme figure: Or cette diuision se peut faire par la 6 proposition de nos preludes Geometriques, & par le compas de proportion en la maniere que nous auons dit en l'appendice de la commune diuision du cercle à la fin desdits preludes : il faut apres, des points de cette diuision H I K L M N O tirer des espaces compris entre les arcs de cercles, que l'on marquera facilemét & precisémét de cette façon : soit diuisée la ligne A B de la quarante-cinquiesme figure, ou vne autre de mesme grandeur, comme D E, de la quarante-quatriesme, en 100 parties égales (on l'aura toute diuisée, si l'on a vn compas de proportion, en la portant auec le compas commun à l'ouuerture de 100 sur la ligne des parties égales, comme nous auons dit, dans nos preludes geometriques) dont il en faut prendre auecque le compas commun 9 parties ½, & les transporter, en la quarantecinquiesme figure, sur la ligne A B, de A vers B, & en mettant vne

de la Perspectiue Curieuse. 103

jambe du compas au centre A, on formera le premier arc de cercle qui sera de l'espace A 9¼: pour le second espace sur la ligne D E, ou si l'on veut sur le compas de proportion, on ouurira le compas commun de 19½, pour le transporter sur A B, & l'on formera le second arc de cercle, comme il y est marqué 19½: pour le troisiesme on prendra 30 parties ½ pour le quatriesme, 41½ pour le cinquiesme, 53½: pour le sixiesme 66¼: pour le septiesme 82, & le dernier, qui est celuy de la base du Cone, sera de 100 parties entieres.

Cecy estant fait vous desseinerez tout ce que vous voudrez sur les cercles de la quarante-troisiesme figure, & transporterez és quadrangles de la quarante-cinquiesme en la façon que l'on reduit des images de petit en grand, & de grand en petit: & le quart de cercle estant plié en Cone, & veu de la façon & de la distance que i'ay dit l'apparence de ce que vous y aurez desseiné, sera aussi parfaite que l'image descrite en la quarante-troisiesme. Et mesme cette image vous paroistra comme descrite en vn cercle, puis qu'vn Cone veu de la sorte ne paroist qu'vn cercle, par la cent neufiesme proposition du quatriesme des optiques d'Aguilonius.

Ie ne parle point icy de la reduction, parce que la figure qui sert d'exemple, en est la demonstration; car l'on voit que ce qui est compris en *bah*, de la quarante-troisiesme figure, doit estre reduit proportionnellement en B A H, de la quarante-cinquiesme, & que ce qui est en *b hpt*, doit estre mis en B H P 82: de mesme ce qui est contenu dans *hpqi*, doit estre transporté en H P Q I, & ce qui est en *prsq*, aussi mis en P R S Q: & ainsi du reste, en sorte que chaque partie de l'image d'escrite en la quarante-troisiesme figure, soit transportée en la quarante-cinquiesme, au quadrangle qui respond & exprime celuy de la quarante-troisiesme où elle est figurée.

COROLLAIRE.

Par la methode de cette proposition on operera non seulement plus seurement & plus precisément que par la precedente, mais elle seruira encore en beaucoup de rencontres, où celle-là demeureroit presque inutile, ou tres difficile à practiquer; comme quand on voudroit descrire la figure de la proposition, au quart de cercle A B C, & qu'on fût tellement borné de tous costez qu'on n'eust de l'espace que ce qu'il en faut precisément pour descrire la figure: il seroit mal aisé de pratiquer la maniere donée en la 4 proposition sans broüiller le plan & faire dessus beaucoup de traits qu'il faudroit apres effacer; il seroit neanmoins tres-facile de le faire par les nombres des tangentes. De plus, estant proposé de descrire vne de ces images tout d'vn coup en la surface exterieure d'vn cone de bois, de pierre, ou de quelqu'autre matiere dure & solide : il seroit necessaire de diuiser l'espace ou la distance, qui est depuis sa pointe iusques à la circonference de sa base, en 100 parties égales, comme nous auons dit : & apres auoir diuisé cét espace proportionnellement, & fait la ligne DE de la quarante-quatriesme figure, & AB de la quarante-cinquiesme, de faire passer des cercles par ces diuisions, pour puis apres y faire la reduction de l'obiet ou de l'image donnée, ce qui ne se pourroit pas faire par les seules lignes sans l'aide des nombres.

Or il faut remarquer qu'en la construction de ces figures il n'est pas absolument necessaire que l'image qui doit estre reduite sur le cone, en la maniere que nous auons dit, soit premierement descrite en vn cercle, dont le diametre ne soit que de la moitié d'vn des rayons du quart de cercle, qui forme le cone : car quelque figure qu'on ait à reduire, de quelque grandeur qu'elle soit, il n'y a qu'à l'enfermer dans vn cercle, & la diuiser à discretion par plusieurs autres petits cercles equidistans, & quelques diametres ; ce qu'estant fait, on la pourra transferer en la surface d'vn cone plus grand ou plus petit indifferemment, pourueu qu'il soit diuisé proportionnellement en autant de quadrangles que le cercle qui contient l'image, comme nous auons dit.

Or pour diuiser proportionellement en tant de parties qu'on iugera commode & à propos, selon la diuersité des rencontres, la hauteur du cone, ou le rayon du quart de cercle, qui le doit former, il suffit de sçauoir la methode & la pratique par laquelle nous auons trouué en cette proposition la quantité des tangentes qui donnent les grandeurs proportionelles des espaces compris entre les arcs de cercles ; ce que l'on entendra par l'appendice qui suit.

APPENDICE.

De l'vsage des tables des tangentes tant pour la proposition precedente que pour celles qui suiuent.

IE ne m'arresteray point à déduire les differentes methodes dont plusieurs autheurs se sont seruis en la disposition de ces tables ; ie diray seulement que la plus ordinaire en l'vsage, & la plus commode est celle que nous auons en de petits liurets portatifs, comme est celuy d'Albert Girard, lequel est à mon auis assez correct, & par consequent assez bon pour ceux qui n'en auront que la pratique, & qui ne pourroient pas suppleer l'erreur qui se rencontreroit en d'autres : or il suppute la quantité des tangentes (aussi bien que des sinus & secantes à proportion, que ie laisse pour le present n'en ayant que faire, outre que celuy qui aura la pratique des vnes, n'aura pas de difficulté és autres :) il suppute donc la quantité des

de la Perspectiue Curieuse. 105

té des tangentes, en supposant le rayon, ou demy-diametre du cercle, de 100000 parties égales : en chaque page il y a quatre colonnes : la premiere & plus petite est celle des degrez, & de leurs minutes : la seconde est celle des sinus : en la troisiesme sont les tangentes, & en la quatriesme les secantes : Or elle sont tellement disposées, que vis à vis du nombre de chaque arc de cercle, on voit le sinus, la tangente & la secante de ce mesme arc. Les pages qui ont les degrez & minutes pour l'angle aigu mineur, depuis o iusques à 45 degrez en descendant : és pages qui sont à droite, sont les degrez & les minutes pour l'angle aigu majeur, depuis 45 iusques à 90 degrez en montant : de sorte que voulant trouuer la tangente, par exemple pour la precedente proposition, de 5 degrez 37 minutes (nous laissons la ½ minute pour ce qu'on la peut suppleer par discretion) il faut trouuer 5 au haut de la premiere colonne de quelque page à main gauche, & en descendant par cette colonne, 37 se rencontrera pour les minutes, & vis à vis de 37 en la mesme ligne, souz le tiltre de *tangentes* on rencontrera 9834 pour la tangente de l'arc de tant de degrez : c'est à dire que la tangente d'vn arc de 5 degrez 37 minutes contiendra 9834 de ces parties egales, dont le rayon est supposé de 100000.

Or pour s'en seruir dans la supposition que le rayon ou demy-diametre du cercle ne soit diuisé qu'en 100 parties egales, suiuant l'esquelles nous auons diuisé les lignes D E, A B, és quarante-quatriesme & quarante-cinquiesme figures, il faut supposer que chacune de ces parties se peut diuiser en 1000 autres moindres parties, afin que l'operation en soit plus precise.

Comme du rayon diuisé en 100000 parties, on retranche trois figures à droite, pour faire qu'il ne soit plus que de 100 parties: ainsi quand vous aurez trouué pour la tangente d'vn arc de tant de degrez, par exemple, pour l'arc de 5 degrez 37 minutes, laquelle a de ces parties egales, dont le rayon contient 100000, 9834, retranchez en aussi trois figures à droite ; sçauoir 834 ; & il ne vous restera plus que 9, qui est la tangente du mesme arc de 5 degrez 37 minutes, en supposant le rayon diuisé en 100 parties : où il faut remarquer que les chiffres 834 qui en sont retranchez, ne sont pas tout à fait à rejetter ; car en suite de ce que nous auons dit que chacune des cent parties, dont le rayon est composé, peut estre diuisée en 1000 autres moindres parties, les chiffres restans signifieront autant de milliesmes d'vne de ces cent parties : C'est pourquoy s'il reste peu de chose, par exemple si les trois chiffres retranchez, sont 007, ou 009, il n'en faut pas faire estat ; mais s'ils vont iusques à 500, il faut mettre ½ partie, & s'ils passent en approchant de mille, comme 834, il faut marquer ¾ comme nous auons fait icy : il faut donc icy dire que la tangente

O

d'vn arc de 5 degrez 37 minutes, contient 9 parties ¼ de celles dont le rayon contiendra 100.

Quand il sera proposé de faire en la surface d'vn Cone veu de la façon que nous auons dit, vne figure qui represente parfaitement vne figure, ou image donnée : apres auoir circonscrit à la figure donnée vn cercle, comme en la quarante-troisiesme *bhiklmno*, tracé quelques diametres, comme *bl, hm, in, ko*, & diuisé l'vn des rayons ou demy-diametres du plus grand cercle, comme *ab*, en tant de parties egales qu'on iugera à propos pour faire par les points de cette diuision plusieurs autres petits cercles concentriques & equidistans qui diuiseront l'image par le moyen des diametres, en plusieurs quadrangles : il faut diuiser l'arc du cercle, par exemple B C de la quarante-cinquiesme figure, en autant de parties qu'est diuisée la circonference du cercle *bhil* &c. ce qui se fait pour exprimer les rayons en tirant des lignes droites de la diuision H I K L &c. au centre A : mais pour les arcs qui doiuent representer les cercles de la quarante-troisiesme figure, on diuisera 45, (qui est le nombre des degrez que contient l'arc qui doit donner les grandeurs proportionnelles des compris entre ces cercles) en autant de parties egales qu'aura esté diuisé le demy-diametre ou rayon du cercle qui circonscrit la figure; comme, en la quarante-troisiesme, le rayon *a b* est diuisé en huit parties egales, & partant il faut diuiser l'arc de 45 degrez par huit, & on trouuera pour quotient 5 degrez 37 minutes ¼ : C'est à dire que le premier espace depuis le centre A iusques au premier arc de cercle sera la tangente de 5 degrez 37 minutes ¼ : la seconde grandeur depuis le centre iusques au second arc de cercle sera la tangente d'vn arc double de cestuy-cy, c'est à dire de 11 degrez 15 minutes, & ainsi des autres que nous mettons cy-dessouz dans la supposition que le rayon soit de 100 000 parties, & à quoy, à peu pres, on les doit reduire, supposant le rayon n'estre diuisé qu'en 100 parties, comme nous auons fait.

Pour le rayon supposé de 100000 parties les tangentes de

Degrez	Minutes	Tangentes.
5	17	9834
11	15	19891
16	52	30319
22	30	41421
28	7	53432
33	45	66818
39	22	82044
45	0	100000,

de la Perspectiue Curieuse. 107

qui font, pour le rayon qui n'eſt ſupoſé que de cent parties, à peu prés les tangentes des degrez qui ſuiuent, à ſçauoir de

Degrez	Minutes	Tangentes.
5	37	9 $\frac{1}{4}$
11	15	19 $\frac{1}{4}$
16	52	30 $\frac{1}{3}$
22	30	41 $\frac{1}{2}$
28	7	53 $\frac{1}{2}$
33	54	66 $\frac{2}{3}$
39	22	82
45	0	100

Nous auons obmis les demies minutes où il y en a, comme à la premiere tangente qui doit eſtre de 5 degrez 37 minutes $\frac{1}{2}$; mais outre que cela eſt de fort petite conſequence, on peut y ſupléer par diſcretion, comme nous auons dit.

Si l'on trouue plus commode de diuiſer cét arc de 45 degrez en 9, pour éuiter les fractions des minutes, d'autant que 9 fois 5 font 45, ſupoſé que le diametre ou rayon du cercle, qui entoure la figure, ſoit diuiſé en 9, on ſe ſeruira de cette table.

Degrez	Tangentes.	
5	8	749
10	17	633
15	26	795
20	36	397
25	46	631
30	57	735
35	70	021
40	83	910
45	100	000

Il eſt aiſé de voir que cette table ſuppoſe le rayon de 100000 parties, comme l'on void à la tangente de 5 degrez qui eſt de 8747, & aux autres à proportion : c'eſt pourquoy i'ay retranché trois figures à droite de chacune de ces tangentes, pour donner à entendre comme on les peut reduire à la ſupoſition que le rayon ne ſoit diuiſé qu'en 100 parties : Ce que i'ay voulu icy mettre pour ſoulager ceux qui n'auront pas ces tables en main, qui pourront ſuiure ces diuiſions, & pour ſeruir d'exemple à ceux qui en deſireront faire d'autres à volonté.

O ij

Explication des sinus, des tangentes & des secantes en faueur des Peintres.

LA diuision du cercle en 360 degrez, ou en autres parties telles qu'on voudra, estant supoſée, puis que nous auons parlé des sinus, & qu'ils peuuent seruir aux Peintres ie veux icy expliquer leur fondement en leur faueur: Et pour ce suiet il faut remarquer qu'il y a trois sortes d'arcs, dont l'vn est plus grād, ou moindre que le quart de la circonference du cerle: comme l'on void en cette figure, car si l'on diuise la demie circonference AKC en 2 parties égales par la droite BK, & que du centre B on meine l'autre ligne BL à la circonference AK, cét AK sera le quart de la circonference & ABK le quart du cercle: l'arc AL sera moindre que le susdit quart, & l'arc CKL sera plus grand, quoy que moindre que la demie circonference CKA, mais CKAE est plus grand.

Quant aux lignes qu'on appelle appliquées au cercle, il y en a de 4 sortes, dont la premiere s'appelle souſtenduë ou chorde: elle est inscrite au cercle qu'elle diuise en 2 segmens, desquels elle est chorde, ou souſtendante ; celle qui diuise le cercle en 2 également, & qui par consequent luy sert de diametrale, est la plus grande de toutes, comme est AC, ou KD: & si elle le diuise inégalement, comme fait la droite EG, elle est moindre.

Cette souſtenduë est entierement dans le cercle, & ses bouts sont dans la circonference.

Le *sinus* est vne ligne droite qui est aussi toute dans le cercle, mais qui ne touche la circonference que de l'vn de ses bouts: or ce sinus est appellé droit, simple, ou premier, lors qu'il est la moitié de la souſtenduë du double arc, par exemple, le sinus de l'arc DG, à sçauoir FG, est la moitié de la souſtendante EG, qui souſtend l'arc GDE double de l'arc DG.

Or se *sinus* droit s'appelle *total*, quand il est le rayon ou le semidiametre du cercle, comme est le sinus AB, qui souſtend le quart de cercle DA, ou DK. tous les autres sinus droits sont moindres, comme nous auons veu en FG.

On definit encore le sinus droit en disant que c'est vne perpendiculaire qui tombe de l'vne des extremitez de l'arc donné sur le diametre du cercle, par exemple GI touche l'arc de son extremité G, & le diametre en I.

de la Perspectiue Curieuse. 109

Le *sinus verse* ou *renuersé*, qu'on appelle aussi *sagette*, d'vn arc est la partie du diametre qui aboutit à l'extremité du sinus droit & à l'vne des extremitez dudit arc : par exemple, le sinus versé de l'axe G D est la droite F G, car elle est vne partie du diametre K D, & elle aboutit d'vne part au bout du sinus droit G F, & de l'autre au bout D de l'arc G D.

On le definit aussi la partie du diametre comprise entre la souftendante du double arc, & de cét arc mesme.

La tangente d'vn arc, est la droite tirée perpendiculairement sur le sinus verse par le point où il se ioint auec l'arc, & qui rencontre la ligne tirée du centre du cercle par l'autre extremité de cét arc, par exemple CH est perpendiculaire sur le sinus verse I C au point C, & l'axe de ce sinus est G C, or C H se rencontre auec le rayon B G prolongée en H. Cette tangente est entierement hors le cercle.

Finalement la *secante* d'vn arc est la droite qui va du centre par l'autre extremité de l'arc, & qui prolongée rencontre la tangente; donc BH est secante de l'arc C G; elle est en partie dedans & en partie de hors le cercle, & partant elle est tousiours plus grande que le rayon. Or tout arc a son sinus droit, sa sagette, sa tangente & sa secante.

Ce *Complement* d'vn arc, est la difference de l'arc d'auec le quart du cercle, & vn complement ou demi-cercle, est sa difference d'auec le demi-cercle : par exemple, le complement du moindre arc C G est G D, car il est la difference de C G & de C D. Et le complement au demi cercle de l'arc C G est l'arc G A, dont il differe du demi-cercle.

D'où il est euident que la ligne AB de la 40 figure de la 26 planche est tangente du quart L M A, car elle est perpendiculaire au rayon, I A, & que les lignes ponctuées L N B, L 70 &c. sont secantes : de plus, qu'A B est la tangente de 45 degrez &c.

F B est le complement du sinus verse E D, de sorte que le rayon est aux sinus ce que le quart de cercle est aux arcs, or ce complement est égal au sinus droit I G.

Toutes ces lignes prennent leur denomination de la quantité de l'arc ; car si c'est vn arc de 45 degrez, on appelle sa tangente, & secante, & tout le reste de l'angle, ou de l'arc, de quarante-cinq degrez.

O iij

PROPOSITION VI.

Descrire par le moyen des nombres en la surface interieure ou concaue d'vn Co-
ne, vne figure, laquelle quoy que difforme & confuse en aparence, estant
neantmoins veuë d'vn certain point, represente parfaitement vn
obiet, ou vne image donnée.

L'Effet de cette proposition est le mesme que celuy de la 5 precedente, & sa construction differe de la 6 en la mesme façon,
que la quatriesme & la 5 different entr'elles : Car pour cette-cy,
apres auoir descrit la figure naturelle dans vn cercle diuisé comme il se voit en la quarante-sixiesme figure, & fait vn quart de
cercle tel que celuy de la quarante-huictiesme figure A B C : il
faut, comme en la precedente proposition, diuiser l'arc A C, conformement à la diuision de la circonference cercle *a h i k l m n o*, qui
entoure la figure ; & puis diuiser la ligne A B, de la quarante-
huitiesme figure, où vne autre de mesme grandeur, comme D
E, de la quarante-septiesme, en 100 parties egales, & sur cette
ligne prendre les grandeurs proportionnelles des espaces compris
entre les arcs de cercles, qui sont les mesmes qu'en la precedente proposition : Mais comme il se voit en la 26 planche que le
quart de cercle M L A, qui determine ces grandeurs proportionnelles par le moyen des secantes L1, L2, L3, &c. est disposé tout
autrement en la quarante-deuxiesme figure, qui est pour la 5 proposition, qu'en la quarantiesme, qui est pour la 4 proposition,
en sorte, comme i'ay dit ailleurs, que ces grandeurs proportionnelles, lesquelles en la quarantiesme vont en augmentant du
centre A, vers le dernier & plus grand arc de cercle B C ; en la
quarante-deuxiesme, au contraire vont en augmentant depuis le
dernier & plus grand arc de cercle AC iusques à la pointe A, il faut
dire la mesme chose de cette proposition à l'esgard de la precedente, puis qu'en icelle ces espaces vont augmentant par les nombres
des tangentes depuis la pointe du Cone A iusques à l'arc B C qui
doit fermer sa base, comme le monstrent les chiffres mis à costé
qui vont en montant. En cette-cy, au contraire, ces mesmes espaces sont disposez en augmentant de puis l'arc A C qui doit former la base du Cone, iusques au centre B, comme le monstrent
les nombres mis à costé qui vont en descendant. C'est pourquoy
nous auons commencé les nombres de la diuision de la ligne D
E, par le haut, 10, 15, 20, &c.

Pour la reduction il n'est pas necessaire d'en parler, veu que
c'est la mesme chose qu'en la precedente proposition ; oûtre que
les quadrangles de la quarante-huictiesme figure, sont marquez
de mesmes caracteres que ceux de la quarante-sixiesme qu'ils representant, ce qui suffit pour en donner l'intelligence.

de la Perspectiue Curieuse.

PROPOSITION VIII.

Descrire en la surface exterieure d'vne pyramide quarrée, vne figure, laquelle quoy que difforme & confuse en aparence, estant veuë d'vn certain point represente parfaitement vn obiet proposé.

ON peut executer cette proposition en deux differentes maniere à sçauoir par les lignes, comme la 4 & 5, ou par le moyen des nombres, comme la 6 & 7 de ce liure : mais laissant à part la premiere, nous nous aresterons à celle des nombres, laquelle estant bien entenduë donnera asses de facilité à ceux qui voudront pratiquer l'autre, veu que nous auons assez declaré és precedentes propositions le raport que ces deux manieres ont entr'elles.

Estant donc proposé de faire vne figure telle, que nous auons dit, il faut, pour premiere disposition, enfermer la figure donnée ou l'objet proposé dans dans vn quarré, (comme il est en la quarante-neufiesme figure *bhiklmno*) qui sera diuisé par les diagonales *bl*, *in*, & par les deux lignes *hm*, *ok* en huit espaces esgaux & semblables : puis soient diuisées les lignes, *ab*, *ah*, *am*, *ao* en autant de parties égales qu'on voudra (par exemple en huit) d'autant que c'est la diuision dont nous nous sommes serius iusques à present en l'aplication des nombres ides tangentes à ces propositions : & par tous les points de ces diuisions soient tirées des lignes droites paralleles aux costez du plus grand quarré *bi*, *il*, *ln*, *nb*, qui formeront sept autres plus petits quarrez, lesquels auec les diagonales, & lignes susdites, diuiseront l'image en plusieurs quadrangles, & la disposeront à estre facilement reduite en la surface exterieure d'vne pyramide quarrée.

Soit fait, en la cinquante-vniesme figure, le quart de cercle ABC, & soit l'arc BC diuisé en quatre parties és points ILNG, desquels soient tirez des rayons au centre A : soient en apres tirées les lignes droites BI, IL, LN, NC, qui doiuent former la base de la pyramide, chacune desquelles sera diuisée en deux és points HKMO, desquels seront encore tirez des rayons au centre A ; ce qu'estant fait, par la mesme voye que nous auons, en la 6 proposition, trouué les grandeurs proportionnelles des espaces compris entre les arcs de cercles ; nous les trouuerons aussi dans cette proposition pour les lignes droites qui doiuent representer les quarrez de la quarante-neufiesme figure : car il suffit de diuiser AB, de la cinquante-vniesme figure, ou DE, de la cinquantiesme, qui est d'egale grandeur, en 100 parties egales, & sur icelle prendre pour chaque espace de ces parties, suiuant ce que nous en auons dit sur la 6 proposition, & les transporter auec le compas commun sur la ligne AB, comme il se voit ès nombres 9 $\frac{1}{7}$, 17 $\frac{1}{7}$, 30 $\frac{1}{7}$, &c. qui sont tirez de mesmes principes que pour le Cone conuexe, auec cette difference en l'application, que ces nombres de parties ne doiuent pas simplement estre transportez sur la ligne AB pour y faire passer les arcs de cercles, comme en la 6. proposition ; mais il faut en celle-cy, pour transporter ces grandeurs, par exemple celle du premier espace pres de la base, en mettant l'vne des pointes du compas commun ouuert de la grandeur necessaire au centre A, marquer auec l'autre vn point sur la ligne AB, qui est chiffré 82 ; &, passant par dessus la ligne AH, marquer encore vn point de la mesme distance sur la ligne AI, qui sera Q : & passant par dessus la ligne AK, en marquer encore vn sur la ligne AL, & ainsi des autres ; puis par ces points tirer des droites, comme 82, Q, &c. qui exprimeront les quarrez de la quarante-neufiesme figure, si le plan ABC est plié par les lignes AI, AL, AN, en sorte qu' AB, & AC, conuiennent parfaitement, d'autant qu'il se formera vne pyramide quarrée, laquelle estant veuë de son point qui doit estre en vne ligne droite qu'on s'imaginera partir du centre de la base de la pyramide, & passer par sa pointe, autant esloigné de la pointe de la pyramide, que ceste pointe est esleuée par dessus le centre de sa base : estant dis-ie, veuë de ce point, elle representera parfaitement le quarré *bhiklmno*, de la quarante-neufiesme figure, diuisé comme il est ; & par consequent tout ce qu'on aura desseiné en ce quarré, comme est vne image ou vn portrait ; & sera transporté ou reduit au plan qui doit former la pyramide, en la mesme façon que nous auons dit cy deuant se verra aussi parfaitement, & aussi bien en sa proportion naturelle que s'il estoit descrit en vn quarré égal à la base de la pyramide. La cinquante-vniesme figure en donne la demonstration sensible, si elle estoit pliée & veuë selon qu'il a esté dit : elle est encore vn exemple de la reduction qui se fait à proportion, comme és precedentes propositions, en sorte que ce qui est en la quarante-neufiesme figure compris au triangle rectangle *bah*, soit reduit en la cinquante-vniesme au triangle BAH : ainsi ce qui est en *hai*, sera reduit en HAI &c. ce qui est assez apparent en la figure, sans qu'il soit besoin de specifier le reste.

COROLLAIRE I.

Il est aisé de conclure, qu'en cette proposition aussi bien qu'és precedentes, renuersant l'ordre des espaces donnez par les nombres des tangentes, (c'est à dire en faisant que ces espaces aillent en augmentant depuis le premier quarré qui est la base de la pyramide, & qui doit estre formé des lignes BI, IL, LN, NC, iusques à la pointe de la pyramide, qui est en A, gardant le reste, qui est prescrit en la propo-

de la Perspectiue Curieuse. 113

propofition) on fera vne figure femblablement difforme pour la furface interieure de la pyramide quarrée, laquelle eftant veuë de mefme diftance de la façon que nous auons dit en la 5 propofition de ce liure, pareftra bien proportionnée & reprefentera parfaitement quelque objet donné : i'en donnerois vn exemple, fi ie ne croyois que l'intelligence en eft affez claire dans les ftampes qui feruent aux propofitions precedentes.

COROLLAIRE II.

Par la mefme methode on peut faire de ces figures en l'vne & l'autre furface exterieure & interieure des pyramides triangulaires, pentagones, & hexagones &c. enfermant pour difpofition la figure naturelle en vn triangle, fi elle doit eftre reduite fur vne pyramide triangulaire; en vn pentagone, fi la pyramide a cinq coftez, &c. & la diuifant par des rayons aboutiffans à vn centre qui exprimera la pointe de la pyramide, & par plufieurs autres petits triangles ou pentagones, que l'on reprefentera fur la pyramide en diuifant l'arc du quart de cercle, qui la doit former, en autant des parties egales que la figure qui circonfcrit l'image a de coftez, à fçauoir en trois, fi l'image eft enfermée dans vn triangle; en cinq, pour vn pentagone &c. en traçant des fouftenduës, de point en point de cette diuifion.

Ceux qui voudront s'exercer en la conftruction de ces figures, ou qui en defireront auoir plufieurs d'vne mefme grandeur, foit cones conuexes, ou concaues, ou autres fortes de pyramides, fe pourront feruir de ce que nous auons dit cy-deuant, à fçauoir qu'apres auoir fait vne fois en quelque plan, comme fur vne feuille de papier, le trait des quadrangles où fe doit reduire la figure ou de l'image, comme le quart de cercle B A C, de la cinquante-vniefme figure de la 29 planche, diuifé par les rayons & par les arcs de cercles qui doiuent reprefenter ceux de la quarante-neufiefme figure: ils pourrõt picquer ces traits, en forte qu'auec vn poucif ils les marquent tout d'vn coup fur le plan où ils defirerõt trauailler, fans eftre obligez de les faire de nouueau par chaque fois, ce qui les foulagera beaucoup & leur fera grandement commode, parce qu'en trauaillant ils verront fort diftinctement ces lignes: & la figure ou l'image eftant reduite, ils les effaceront aifément, en les fecoüant auec quelque linge, car elles font marquées de pouffiere de charbon ou d'autre chofe femblable, fuiuant la couleur du fond fur lequel on tracera ces figures.

COROLLAIRE III.

Il me femble qu'on peut encore auec beaucoup de gentilleffe

P

appliquer l'vsage de toutes les propositions de celiure à l'embellissement des grottes artificielles, & aux ouurages des rocailles: car ceux qui y trauaillent font d'ordinaire des masques, termes, satyres ou autres figures grotesques de coquillages, en se seruant de leur couleur & configuration naturelle selon qu'elles sont plus propres à representer quelques parties: ils pourrôt aussi faire par l'vsage de ces regles, auec de la marqueterie, ou du coquillage des figures difformes & confuses, qui ne representeront rien de bien ordonné que de leur point, ce qui sera d'autant plus agreable, qu'en ces ouurages qui semblent ne demander rien que de rustique, on fera voir des images parfaites & des tableaux bien ordonnez qui reüffiront d'vne confusion de coquilles, de pierres, de mastic &c. mises en confusion, & sans dessein en apparence; ce qui se peut faire si dextrement & auec tant d'artifice qu'en regardant la figure par le par le trou d'vne pinnule on ne s'apperceura pas de quelle matiere l'ouurage sera composé, mais on croira voir vne plate peinture bien acheuée. De mesme l'on peut appliquer l'vsage des propositions des cones & des pyramides pour la surface concaue ou interieure, en faisant des trous semblables à la surface interieure & cocaue d'vn cone, ou des pyramides que l'on veut imiter, & pour les conuexes ou surfaces exterieures, en esleuant des cones ou pyramides sur quelque plan que ce soit, comme sur les murs perpendiculaires à l'horizon, & mesme en abbassant de ces cones ou pyramides de la voûte ou du plancher de quelque grotte (comme sont les clefs des voûtes de nos Eglises) la pointe embas, en sorte que le point de veuë soit esleué de terre de la hauteur d'vn homme: ce qui seroit fort agreable, d'autant qu'en se trouuant iustement souz la pointe du Cone ou de la pyramide, & en esleuant les yeux en haut on verroit vne image parfaite qui seroit mesconnoissable de par tout ailleurs; mais d'autant qu'il est assez difficile de faire bien reüffir ces figures, pour y proceder plus seurement, ie conseille d'en faire premierement le modelle de pareille grandeur sur du carton, car si on le suit exactement, on ne pourra manquer de reüffir.

APPENDICE.

A ce genre de figures se rapportent celles qu'on peint és surfaces conuexes ou concaues d'vn demy cilindre, ou d'vne colomne ronde, ou en quelque niche cylindrique ou sur les surfaces conuexes & concaues d'vn hemisphere, ou d'vne boule, ou en la voûte de quelque dôme parfaitement spherique; ces figures doiuent estre difformes en leur construction pour auoir vne belle apparence; la maniere est facile, & sert aussi pour les figures qui se font és plats fonds & és voûtes bien regulieres: neantmoins qui voudra s'en instruire plus particulierement, pourra voir ce qu'en a es-

de la Perspectiue Curieuse. 115

crit Danti sur la premiere regle de la Perspectiue de Vignole.

Ie trouue plus de difficulté en celles qui se font és coins des murailles, és voûtes irregulieres, & dans les autres lieux embarassez d'auances, de saillies, de bosses, de concauitez, & d'autres empeschemens, qui font que ce qu'on y peint ne se peut voir parfaitement que d'vn seul endroit, où l'on aura mis le point de veuë : C'est pourquoy entre ceux qui trauaillent à ces ouurages, quelques vns mettant l'œil, où ils veulent establir le point de veuë, tracent & desseinent grossierement leur figure sur la voûte mesme, auec vn charbon attaché au bout d'vne longue baguete, qu'ils tiennent à la main & conduisent à discretion, en sorte que du point où ils sont, ils voyent vne figure bien proportionnée, laquelle veuë d'ailleurs ne parestra qu'en confusion & faite sans dessein.

Les autres se seruent d'vne methode moins penible, & plus generale : car oûtre qu'on s'en peut seruir sur toutes sortes de voûtes spheriques, elliptiques & paraboliques, sousbaissées, ou à anse de panier, on peut encore dans vne section irreguliere, comme au coin, ou dans le renontre de deux murs, peindre vne figure si à propos, qu'elle semblera sortir dehors : en voicy la maniere. Ils font premierement le modelle de la figure qu'ils veulent peindre, en la mesme posture qu'ils desirent de la faire voir: ils font, ce modele en petit, sur du papier ou carton qu'ils picquent auec vne aiguille; ce qu'estant fait ils opposent ce modele ainsi percé à la lumiere d'vne chandelle qu'ils mettent au point de veuë, en sorte que les rayons de la lumiere passans par ces trous aillent fraper sur la voûte, ou dans le coin où ils veulent peindre la figure ; de sorte qu'il n'y a plus qu'à suiure auec le crayon, les traits de cette lumiere & y ajouster le coloris qui rend la figure parfaite.

Ie mets encore au nombre de ces traits singuliers d'optique, les figures qui semblent tousiours regarder ceux qui les regardent, de quelque costé qu'on les puisse considerer, telle qu'estoit la Minerue d'Amulius peintre excellent de l'antiquité, dont parle Pline au deuxiesme chapitre du trente-cinquiesme liure de son histoire naturelle; ce qui reüssira infailliblement à tous les pourtraits que feront les peintres apres le naturel, s'il se font regarder par ceux qui en seront les modelles, & s'ils imitent parfaitement l'action de leurs yeux.

Ce n'est pas aussi sans admiration que nous voyons en quelques tableaux, plats fonds, ou voûtes, certaines figures, dont les parties anterieures semblent faire vne saillie vers ceux qui les regardent, de quelque costé qu'elles soient considerées ; I'en ay veu de cette façon deux assez gentilles, l'vne est le pied de Sainct Matthieu peint en la voûte de l'vn des offices de nostre Conuent de Vincennes lez Paris, qui semble tousiours auancer sa partie anterieure hors le fonds de la voûte vers celuy qui-la regarde, en quelque part qu'il se mette pour le voir: l'autre est en vn tableau peint à frais dans

P ij

vne Chapelle de noftre Conuent de la Trinité du Mont Pincius à Rome, auquel eft reprefentée vne defcente de Croix, où le Chrift qui en eft la principale figure eft tellement difpofé, qu'eftant veu du cofté gauche, il femble couché & incliné fur le trauers du tableau, & fon pied droit famble faire vne faillie du mefme cofté; & eftant veu de l'autre cofté, tout fon corps pareft prefque droit, beaucoup plus dans le racourciffement, & ce pied qui pareffoit faire fa faillie du cofté gauche, femble auancer vers le droit; on en peut voir l'effet au grand Autel de noftre Eglife de la place Royale, où nous auons vne coppie de ce tableau affez bien faite.

Or il eft difficile de rendre raifon de ces merueilleufes apparences, & de donner des preceptes pour y arriuer infailliblement; veu qu'elles ne dependent pas feulement du deffein, mais encore du coloris & des ombres, & rehauffemens & renfoncemens, dont l'Art s'aquert plus par l'habitude en trauaillant que par aucune maxime de fcience qu'on en puiffe prefcrire; & l'on peut dire que ce font des coups de maiftres inuentifs pour le deffein, & fçauans dans le coloris, tel qu'eftoit celuy qui a fait l'original de cefte defcente de Croix, afcauoir Daniel Ricciarolle de Volterre, qui a fait vn autre tableau de l'Affomption, de Noftre Dame qui eft peint à frais dans vne autre Chapelle de la dite Eglife de la Trinité du Mont Pincius, où l'on a remarqué que fous les figures des Apoftres il a reprefenté la plufpart des excellés peintres de fon fiecle. Il ne s'eft pas feulement rendu recommandable en la peinture, mais encore admirable en fes fculptures, efquelles il a fi fort excellé que l'exellent Michel Ange Buanarota eftimé le premier de fon temps en cét Art, le tenoit pour fon plus fort antagonifte; & pour marque de l'eftime qu'il faifoit de fa fcience & de fon induftrie, il luy defera l'entreprife du grand cheual de bronze long de dix coudées, & pefant vint-cinq mille liures, qu'il i'etta à Rome és Thermes de Conftantin l'ã de Ief.-Ch.1563. à l'inftãce de Catherine de Medicis Royne de Fráce, qui defiroit auffi de faire ietter l'image de Henry II. fon mary, & de la dreffer fur ce cheual en quelque belle place à Paris pour éternifer fon nó & fa memoire par ce beau chef d'œuure: mais la mort de ce grand Prince, & les guerres ciuiles ayant rópu fon deffein, le cheual demeura quelque temps à Rome au Palais de Rucelai, & apres fut apporté en France au Chafteau Royal de S. Germain en Laye, d'où depuis il a efté transporté à Paris prés la place Royale, chez Monfieur Biard Sculpteur, lequel a ietté de mefme métail l'effigie de fa Majefté Tres-Chreftienne Louys le Iufte, d'vne grandeur proportionnée & propre à mettre fur le cheual, laquelle il fift premierement en cire l'an 1636. Cette figure de cire fembloit fi belle, fi bien proportionnée pour vn Coloffe de quinze pieds, & fi acheuée & accomplie en fes ornemens, que l'on craignoit que les moules creuaffent, ou que la fonderie ne reüffit pas, mais les moules furent si bienfaits & recuits, qu'enfin le métail fut ietté & fondu le 23. Decembre de la mesme anné, & du depuis elle a esté mise au milieu de la place Royale sur vn haut piedestal, où elle se void à present.

PROPOSITION IX.

Donner vne methode generale pour figurer telle image qu'on voudra sur la surface conuexe ou concaue d'vn cone ou d'vne pyramide, qui d'vn point determiné paroisse bien proportionnée & semblable à son original, quoy qu'elle paroisse confuse & difforme à l'œil qui la void directement sur le plan, sur lequel elle a esté figurée.

IL faut premierement enfermer l'image proposée dans le cercle ABCD, de la 52 figure de la 30 planche; & puis il faut faire plusieurs autres moindres cercles concentriques dans ABCD, & les diuiser par plusieurs diametres, comme nous auons icy fait, où 6 diametres diuisent le tout en 12 triangles égaux, & en plusieurs trapezes, & moindres triangles par le moyen des 2 moindres cercles concentriques au plus grand.

Cecy estant fait, voyons ce qui est necessaire pour faire que la figure proposée descrite sur la surface conuexe du cone paroisse semblable au cercle ABCD; & pource suiet mettons, dans la 53 figure, la ligne *ac* égale au diametre de la base du cone proposé, laquelle ie supose égale au cercle ABCD de la 52 figure; c'est pourquoy ie fais la ligne *ac* de la 53 figure, égale à la ligne AC de la 52, qui est semblablement diuisée aux points *mnopq*, & du point *o* ie tire la ligne perpendiculaire *orS*, dont ie retranche la portion *or* pour l'axe du cone, ayant pris son costé *ar* auec le compas commun, dont vn pied estant en *a* ou en *c*, l'autre ostera *or* de la ligne *oS* pour ledit axe, & le plan *arc*, qui coupera le cone par le sommet, sera vn triangle, par la 3 du 1 d'Apollonius: ce qui est euident dans la figure qui represente le cone solide, afin qu'on sçache mieux qu'il faut diuiser sa circonference comme celle du cercle AEFBGHC. &c. de la 52 figure: & mener de tous les points *efbgh* des rayons au point *r*, à sçauoir *ar,er,fr,br*, &c. qui representent à l'œil dans la ligne *rs* au point *s* les diametres du cercle AEFBG &c.

Car bien que le rayon *ar* ioint au rayon *cr*, & le rayon *or* auec son opposé de l'autre costé du cone representent vn triangle à l'œil, ils le representent neantmoins comme vne ligne, parce que cette surface prolongée passeroit par le centre de l'œil qui ne sort point de l'axe du cone.

Or apres auoir descrit les rayons qui representent les diametres du plus grand cercle sur la longueur de la surface du cone, il y faut encore figurer les cercles concentriques & determiner tellement les espaces qu'ils enferment, qu'ils paressent égaux à l'œil posé en S.

Ce qui est aysé, en menant des lignes occultes des poits *a m n o p q r* au point *s*, lesquelles coupant les costez du cone *a r*, & *o r* des points *t u y x*, monstreront les lieux par où les cercles doiuent estre figurez sur la surface du cone, pour faire que les espaces *a t* & *t x* paroissent égaux aux espaces A M & M N; ce que l'on void à la 53 figure, dans laquelle la ligne *a m* égale à AM de la 52 figure, paroist sous mesme angle que *a t*, à sçauoir sous l'angle *a* S *m*: dont le sommet de la pyramide optique *a* S *c b*, demeurant le mesme, la pyramide parestra tousiours de mesme, quelque changement qu'elle reçoiue en sa base.

Quant à la surface concaue du cone, il en faut faire la mesme diuision que de la conuexe dans la 52 figure; & son diametre estant *a c* dans la 54 figure, l'œil estant au point X, en sorte que X *o* & *o r* soient dans l'axe du cone, ou que la droite X *r* soit perpendiculaire à *a c* au point du milieu *o*, il faut mener de la circonference de la base conique, diuisée comme il a esté dit, les rayons *a r*, *e r*, *c r*, &c. iusques au sommet: & du point X par les points *a m n o p q* du diametre *a c* semblablement diuisé, les lignes occultes X *o*, X *m* X *n* &c. lesquelles coupant le costé *a r* en *t o*, monstreront les lieux par où doiuent passer les cercles qu'il faut descrire dans le cone parallele à la base du cercle: & les espaces qui doiuent parestre égaux d'vn point donné, seront determinez, dont la demonstration dépend de ce qui a esté dit.

Il faut neantmoins remarquer que les images ne paroissent pas égales dans la surface conuexe de la figure 53, & dans la concaue de la 54, car celle-cy se void sous l'angle *a* X *c*, qui est plus grand que l'angle *a* S *c*, & si l'on vouloit les faire parestre égales, il faudroit que la ligne *a c* qui represente la base de ces deux cones fust également éloignée du point de l'œil S & O, afin qu'elles fussent veuës sous des angles égaux.

Ce qui ne nuist point à nostre dessein qui consiste à faire voir vne figure dans sa veritable proportion sur la surface d'vn cone, qui soit égale à celle qu'on descriroit sur sa base: car sa surface & sa base estant semblablement diuisées aboutissent au mesme sommet d'vne pyramide optique.

Par cette metode vous pouuez descrire vne image sur les 4 plans d'vne pyramide quarrée inclinée, en enfermant l'image dans la base quarrée de ladite pyramide, representée par A B C D de la 55 figure de la 30 planche, qu'il faut diuiser en plusieurs autres petites figures faites des lignes E F, G H, & en de moindres quarrez paralleles au premier, comme l'on void dans la 56 figure, où l'œil Y est dans l'axe de la pyramide *f r*, dont la longueur est diuisée en

de la Perspectiue Curieuse 119

huit triangles, comme le quarré ABCD.

Mais afin que les quarrez que l'on descrira dessus, paralleles à la base comprennent des espaces semblables à ceux qui sont dans la 55 figure, il faudra prendre dans le quarré la ligne HB, & mener la ligne *bb* par l'extremité du rayon V*b* la droite *bb* qui luy soit perpendiculaire : & ayant ouuert le compas de *m* à *n* (qui est la grandeur de la droite menée du milieu d'vn des costez de la base de la pyramide iusques à son sommet), & ayant mis l'vn des pieds au point *b*, l'autre tombera au point *r* de la ligne V*b*, duquel vne ligne estant menée au point *b*, receura les rayons optiques V*b*, V*f*, qui en la coupant monstreront les lieux par lesquels il faut mener les lignes paralleles aux costez de la base; & ainsi du reste, comme montre la figure.

La pyramide des angles des 57 & 58 figures fera encore mieux comprendre ce discours, où la base est representée par ABCDE, & diuisée en plusieurs parties par les rayons qui aboutissent à son centre, & en plusieurs petits pentagones qui luy sont paralleles & concentriques, & propres pour distribuer les parties de l'image.

Les rayons conduits des angles au centre representent les costez de cette pyramide qui aboutissent à vn sommet : & les lignes FI, GI &c. tirées du milieu des costez du pentagone à son centre, representent les lignes des plans inclinez de la pyramide, qui sont menées du milieu des costez de sa base iusques à son sommet.

Cecy estant fait, & ayant mené dans la 58 figure le rayon R *mb* du point de l'œil R, on tirera vne perpendiculaire indefinie, dont on retranchera *bb* égale à FI, & l'on prendra *no* pour la longueur de la ligne tirée du milieu de l'vn des costez de la base pyramidale à son sommet, qu'on agencera tellement depuis le point *b*, qu'elle sousteende l'angle *bhm*, & qu'en coupant les rayons occultes R*l*, R*f*, elle monstre les lieux par lesquels doiuent estre conduites dans la pyramide les lignes paralleles aux costez de sa base, qui forment les pentagones qui diuisent les plans en des figures semblables aux espaces des pentagones ABCDE, pour distribuer comme il est requis toutes les parties de l'image : dont la demonstration est aysée, puis que nonobstant les changemens & les differentes sections de la base, le sommet qui determine la vision ne change point.

COROLLAIRE. I.

Il est aisé de conclurre comme il faut mettre en Perspectiue les cones & les pyramides si on les veut tronquer; par exemple si vous prenez dans la 53 figure, le cone *arc* tronqué ou retranché du cone *xry*, qui est vne portion du grand, & que vous veilliez y descrire les parties de l'image de la 52 figure, il faut vser de la methode precedente, excepté que le cercle fait dans le cone tronqué par la section parallele à la base *xy* doit receuoir la partie de l'image comprise par le cercle NOP de la 52 figure, dans sa vraye proportion ; ce qu'il faut aussi obseruer dans la surface interieure ou exterieure de la pyramide. Ie laisse le reste à la speculation de ceux qui voudront s'appliquer à ce genre de proiections.

COROLLAIRE II.

Il est aisé de voir dans la 30 planche que le point de l'œil doit touſjours se rencontrer dans l'axe, tant prolongé qu'on voudra des cones & des pyramides, pour voir l'image entiere depeinte sur leurs surfaces ou pour voir les surfaces entieres. Mais la 59 figure monſtre que l'œil estant en tel point de la ligne EF qu'on voudra, void neantmoins toute la surface conique ABC, quoy que les points E & F soient les termes d'où elle peut estre veuë, en sorte que la ligne CBE, le point B demeurant immobile, estant conduite par la circonference AHC iusques à son retour en C, descriue de son autre extremité E le cercle, & determine le point d'auec le cercle, duquel l'œil, à l'égard du cone AB, puisse voir toute sa surface.

D'où l'on peut tirer cette construction. Soit le cone ABC de la figure 61, & que l'œil D soit dans son costé AB prolongé par son sommet, en sorte qu'il voye toute sa surface ABC, par les rayons produits des points de la circonference de la base iusques au sommet : puis qu'il n'y a nul point dont on ne puisse tirer vne ligne droite à l'œil, il verra toute la ligne BA comme vn point, auquel aboutissent les autres rayons venans de la circonference de la base :

C'est pourquoy lors que ie veux faire les treillis, ie descris premierement la circonference *acef* de la 60 figure, pour representer la base du cone AC, & des points *gcebeifk* des diuisions ie mene des rayons au dernier point de la circonference *a*, comme à vn centre, qui representent les rayons menez de la base du cone à son sommet, qui determinent les espaces semblables où les parties de l'image doiuent estre descrites.

Si l'on veut encore les diuiser en de moindres espaces, il ne faut qu'à diuiser *ac* en 4 ou plusieurs parties égales, & descrire des cercles par les points de ces diuisions : ce que vous ferez dans la 61 figure en tirant des cercles par les points EFG de la surface du cone qui soient paralleles à sa base, & ces points se trouueront par le moyen des rayons optiques venans du point D aux points HIK du diametre AC diuisé comme *ac* de la 60 figure.

Il faut dire la mesme chose des pyramides, dont on void l'exemple dans la 63 figure, où la pyramide quarrée ABCD est tellement
veuë

veuë par l'œil H, que le plan superieur A B C paroist comme la ligne A B, parce que si on prolongeoit cette surface, elle passeroit par le centre de l'œil.

Or le point C du sommet, à son apparence au point E milieu de l'vn des costez de la base, & si vous voulez descrire l'image proposée dans les 3 autres faces ou plans inclinez de la pyramide quarrée qui paroisse à l'œil H situé dans la ligne E C prolongée, dans sa iuste proportion, il faut premierement enfermer l'image dans le quarré *a b g d*, comme dans la 62 figure, dont les costez ayent esté diuisez en 2 parties égales, il faut mener des droites depuis les points *c d f g h* iusques au point C representé par le point E de la base, auquel paroist le sommet, où les rayons tirez de la base tout au long de la pyramide aboutissent.

Et de cette sorte vous auez le plan *b a g d* de la 62 figure, & les 3 surfaces inclinées de la pyramide diuisées, tellement que les triangle sont par tout semblables.

Voyez encore l'aparence ou la proiection des moindres quarrez dans la 63 figure M N, K L, F G, qui sont veuës comme la ligne A B dans la surface de la pyramide, car les seules figures peuuent instruire de tout ce qu'il faut faire, & il n'est pas besoin de remarquer mille petites particularitez que dicte le sens commun de ceux qui s'employent à la Perspectiue.

PROPOSITION XI.

Expliquer vne methode vniuerselle qui sert pour mettre en Perspectiue toutes sortes de figures, dans quelque plan mobile regulier ou irregulier, ou en plusieurs plans mobiles, tels que l'on voudra, soit qu'on les voye directement ou obliquement, en sorte que l'image ou la figure ressemble à l'obiet naturel.

PVis que cette methode est pratique, il suffit d'en descrire l'instrument qui ne consiste qu'en vn ais, ou vn semblable plan, sur lequel on éleue perpendiculairement des stiles ou pointes pour marquer les ombres du Soleil, car le stile fera vn ombre qui marquera tous les lineamens de la figure proposée, & l'on pourra aysement conduire des lignes d'ancre ou d'autres matieres sur lesdites ombres, ce qui rendra l'image parfaite, si l'œil est au haut des stiles, à cause que le sommet de la pyramide ne se change point.

Mais cecy s'entendra mieux par la 64 figure de la 32 planche, où l'on void les stiles A B, C D esleuez à plomb sur le plan F G H I, & suiuant le premier stile A B, l'image *o p r* sur vne partie du plan F G H I, & sur l'autre partie du deuant du mesme plan le stile C D, prez duquel le papier bien net *q x q* est estendu.

Imaginez donc que ce plan soit tellement exposé au Soleil que le rayon paſſant par le ſommet B du premier ſtile, enuoye l'ombre au point r de la figure qu'on ſuppoſe : le point D arriuera en meſme temps au point y, qui eſt dans le plan E L H I ſemblable au point r du plan F G L E : & le tout à cauſe que les ombres ſont entr'elles comme les ſtiles, de ſorte qu'au meſme temps que le rayon ombreux A r, ou le lumineux B r parcourt toutes les parties de l'image, le rayon C y, ou D y deſcrit la meſme d'égale grandeur, ſi les ſtiles ſont égaux ou moindre, ſi C D eſt moindre qu' A B. Car nous ſuppoſons que les ſtiles ſont perpendiculaires au plan horizontal.

Or il faut premierement icy remarquer que nous auons parlé d'vn ſeul plan, bien qu'il y en ait deux qui ſe ioignent dans la 32 planche, à l'vn deſquels, à ſçauoir à F G H I, ſont attachez les ſtiles de la 64 figure, & à l'autre G M N H de la 64 figure l'on void l'image primitiue d e f, & le papier ſur lequel elle doit eſtre contretirée, ou repreſentée : ce que i'ay fait afin que les lieux des ombres puiſſent eſtre marquez plus aiſement, que ſi tous les deux eſtoient ſur vn meſme ais.

En ſecond lieu, cette conionction de plans ne ſert pas ſeulement pour tráſporter les images, tirées ſur leur prototipe, ſur des ſurfaces plates afin de les voir directement, comme il arriue à d e f, a b c de la 64 figure, mais auſſi pour les voir obliquement, comme il arriue au polyedre a b c de la 65 figure.

Il n'eſt pas neceſſaire de deſcrire cét inſtrument à 2 planes auec leurs ſtiles car les artiſans comprendront aiſement que les ombres de ces ſtiles marqueront auſſi bien les images ou figures prpooſées ſur les ſurfaces conuexes, raboteuſes, & irregulieres, que ſur les plates & regulieres ; & s'il y a quelque trou, cauerne ou autre lieu, auquel leſdites ombres des ſtiles ne puiſſent toucher, l'on peut de là prendre ſuiet d'y peindre quelque groteſque, ce qui rendra encore l'image plus difforme, eſtant veuë hors du point de l'œil propoſé.

Quant aux ais ou aux tablettes où ces plans ſont conſiderez, elles doiuent eſtre aſſez fortes pour endurer l'ardeur des rayons du Soleil ſans ſe cabrer, de peur que cette cabrure rende les images trop difformes ; & le papier qu'on colle, ou que l'on attache deſſus doit eſtre du plus blanc, afin que les ombres des ſtiles y paroiſſent plus fortes & plus diſtinctes.

COROLLAIRE

Il eſt aiſé de conclure que par le moyen de cét inſtrument on peut repreſenter pluſieurs figures égales ou inégales veuës de lieux differens, quelque obliquité qu'on puiſſe imaginer, comme ceux qui font des cadrans, ou des horloges de toutes ſortes de façons par les rayons des ſtiles qu'ils exposent au Soleil.

PROPOSITION XI.

Expliquer vne methode generale, par laquelle toutes ſortes d'images veuës directement ou obliquement puiſſent eſtre deſcrites ſur toutes ſortes de plans reguliers ou irreguliers & mobiles ou immobiles, de ſorte que d'vn point donné elles paroiſſent ſemblables à leurs obiets.

CEſte propoſition ſuit de la premiere & monſtre le rapport de l'art auec la nature, ce qui ſe fait par les rayons de la pyramide optique dans la propoſ. 1. ſuiuant la 22 planche, ſe fait icy auec des filets dans la 33, dont la 66 & la 67 figure qui contiennent vne longue galerie, font voir tout ce que l'on peut deſirer en ce ſuiet, pourueu que l'on ioigne par imagination la ligne MN de la 66 figure à la ligne OP de la 67, comme ſi elles ne faiſoient paroiſtre qu'vne ſeule veuë, ou Perſpectiue.

Il faut donc conſiderer que dans l'alée QRTS le paué RYZT eſt parallele à l'orizon, auſſi bien que le plancher QXVS; & que les murailles QXVR, SVZT ſont paralleles entr'elles & perpendiculaires au mur VXYZ, qui eſt icy parallele au tableau.

Or ſi du point A, où eſt la figure AR, l'on veut tranſporter la figure BCDE ſur la muraille VXYZ, on peut ſe ſeruir de la methode expliquée dans la 3 propoſ. ſi ce n'eſt que les rayons aF, bF, & les autres compris entre deux aboutiſſent au point F, l'eſpace EX, auquel la diſtance de l'œil d'auec le plan VXYZ doit eſtre miſe, ſe trouue trop petit, comme il arriue icy, où EX n'eſt pas capable de la diſtance de l'œil, qui a 7 pieds, au lieu qu'il n'y en a icy que quatre.

Car pour lors il faut vſer du filet, en le faiſant tenir dans la perpendiculaire AR où eſt le point de l'œil, ſoit auec vn clou, vn anneau, ou autrement, de ſorte qu'on le puiſſe mener par tous les points du mur VXYZ, où l'on veut deſcrire la Perſpectiue, afin d'y marquer les petits quarrez ſemblables au prototype BCDE, en ſorte qu'on les voye auſſi quarrez du point A, en commençant par la ligne tfi; & en appliquant au point 1 vn baſton ou vne chorde, afin que le plomb dg, ou bc qu'on y attachera, puiſſe eſtre mené ou bien arreſté à tel point du baſton il que l'on voudra.

Mais il eſt plus commode d'éloigner le plom dg de 2 ou de 3 quarrez que d'vn ſeul, qui rendroit la Perſpectiue trop petite, ce qu'on void à la ligne RgG, de ſorte que le filet mené du point A par toute la ligne dg deſcrit par ſon autre bout ſur la muraille la ligne HG, qui repreſente le milieu de l'obiet.

Or apres auoir marqué dans l'eſpace aFb 8 lignes qui aboutiſſent au point F, pour repreſenter celles du prototype BCDE, qui

Q ij

diuifent la hauteur BE, il faut ramener le plomb D*g* au bafton *il*, pour defcrire la perpendiculaire proche de la figure L à gauche.

D'où l'on peut voir que fur le mur V X Y Z il n'y a lieu que pour y defcrire la Perfpectiue de la partie de l'obiet comprife dans l'efpace *q*CD*r*, & qu'il n'y a point d'efpace pour y defcrire ce qui eft compris dans le dernier ordre de quarrez B*qr*E. Donc pour acheuer l'image BCDE, il faut mettre le plomb en *bc* & defcrire la ligne *m n* auec le filet fur le plan SYZT, afin que le dernier ordre des quarrez foit reprefenté en *mabn*: Et le tout eftant fait felon les loix de la Perfpectiue l'on verra l'obiet BCDE parfaitement reprefenté fur la muraille V X Y Z du point A, ce qu'on entendra encore mieux par vne application plus vniuerfelle.

Soit donc, en la 33 planche, le filet attaché à vn anneau au point A, où l'œil eft fitué, & que le bafton *il* foit perpendiculaire au mur fur lequel on veut commencer la Perfpectiue, & qu'on attache encore vn autre filet delié *bc* auec le poids *c*, & auec vn nœud coulant K au bafton *il*, afin de le pouuoir hauffer ou baiffer, & mefme approcher ou éloigner le plomb du mur, fuiuant la neceffité.

En vn mot le tableau doit eftre comme vne porte qui a deux gonds en *y*, & plus bas, afin de pouuoir eftre ouuert & tourné à difcretion fur la ligne *ft*, en le mettant perpendiculaire au mur, ou comme l'on voudra.

Il eft donc euident que le filet AILH fait la fonction du rayon optique, & par confequent que cette propofition n'eft quafi que l'application de la premiere. Il faut feulement remarquer que l'image eft autrement difpofée en BCDE, qu'en *fuxt*, parce que ce qui eft à droit dans l'vne, fe trouue à gauche dans l'autre, ce qui n'empefche pas qu'on ne les mette en Perfpectiue, car l'on fupofe que la table eft diafane, afin que l'œil A puiffe voir à trauers l'obiet qui y eft ainfi defcrit, parce qu'il eft plus aifé de tourner la porte à droit, qu'à gauche, ce qui empefcheroit le plan Perfpectif: quoy que chacun puiffe faire ce qu'il luy plaira dauantage, & ce qu'il trouuera plus aifé.

COROLLAIRE I.

La metode qui vfe du filet eft plus prompte que l'autre, parce qu'elle exempte le plan *afth* de la multitude & confufion des lignes & qu'elle n'a pas befoin de marquer les quarrez & autres departemens, puis que le feul filet A I L H conduit par toutes les parties de l'obiet marque les endroits du mur où l'on doit peindre ou defcrire chaque partie dudit obiet, ou de la figure primitiue qu'on veut reprefenter.

COROLLAIRE II.

Lors que la Perspectiue est acheuée de simples traits, le peintre doit tellement y appliquer les couleurs que ce qui doit estre veu plus loin soit moins coloré, & plus confus & que ce qui doit estre veu plus proche, reçoiue des couleurs plus viues, & plus distinctes: ce que l'experience fera mieux conceuoir qu'vn discours plus long.

COROLLAIRE. III.

Apres l'application des couleurs, de la lumiere & des ombres l'on verra l'image parfaite du point A, qui paroistra merueilleusement differente de la figure geometrique, si on la regarde directement sur le plan *a f t h*, quoy qu'estant ainsi veuë du point F l'on puisse prendre suiet de ceste confusion de traits & de couleurs d'y faire paroistre quelqu'autre obiet comme i'ay fait à nostre Conuent de la Trinité du mont à Rome, & à celuy de Paris, où l'on void S. Iean l'Euangeliste representé, escriuant son Apocalypse dans l'Isle de Pathmos; dont vous voyez icy le prototype en BCDE, duquel la Perspectiue a esté prise & mise obliquement sur la muraille de la gallerie de nostre Conuent de la place Royalle.

I'ay suiuy la coustume des peintres qui le vestent d'vne robe verte, & d'vn manteau d'escarlate, afin de peindre dessus, plusieurs plantes, bocages, fleurs, &c. que ceux qui se pourmenent dans ladite galerie voyent directement, car les diuers ornemens des figures recreent les spectateurs: il faut seulement que le peintre n'y mette rien qui empesche la veuë oblique de ce genre de Perspectiues: & pour ce suiet les couleurs de ces petites images qu'on met dans la teste ou dans les habits du S. Iean, doiuent estre semblables aux couleurs de la teste, & des habits, & ainsi des autres parties.

Ces images aioutées à la Perspectiue peuuent estre d'autant plus grandes que la Perspectiue est plus longue; comme il arriue à la galerie susdite longue de 104 pieds, où l'image de S. Iean a sa Perspectiue longue de 54 pieds, quoy que la muraille sur laquelle il est peint, n'ait que 8 pieds de hauteur, & que le point de l'œil soit éloigné perpendiculairement dudit mur, de 5 pieds, & du paué, de 4. pieds & demy.

COROLLAIRE IV.

L'on peut aussi faire des Perspectiues en fresque qui n'auront point d'autres couleurs que les traits noirs, & le blanc, comme est celle qu'a fait le R. P. Magnan Profeſſeur en Theologie audit Conuent de la Trinité du mont de Rome, où l'on void S. François de Paule en Perſpectiue dans l'vne des galeries. Ie laiſſe les excellens horloges qu'il a fait en pluſieurs endroits de la France, comme à Toulouſe, & à Bordeaux, auſſi bien qu'au Conuent de la Trinité, & chez le Cardinal Spada, où vn petit morceau de verre reflechit tellement le rayon du Soleil qu'il deſcrit vn Aſtrolabe, ou Planiſphere, qui marque tout ce qu'on peut quaſi deſirer, parce que le liure qu'il a fait imprimer pour donner la methode de faire ces horloges en inſtruira plus amplement.

COROLLAIRE. V.

L'on peut auſſi par cette metode de Perſpectiue, faire que les piliers, ou les colomnes d'vne longue galerie pareſtront comme vn ſeul plan qui aura vne image bien proportionnée, & qui ne pareſtra que par pieces à ceux qui ſe pourmeneront dans cette galerie, au lieu que du point de l'œil proportioné à la Perſpectiue, les portes meſmes qui ſe rencontreront entre les colomnes, & les interruptions qui ſe peuuent rencontrer, n'empeſcheront point qu'on ne voye vne image bien proportionée, & continuë, ſoit qu'on la face ſur vne muraille plate, ou à vne voute, &c. Or le lieu de ces Perſpectiues doiuent eſtre biens clairs afin de diſcerner les couleurs, & les traits éloignez, & aſſoiblis quoy que la premiere lumiere du Soleil ne les doiue pas illuminer, parce que cette lumiere eſtant trop forte fait éuanoüir les couleurs, ou les confond : c'eſt pourquoy il le faut empeſcher d'entrer par les feneſtres auec des voiles fort blancs & delicats, afin qu'il demeure aſſez de lumiere.

Les petites lunettes de longue veuë qui ſe tirent ſeulement demi pied de long, ſont propres pour repreſenter la Perſpectiue, dont elles renforcent les couleurs & meſme renflent la figure, comme ſi elle ſortoit hors de la muraille : & ſi les 2 verres ſont conuexes, elle ſe renuerſe auec vn bel effet.

COROLLAIRE VI.

Les artiſans peuuent inferer que ce que nous auons dit de la figure plate primitiue $fuxt$ miſe en Perſpectiue ſur vn mur, peut à proportion s'accommoder à tel autre obiet qu'on voudra, quoy que ſolides, comme eſt vne ſtatuë de bronze ou de marbre &c. pourueu qu'on la mette ſur vn ais mobile, & que le baſton qui porte le plomb, ſoit auſſi mobile.

de la Perspectiue Curieuse

PROPOSITION XII.

Expliquer comme l'on doit mettre les obiets proposez en Perspectiue sur les planchers.

IL y a icy quelque chose de different des autres Perspectiues, où le plan horizontal est parallele à la base du tableau: ce que l'on entendra par la 34 planche, dont A B C D soit vne surface plate parallele à l'horizon du plancher d'vne sale soustenuë à plomb de 4. murailles dont les sections communes soient AB, BC, CD, DA.

Si vous y voulez peindre l'obiet solide H I K de la 70 figure, en sorte qu'on le voye perpendiculaire à l'orison sur la base HK : il faut premierement establir à discretion la ligne DC, ou LM pour la base du tableau, & que la ligne horizontale FG, qui luy est parallele, passe par le point principal E, qui est icy mis en suposant que l'axe de la pyramide optique qui comprend la surface A B C D soit perpendiculaire. Et puis il faut mettre dans la mesme ligne FG vers F le point moins principal.

Par exemple, dans la 70 figure, l'obiet solide doit tellement paroistre, que l'on voye sa hauteur perpendiculaire à l'horizon; c'est pourquoy la 67 figure qui seroit l'ortographie de cét obiet, est icy, dans le plan A B C D parallele à l'horizon, son icnographie: & la figure 69 qui seroit son icnographie, se prend icy pour son ortographie. Le reste est aisé à entendre par ce qui precede.

L'on restreint donc premierement l'icnografie LXVII en LK RQ, & sur la ligne LKM on dresse perpendiculairement la ligne de l'ortographie prise de *mnop* de la 69 figure : & puis on fait l'echele des hauteurs MPTV, les lignes MV, PT aboutissant au point de la ligne horizontale FG.

D'où l'on prend apres les diuerses hauteurs apparentes, par le moyen des paralleles menées de l'icnographie racourcie, à ladite échele, & des perpendiculaires tirées de leur concours auec la ligne MV.

Il est encore assez bien expliqué, dans la figure 71 comme le solide BCD, qui semblable à l'autre neantmoins la situation differente, doit estre mis en Perspectiue sur la mesme surface & du mesme point de l'œil ; car apres auoir fait le plan geometral BFEC, & ayant pris BCM, & mené par le point E la ligne horizontale RES, & fait tout ce que i'ay expliqué, la 35 planche sert à l'intelligence de ces Perspectiues, comme l'on void aux figures des solides N, O, D, P, ME, qui sont suportez par le cheuron GHIF, afin qu'on ne s'imagine pas qu'ils soient vagues dans l'air.

Mais si l'on veut que toutes les colomnes de chaque rang paroissent égales, il faut faire plus grandes celles qui sont les plus éloignées du point principal, comme l'on void aux 70 & 71 figures de la 34 planche, où KRQ plus éloignée du point F est plus grande, & CED est moindre, parce qu'elle en est plus proche: voyez aussi N,O plus longues qu'ED dans la 35 planche: où la Perspectiue du solide QNX peut estre faite par le moyen de la radiale QB & les autres & par les diametrales RST, suiuant la methode de la 33 prop. du 1. liu.

Il est aussi à propos de situer le point principal de la Perspectiue au milieu, comme est le point B de la 35 planche, afin de donner plus de grace à la symmetrie, si ce n'est que le lieu, ou d'autres considerations contraignent à mettre ce point en quelque coin d'vne galerie, sale, ou autre bastiment.

Sur quoy l'on peut remarquer que Viole peintre & Architecte de Padoue, s'est trompé dans son premier liure, en parlant des Perspectiues qui se font aux planchers: car il dit que, par exemple pris de nostre 70 figure, les lignes *ef, ab* doiuent aboutir au point principal; & que les lignes *abcd* ne doiuent pas se rencontrer, mais demeurer paralleles, de sorte qu'*ab* ne soit pas plus grande que *cd*, à cause que la largeur *abcd* doit estre veuë de costé; au lieu qu'absolument toutes les lignes *ef, ab, cd* & toutes les autres semblablement disposées, à sçauoir perpendiculaires au plan du tableau doiuent aboutir audit point, ce qui se peut aisement demonstrer par ce qui a esté dit.

COROLLAIRE I.

Lors qu'on peint les voutes, & les lambris, il y faut aporter vne grande precaution, & bien que cette proposition en donne la methode, neantmoins le peintre doit particulierement se seruir de son iugement, & n'y mettre que des choses conuenables comme des oyseaux, des anges &c. parce que les voutes representans le ciel: & les rangs de colomnes n'y feroient pas vn bon effet, comme dans les galeries. Sur quoy voyez le 12 chapitre du 4 liure de Serlio, qui confesse que Raphaël Vrbin a esté le plus habile de tous en cette sorte de peinture.

COROLLAIRE II.

Encore que la methode vniuerselle de cette proposition suffise pour faire toutes sortes de Perspectiues sur toutes sortes de surfaces ie veux aiouter qu'il y a des peintres qui tenant l'œil ferme dans vn mesme point prennent vne perche, au bout de laquelle ils attachent du charbon dont ils crayonnent les premiers & les plus grossiers traits de l'image qui veulent mettre en Perspectiue : & que d'autres vsent la nuit d'vne lampe qui tient le lieu de l'œil, & qui enuoye les ombres de chaque partie de l'obiet à la voute, sur laquelle, suiuant les ombres, le peintre tire ses traits ; & cette maniere est vniuerselle, car si les couleurs sont bien appliquées, l'on pourra faire des images en des coins de voûtes, qui sembleront sortir dehors.

COROLL.

COROLLAIRE III.

Il est encore aisé de presenter des images de tout ce qu'on voudra en Marqueterie, & à la Mosaïque, en appliquant des morceaux de marbre de diuerses couleurs, de sorte que ce qui se verra en bon ordre, & bien figuré d'vn point donné, paroistra par tout ailleurs desordonné & confus, ce qui peut seruir aux grottes, & autres lieux qu'on choisit pour la recreation.

A quoy l'on peut raporter les Apostres qui sont faits en cette façon au dedans de la coupelle ou du dome de S. Pierre de Rome, car ils paroissent en leur iuste proportion estant regardez de la confession de sainct Pierre, au dessus du paué, & lors que l'on en est proche, l'on n'y connoist rien que de la confusion.

COROLLAIRE IV.

L'on peut encore raporter icy les visages des images qui vous regardent tousiours de quelque costé, & en quelque lieu que vous vous mettiez, comme si elles remuoient les yeux de tous costez; telle qu'estoit la Minerue d'Amulius, au raport de Pline chap. 10. du 35 liure. Ce qui arriue tousiours si le peintre se fait regarder par celuy dont il fait le tableau, particulierement s'il imite parfaitement la viuacité de ses yeux.

De là vient aussi que les images semblent sortir & saillir ou toutes ou en partie, des tableaux & des voûtes où elles sont peintes, comme il arriue à la partie anterieure du pied du S. Mathieu, qu'il semble pousser vers les yeux qui le regardent dans la voûte de la chapelle de nostre Conuent de Vincennes, & au pied droit du tableau de la descente de la Croix de nostre Seigneur, qu'a faite Daniel Ricciarel, dans l'vne des chapelles de la Trinité du mont à Rome & dont on void la copie bien faite au tableau du grand autel de nostre Conuent de la place Royale, car ce pied semble sortir du tableau & suiure l'œil de celuy qui le regarde.

Voyez encore l'autre tableau dudit Daniel qui est de l'Assomption de la Vierge, dans la mesme Eglise du Conuent de la Trinité du mont; où l'on tient qu'au lieu des 12 Apostres il a representé les plus habiles peintres de son siecle. Et Michel Ange l'estimoit tellement, soit pour l'Architecture ou pour faire les figures qu'on iette en moûle, qu'il luy ceda & le choisit pour ietter le grád cheual de bronze long de 10 coudées & pesant 25000 liure, qu'on prise 6500 escus, & qui en effet fut fondu l'an 1565 par le commandement de Catherine de Medicis Reyne de France, laquelle vouloit que l'effigie de son mary Henri II. fust mise dessus en l'vn des plus beaux lieux de Paris. Mais les guerres estant suruenuës ce cheual demeu-

R

ra à Rome iufques à ce qu'ayant efté amené à S. Germain en Laye, & long-temps apres à Paris, le Cardinal de Richelieu commanda au fieur Biard Sculpteur excellent de le mettre au milieu de la Place Royale, & l'effigie de Louys XIII. deffus, qu'il ietta femblablement en bronze l'an 1636, le 23 iour de Decembre, & pofa le tout en ladite place, comme on le void maintenant.

LA DESCRIPTION, ET L'VSAGE DE
l'inftrument Catholique, ou vniuerfel de la Perfpectiue.

IL y a vn grand nombre d inftrumens pour faire des Perfpectiues, comme font ceux que Danti donne fur la 3 regle de la Perfpectiue de Barocius; Marolois & les autres en donnent auffi de differens. Mais parce que Monfieur Heffelin, Confeiller du Roy, & Maiftre de la chambre aux deniers, l'vn des plus rares hommes du monde, & dont toute la maifon eft vn cabinet perpetuel, où l'on void tout ce que l'on peut trouuer ailleurs de plus rare, & de plus excellent, m'a communiqué vn inftrument particulier fans en auoir veu l'vfage en aucun lieu; apres l'auoir monté de toutes fes parties & confideré qu'il peut feruir à toutes fortes de Perfpectiues, i'en veux icy expliquer la conftruction : aprez auoir auerti qu'Albert Durer eft le premier qui s'eft ferui du treillis, ou de la feneftre, au lieu du tableau, qu'il explique dans fes œuures : dont Barbarus parle, & Danti fur le 3. chap. de la premiere regle de Barocius, où il aporte plufieurs inftruments deriuez de ladite feneftre, auffi bien que celuy que ie defcris, dont on tient que Louys Cigolus excellent peintre de Florence eft l'inuenteur : c'eft pourquoy i'y ay marqué L & C pour fignifier fon nom.

Les parties de cét inftrument.

LA 36 table montre toutes fes parties que ie mefure par l'efchele *op* d'vn pied: la figure 75 fait voir quatre baftons ronds, d'enuiron deux pieds de long : le premier eft FG, qui a en fes deux extremitez F & G, deux pointes, afin d'eftre fiché fur le plan. Ils peuuent eftre d'acier ou d'autres metaux.

A B & B C font deux autres baftons, qui font tellement ioints vers B, qu'ils peuuent eftre meus autour du trou *d*, comme autour de leur centre, & faire tels angles qu'on voudra.

Au bout C du bafton B C il y a vn autre morceau de fer mobile pour porter le fil du plomb, qui eft reprefenté par la figure L. Le point N du filet L C N M fignifie le bouton mobile:

de la Perspectiue Curieuse. 131

& la figure M r qui est à l'autre bout est l'indice.

Le baston AB a semblablement le morceau de fer & le crochet a qui sert pour le soustenir.

Enfin le 4 baston D E égal au premier a les deux soustiens D & E à ses 2 bouts, qui s'attachent par des viz à ce baston, comme il est aisé de voir au bout E, dont le soustien est demonté & hors de sa viz.

Or les morceaux D E doiuent se pouuoir oster du baston, afin qu'on le puisse mettre aysement dans le concaue du cylindre K I, & que ce cylindre se puisse mouuoir comme l'on voudra en couurant & embrassant ce bastó: & pour le dehors il doit estre assez gros pour remplir le trou *d*; & afin qu'il ne soit point empesché d'entrer en ce trou, le morceau de fer *gf* se doit demonter, & puis se remettre pour presser ledit cylindre sur l'assemblage des bastons AB, CB au point *d*.

Quant à H 5 & à l'autre morceau qui luy est oposé, ils doiuent tenir les bouts des filets, dont nous parlerons apres.

T & V sont deux clous à teste dont le bas est fait en viz, & pointu, pour entrer perpendiculairement dans les trous des pieces de fer D & E, afin de pouuoir estre fichez sur vn ais, ou vn autre plan.

L'on void dans la 10 figure comme vne poulie immobile, qui sert pour entortiller vn autre filet qui ouure les iambes A B, C B, & qui est faite à viz pour tenir plus fermement.

La figure OPQR est composée de 3 lames deliées, qui s'attachent auec des viz aux points P, Q, afin qu'on leur donne telle situation que l'on voudra, & qu'on puisse hausser ou baisser le bout R qui represente l'œil. La partie S sert encore pour affermir la lame PO, car le bout O s'emboëste en S qu'il remplit iustement, de sorte que S tient toutes les lames OPQR en estat. Le corps Y estoit encore auec cet instrument, mais il ne semble pas necessaire, si ce n'est que l'on en vse comme d'vn marteau pour accommoder quelques parties dudit instrument.

La construction de l'instrument vniuersel de la Perspectiue, & l'vsage de ses parties.

APres auoir consideré toutes les parties de cét instrument toutes separées comme elles sont en la 36 planche, il a fallu preparer vn grand ais bien raboté & applani, comme on le void dans la 37 planche, à sçauoir F X S Q composé de Q *e d* S, & F *e d* X tellemét ioints au points Y Z au milieu de l'espace S X, qu'en s'estendant ils donnent le plan Q F X S assez grand pour soustenir toutes les parties de l'instrument monté de toutes ses pieces; & qu'en l'ostant ils puissent se plier en tournant l'ais Q S *d e* sur les gonds Y Z iusques à ce qu'il touche la surface de l'autre ais F X *d e*, & qu'on

R ij

puisse transporter le tout plus aisémét: & mesmes les petits tiroirs mis depuis T iusques à V seruiront pour mettre chaque partie separée. Mais parce que ce qui apartient à la commodité doit estre libre à chacun, ie viens à ce qui est d'essentiel.

Ayant donc disposé l'instrument sur son piedestal, qui est la table ou l'ais QFXS, ie prends les bastons AB, BC mobiles en B, comme sur leur gond, dans la cauité duquel, tel qu'il parest dans la 36 planche à la figure K I i'emboëte le baston DE, en y appliquant ses appuis & en l'arrestant tellement auec les cheuilles à viz D & E, qu'on void en T & V de la 36 planche, par le moyen des trous faits à l'ais, que DE soit parallele au costé de l'ais SQ: & que FG soit semblablement disposé de l'autre costé à la fin du baston ou de la verge BA, soustenuë par le petit crochet marqué a dans ladite planche.

Il faut aussi apres ioindre la verge BC à la verge AB au point B, afin que ces 2 verges puissent faire toutes sortes d'angles : cette figure la met à angles droits sur la regle ou verge BA.

Or BC a vn filet ioint auec le poids L, & le bouton mobile N. Ce filet descend à plomb sans toucher à la verge par le moyen du petit crochet 6, & apres estre descendu iusques en B il se reflechit iusques au point M où est son indice. De là vient qu'au mouuement du poids L, le bouton N, & l'indice M se meuuent, & qu'au mouuement de M le poids & le nœud coulant se mouuent aussi : de sorte que si L monte vers C, N descend auec son fil vers m; & qu'il faut tirer M vers A, car le filet entier L b N B M mesure les verges CB & BA; c'est pourquoy si L approche de C, N approche autant de m sur la verge DE, & M d'A.

Et parce que les verges AB, BC iointes ensemble par le canal KI de la 36 planche doiuent se mouuoir çà & là, il faut encore vn autre filet, qui ait vn bout au point m vers D & puisse estre mené par G od F iusques à N, où est l'autre bout du filet vers E ; d'où il arriue qu'au mesme temps qu'il se meut autour du gond X, les 2 verges AB, BC se mouuent aussi auec leur petit canal tout au long de la verge DE, en s'approchant d'E, lors que la partie d'en haut G est tirée vers le gond, & en s'en éloignant, lors que la partie p s'approche du mesme gond.

Et puis ayant mis sur quelque lieu de l'ais, par exemple au point P, l'appuy des verges, esquelles est le point de l'œil, dans la verge-creusée R, duquel RO tirée perpendiculairement sur la table on a la hauteur dudit œil.

D'où il est aisé de conclure que l'espace parcouru par la verge perpendiculaire BC auec son filet bm, tandis qu'elle se meut au long de la verge DE, n'est pas differente de la section de la pyramide optique, dont le sommet est dans l'œil R, & la base dans les obiets qui sont au delà du tableau, de sorte que cét espace peut estre

de la Perspectiue Curieuse. 133

appellé le plan de la Perspectiue naturelle, dont la verge BC est le porté-crayon, puis qu'il porte les perpendiculaires à la base du tableau.

Semblablement l'espace que parcourt la verge BA tandis qu'elle se meut auec BC, peut estre nommé le plan de la section artificielle, sur lequel il faut mettre les images en Perspectiue; & la verge BA regle des perpendiculaires à la base, & FG, ou la ligne qui luy est parallele representera la base du tableau, & sera la porte-base. Et parce que le point de l'œil se trouue dans les verges RP, le tout se pourra nommer *porte-Perspectif*, & L le poids, comme M le contre-poids. Cecy estant posé és planches 36, 37 & 38, tant pour les parties, que pour la composition de tout l'instrument vniuersel, voyons en les vsages qui sont si nombreux qu'il n'y a rien dans toute la Perspectiue qui ne se puisse executer auec cét instrument.

PREMIERE PROPOSITION.

Sur le plan proposé, d'vne distance & d'vne hauteur donnée de l'œil mettre en Perspectiue toutes sortes d'objets auec l'instrument Perspectif vniuersel.

SOit le cube *t u f* veu de l'œil R qu'il falle mettre en Perspectiue, par l'instrument de la 37 planche: dont l'image est trouuée dans la section de la pyramide par le filet *b m*.

Donc i'estends du papier fort blanc sur le plan DFGE, de la table QFXS, parallele à l'horizon lequel ie supose egal au plan descrit par la verge BC, ou plustost par le filet *b m*, tandis que la verge BC se meut au long de la verge DE; & sur ce papier ainsi estendu & attaché par les coins auec de la cire, ou autrement, ie regarde le cube *t u s* par le trou R, & mettant la main vers le gond immoble X ie prens le filet G & les verges ABCD qui y tiennent par le petit canal, que ie mene au long de la ligne DE, afin que BA soit tousiours parallele à l'horizon, & que BC luy soit perpendiculaire.

C que ie fais iusques à ce que le point proposé de l'obiet, par exemple *f* soit veu de l'œil R dans la ligne descrite par le filet *b m*: d'où ie conclus la ligne où se doit trouuer l'aparence du point *f*, à sçauoir en menant le fil B e *f* parallele à la verge BA.

Ayant trouué dans le plan Perspectif la ligne BM moyennant le fil *b* N, l'on aura le lieu de *f* dans la ligne BM, en apliquant tellement l'indice M au papier collé sur l'ais, que le filet BM demeure parallele & que l'indice se meuue tellement vers B & A, que le poids *l* montant ou baissant, le nœud coulant N cache le rayon qui vient de R en *f*, d'où il est constant que le lieu de l'aparence du point N est le lieu où se void l'obiet, & partant que le point M marqué par l'indice luy est semblable.

R iij

La raison pour laquelle N est le lieu de l'aparence dans le tableau au regard de l'œil R, est que le lieu de la chose veuë est dans le plan où le rayon visuel passant par l'obiet coupe ledit plan: car imaginez le plā descrit par le mouuemét du filet *b m*, la ligne *b m* sera dās ce plā, laquelle sera rencontrée au point N par le rayon R S qui passe par l'obiet, donc le point N est le lieu du point *s* dans le tableau: ce qu'il est aussi facile de conclure du point M, car les verges A B, B C qui portent le filet directif des perpendiculaires par des espaces égaux & par vn mesme mouuement, portent les perpendiculaires du plan du tableau en BC, dont la base est D E; & en B A elles portent les perpendiculaires dans le plan de la delineation, dont FG est le plan du tableau : de là vient que tandis que l'vne & l'autre demeure parallele chacune à sa base, que la mesme partie qu'ocupe le filet *b m* dans le tableau imaginé dans l'air est aussi marquée par B M, & M monstre le mesme point que le nœud N occupe sur le plan du tableau.

Les autres points du cube *t u s* se trouueront, & se marqueront de la mesme maniere sur le tableau, comme l'on void dans la planche.

COROLLAIRE.

La figure 74 de la 37 planche fait assez conceuoir qu'on peut faire la Perspectiue de tel obiet qu'on voudra, tant lors qu'il est parallele à l'horizon que lors qu'il est esleué par dessus: il faut seulement remarquer que toutes les pieces de cét instrument soit d'acier, ou de laton, doiuent estre bien polies & iustes dans les petits canaux esquels on les emboëste, afin de trauailler iustement. Les artisans supleront aisément vn plus long discours, car i'acheue l'vsage dudit instrument dans la propos. qui suit pour expliquer les Perspectiues obliques.

PROPOSITION II.

Expliquer comme il faut descrire l'image du prototype, ou l'obiet sur vne surface directe ou oblique, & reguliere ou irreguliere par le moyen dudit instrument vniuersel.

L'On fait par vne simple operation de cét instrument tout ce que nous auons dit en ce 2 liure des Perspectiues obliques & difformes, à quoy l'inuenteur n'auoit peut estre point pensé. Ce qu'on pourra conceuoir par la 75 figure de la 38 planche, où dans le plan ABCD l'instrument est quasi disposé comme dans la figure 74, comme l'on void à ses verges E F, B C, & aux autres parties: mais auec cette difference qu'il faut mettre l'obiet, ou le prototype

de la Perspectiue Curieuse. 135

dans le plan EBCF, d'où vous tiriez la copie pour la transposer sur vne autre surface : & pour ce sujet il faut accommoder l'index où le curseur à quelque point determiné de l'image, afin que le nœud coulant occupe dans le tableau vn point semblable à celuy de ladite image primitiue : c'est pourquoy i'ay accommodé le filet au point de l'œil Z, afin qu'il serue de rayon visuel.

Ayant donc disposé l'objet, ou l'image dans le plan EBCF, par exéple l'image LMNO, dót on veut mettre la Perspectiue sur le plá voisin lTVX veu obliquement par l'œil z, qui regarde directement le plan descrit par le filet perpendiculaire gfc; Il faut remuer les verges cd auec le filet GCe qui entoure le gond immobile, iusques à ce que le filet ca parallele à la verge cd aille par l'espace LMNO, qui enferme l'image : mais il faut appliquer le curseur a à la partie de l'image que vous pretendez de desseiner, & le nœud coulant s'abaissera ou s'eleuera, par le moyen du plomb du filet perpendiculaire, suiuant la partie haute ou basse de l'image primitiue que l'on touchera.

Il faut aprez, du point z conduire le filet ZKopq par le mesme lieu du nœud sur le plan lTVX, sur lequel vous marquerez l'endroit où cette partie de l image doit estre representée : & faisant ainsi de tous ses autres points l'œil z vetra la Perspectiue semblable à l'obiet LMNO, d'où elle a esté prise.

Il faut faire la mesme chose dans l'exemple GHIK, où la mesme image est estenduë sur le plan, afin qu'on marque toutes ses parties par le curseur a, & que par le nœud f auec le filet ZKopq conduit aux differentes surface inclinées du solide ghyik, on aye leur peinture & representation. Mais la figure monstre mieux le tout qu'vn plus long discours, particulierement si l'on repete icy la premiere prop. du 2. liure.

COROLLAIRE

Il n'est pas necessaire que le plan où se doit faire la Perspectiue, soit entre les verges DE, FG de la figure 74, & EF, BC de la 75, car on le peut mettre au deça des verges FG & BC, suiuant la commodité du peintre; & le filet perpendiculaire lié au curseur pourra s'alonger tant qu'on voudra, pourueu que la table soit assez grande.

Il faut encore remarquer que le nœud coulant doit estre consideré comme immobile de soy-mesme dans vne mesme operation ne changeant de lieu que par le mouuement du filet, auquel il est attaché, quoy qu'en d autres operations & suiuant la necessité, on luy puisse faire changer de place, mesme sur son filet. Ie laisse tout le reste à l'esprit, & à l'industrie des artisans qui peuuent tirer de merueilleux auantages de cét instrument, lors qu'ils auront estudié, & estendu ses vsages à tout ce qui peut estre appliqué.

TRAITÉ DE LA LVMIERE ET DES Ombres.

CEux qui traitent de la Perspectiue de la lumiere & des ombres ne butent pas à ayder les peintres, dont les ombres suposent que la lumiere entre par les fenestres ou par quelques grandes ouuertures, au lieu que dans les optiques ordinaires on supose que l'ombre commēce par vn point, & qu'elle va tousiours s'élargissant: & parce que ie n'ay pas loisir de m'estendre beaucoup sur ce suiet, ie donneray seulement les principaux fondemens, d'où l'on pourra tirer tout le reste. Ie ne parleray point aussi de la nature ou de l'essence de la lumiere, à sçauoir si c'est l'accident Peripatetique, ou vne substance corporelle tres deliée; ou le seul mouuement des petits atomes, dont i'ay parlé ailleurs, car il faut consulter les Philosophes sur cecy, si l'on n'ayme mieux employer le temps à des choses plus certaines, puis qu'ils n'ont encore rien trouué de certain en cette matiere si clere à l'œil & si obscure à l'esprit qu'elle conuaint nostre ignorance.

LES DEFINITIONS ET SVPOSITIONS.

I.

Le corps Diaphane est celuy à trauers lequel la lumiere passe librement, on l'appelle aussi transparent.

SI ce corps n'a point de pores ou de petits vuides par où les atomes de la lumiere, ou les rayons de l'œil puissent passer, mais qu'il soit entierement continu en toutes ses parties, & que l'on n'admette point la penetration des corps, l'on ne peut entendre comme quoy la lumiere passe à trauers le diafane, si ce n'est qu'elle ébranlast le corps tout entier, dont les secousses si vistes qu'on ne peust les aperceuoir, fissent le mouuement que nous appellons lumiere.

II.

L'opaque est le corps à trauers duquel la lumiere ne peut passer, comme est la terre, le fer &c.

L'Experience fait voir qu'il se trouue peu de corps qui n'ayent quelques parties diafanes aussi bien que d'opaques: delà vient que la lumiere ne peut passer à trauers vn crystal épais d'vn pied, & qu'elle passe vn peu à trauers les corps opaques qui ne sont pas plus
épais

de la Perspectiue Curieuse. 137

épais qu'vne feüille d'or, ou qu'vne feüille de papier.

III.

La lumiere principale qui vient immediatement, & par la seule ligne droite soit du Soleil, ou d'vne chandelle, est nommée lux *par les Latins, &* lumen *entant qu'elle illumine quelque obiet.*

Nostre langue n'a pas de mots propres pour distinguer ces 2 lumieres, ou cette consideration : ce qui nous contraint d'vser d'vne mesme diction pour les exprimer.

IV.

Le corps lumineux est celuy qui donne sa lumiere primitiue, & la communique à tous les autres corps.

LE Soleil est le principal luminaire & le plus grand corps lumineux de tout le monde à nostre égard; car absolument parlant nous ne sçauons pas si la moindre estoile du Ciel n'est pas vn luminaire plus grand & plus vif: attendu qu'il y a des hommes sçauans qui ne croyent pas déraisonnable de penser que chaque estoile de ce ciel est aussi grosse non seulement que le Soleil, mais que toute la sphere solide du ciel du Soleil.

V.

La lumiere totale & parfaite est celle qui vient de toutes les parties du corps lumineux; & l'imparfaite, qui vient seulement de quelques-vnes de ses parties.

PAr exemple, la lumiere totale du Soleil est celle qui remplit de ses rayons tout le solide diafane de l'vniuers; ce que fait aussi vne petite chandelle, mais beaucoup plus foiblement.
Il est difficile de suputer combien la lumiere du Soleil est plus grande que celle d'vne chandelle, & par consequent combien il faudroit de chandelles pour donner vne lumiere qui luy fust égale.
Si le Soleil n'enuoyoit à l'œil des rayons que d'vne partie de son corps égale à la grandeur de la flamme d'vne chandelle, ils ne nous seruiroient de rien & seroient insensibles: & l'on peut dire de combien de ses parties il doit illuminer, c'est à dire combien doit estre grande la partie du Soleil capable de nous éclairer icy pour lire aussi bien qu'auec vne chandelle dont la flamme est égale à vn pouce, ou à telle autre de nos lumieres qu'on voudra: mais ie parleray de cette difficulté dans l'optique.

S

VI.

Le rayon lumineux est la ligne de lumiere qui vient directement du corps lumineux.

PAr exemple la droite AE, de la 76 figure de la 39 planche, est le rayon lumineux qui vient du lucide A : delà vient que le lieu qui n'est pas frapé de ce rayon est ombragé, comme il arriue à l'espace LMNG de la 78 figure, parce que nul rayon venant d'A n'y peut arriuer.

VII.

La pyramide d'illumination est la figure de la lumiere qui va du corps lumineux à la surface du corps illuminé.

CE que montre la pyramide ADEC de la 69 figure, qui touche le plan en IK. L'on peut aussi dire le cone d'illumination, parce que la lumiere du Soleil qui passe par vn trou soit rond, quarré, ou triangulaire &c. se termine par vn cercle s'il y a assez d'espace depuis le trou iusques au lieu où elle tombe, car le Soleil estant representé par ses rayons, ils doiuent faire parestre la mesme figure qu'il a, quoy que ce soit vne chose digne d'estre meditée, à sçauoir si l'image d'vn corps lumineux quarré, ou triangulaire seroit tousiours sa lumiere quarrée &c.

VIII.

L'ombre est la diminution de la lumiere par le moyen de l'interposition d'vn corps opaque, & les tenebres soit la priuation entiere de toute sorte de lumiere.

L'On peut aussi dire qu'vne petite lumiere est vne ombre à l'égard d'vne plus grande, & qu'il n'y a point de lumiere si parfaite qui n'ait quelque ombre meslée, suposé qu'il puisse encore y auoir vne plus grande lumiere. Mais à proprement parler on a coustume de dire que l'ombre est l'aparence de la clarté qui ne vient pas directement du corps lumineux, mais par reflexion, soit la premiere, seconde, ou centiesme : c'est vne chose difficile d'examiner cóbien la premiere lumiere est plus grande que celle de la premiere reflexion, & s'il y a mesme raison de celle de la premiere reflexion à la 2, que de la 1 lumiere à celle de la 1 reflexió, & ainsi des autres, iusques à ce qu'ó ne voye plus aucun vestige de lumiere : & cóbié il faudroit que le Soleil fût plus éloigné de nous qu'il n'est pour ne nous

de la Perspectiue Curieuse 139

donner plus que la lumiere d'vne petite chandelle, ou vne lumiere moindre ou plus grande en raison donnée, ce qui est aisé par les principes de l'optique accompagnée d'vn peu de geometrie.

IX.

L'ombre plaine ou parfaite est celle qui ne reçoit aucun rayon du corps lumineux: & l'imparfaite, qui en reçoit seulement quelques-vns, comme montre la 42 planche.

X.

L'ombre va à l'opposite de la lumiere, comme l'on void en la 76 figure de la 39 planche, où l'ombre du DE du baston CD va droit en DE, au lieu que le corps lumineux A est à gauche du baston.

XI.

L'ombre est terminée par les rayons de la lumiere, comme l'on void à la 68 figure, dans laquelle les rayons AM, AG, AN, auec les autres qui peuuent estre mis entre deux, terminent l'ombre LMGNF. Cecy posé, i'explique ce qui appartient aux ombres & à la lumiere dans les planches 39, 40, 41, & 42.

PREMIERE PROPOSITION.

La lumiere estant donnée auec le baston, trouuer l'ombre du baston dans le plan.

LA lumiere doit estre plus esloignée du plã que le corps dõt on cherche l'õbre de peur qu'il ne soit pas illuminé, cõme l'õ void à la 76 figure, où le point lumineux A est plus éloigné que le bout du baston CD, de la ligne BE qui represente le plan, qui doit estre assez grand pour receuoir l'ombre terminée desdits rayons. Or ie traite dans les planches 39 & 40 des ombres determinées par la lumiere de la chandelle, afin de la considerer comme vn point qui sert de sommet à la pyramide lumineuse dont la base est sur les corps illuminez: & puis ie parleray des ombres determinées par la lumiere du Soleil, & comme il les faut faire paresstre.

Il faut donc icy conceuoir pour plus grande facilité que CD, de la 76 figure, soit vne ligne, afin de trouuer l'ombre du baston CD sur le plan BE, l'œil estant en A. Et pour ce suiet ie tire du point B la ligne indefinie BE par le point D, qui est le bout de CD: & puis du point A ie tire la ligne AE par le haut du baston DC, d'où il est euident que les lignes AC, BD iointes par les paralleles inégales

S ij

AB, CC doiuent se rencontrer au point E de la moindre parallele CD ; où le rayon AC coupant la ligne BE, prolongée par le sommet C donne l'ombre de la ligne CD en D E : ce que la figure montre clairement, car l'on ne peut mener aucun rayon du luminaire A à l'espace D E.

PROPOSITION II.

La lumiere estant donnée determiner l'ombre d'vn parallelipede sur vn plan.

Soit F la lumiere donnée, sa hauteur EF: & que la base du parallelipede soit dans le plan ABCD, on aura son ombre en cette façon. Du point E, d'où la perpendiculaire tombe sur le plan, soient menées les lignes droites EAN, EBDO, ECP par tous les angles de la base: pour auoir l'ombre du costé perpendiculaire à D, éleuez la ligne DM égale à ce costé, & perpendiculaire à E O, le rayon F O venant du luminaire F par le sommet du costé M & coupant en O la ligne EO, terminera l'ombre du costé perpendiculaire en D. Vous trouuerez de la mesme maniere l'ombre du costé BI.

Quant à l'ombre du costé perpendiculaire sur le point C, vous l'aurez en tirant la perpendiculaire CL sur la droite E P au point C, égale en hauteur à DM; & faites luy la parallele EG au point E, ou perpendiculaire à PE, le point G representera la lumiere, dont le rayon passant par L, & coupant la droite EP en P, terminera l'ombre du costé CL.

Or ayant trouué les points NO P qui terminent les costez des ombres, il faut les ioindre de lignes, afin d'auoir la Perspectiue de toute l'ombre ANOPC, qu'on pourra diminuer suiuant les loix de la Perspectiue, ce que i'esclarcis encore d'auantage dans les propositions qui suiuent.

PROPOSITION XII.

La lumiere estant donnée trouuer l'ombre dans le plan du parallelepipede mis en Perspectiue, & en faire la proiection.

Quand la lumiere, ou le corps lumineux regarde le corps opaque, il en illumine vne partie, qui est ordinairement la moitié ou enuiron du deuant, & la moitié de derriere est dans l'ombre qui se prolonge tousiours iusques à ce que lesdits rayons se croisent & circonscriuent & determinent ladite ombre.

Ce qui se void à la 78 figure, où le lucide A est comme l'œil qui regarde le corps CDHF, & en enuoyant ses rayons optiques AHM, ACG & AIN, par lesquels il distingue les 3 surfaces illuminées CH DI, HLED & FIDE, des obscures CHLO, CIFO, & LOFE, & de-

de la Perspectiue Curieuse. 141

termine le lieu de l'ombre LMGNF en l'entourant de lumiere, voicy la pratique.

Soit A la lumiere donnée, & le point B, d'où l'on tire vne perpendiculaire sur le plan : soit aussi le parallelipede en Perspectiue CD FL, dont on veut auoir l'ombre faite par le point lumineux A.

Il faut donc premierement du point B tirer des lignes indefinies BM, BG, BN par les points ELOF, ausquels les costez du parallelepipede aboutissent perpendiculairement. Et puis du point A par les points d'enhaut des mesmes costez D H C I d'autres lignes, & le point N où la droite BF sera coupée par AI, sera le point D l'ombre determiné; comme G en sera vn autre, où AC coupera BO, & ainsi des autres, lesquels estant ioints par des lignes determineront l'ombre LMGNF : dont voicy la demonstration.

IFO, IPE font des angles droits, puis que CIFO, & DIFE sont des parallelogrammes rectangles, donc IF est eleuée sur le plan, par la 4 de l'onziesme; mais AB est perpendiculaire au mesme plan, donc elles sont paralleles par la 6 de l'11. donc si l'on ioint AB, IF; A L, BF seront dans le mesme plan qu'AB, IF. Et parce que A B est plus grand qu'IF, les droites AI, BF prolongées se rencontreront en N aux parties de la moindre I F, & F N sera l'ombre du costé I F. L'on peut appliquer cette demonstration aux autres costez, & aux propositions qui suiuent.

PROPOSITION IV.

La lumiere estant donnée, mettre en Perspectiue l'ombre d'vn tetraëdre situé perpendiculairement sur l'vn de ses angles solides.

SOit le tetraëdre CDEL de la 79 figure de la planche 37, mis en Perspectiue & racourci sur son plan geometral FGH, de sorte que de ses angles solides d'en haut CDE, les droites CF, DH, EG soient perpendiculaires au plan : & soit la lumiere A, d'où vne perpendiculaire tombe en B.

L'on aura l'ombre de ce tetraëdre en tirant du point B des lignes indefinies par les points FGH, où les perpendiculaires venant des angles tombent perpendiculairement : & en menant du point lumineux A des rayons par les points CDE, qui sont les 3 angles solides de la pyramide; iusques à ce qu'en tombant sur le plan elles coupent leurs correspondantes, à sçauoir qu'AE coupe BG en H, & AD coupe BH en I, & ainsi des autres : car ces points estans conduits par des droites enfermeront & determineront l'ombre.

S iij

PROPOSITION V.

La lumiere estant donnée, trouuer l'ombre Perspectiue d'vn cylindre oblique.

LA 70 figure de la mesme planche 39 monstre le cylindre oblique CDEF, & le luminaire A dans sa perpendiculaire AB. Or vous aurez son ombre, si du cercle DGEF diuisé par 2 diametres en 4 parties vous tirez des perpendiculaires DM, GL, EN, HI sur le plan, en sorte que le cercle paroisse mis en Perspectiue en L M I N par les courbes iointes aux points LMIN.

Cecy estant fait, tirez dans le plan les droites BL, BN, B I, & les rayons AG, AE, AN pour trouuer les points DQNO, & de P & O menez des lignes qui touchent la base du cylindre oblique qui feront auec la partie de la circonference DQO, l'ombre dudit cylindre.

PROPOSITION VI.

La lumiere estant donnée, trouuer la Perspectiue de l'ombre d'vne pyramide penduë en l'air.

LA figure de cette pyramide se void dans la 71 figure de la 36 table, dont vous aurez l'ombre en faisant tomber des perpendiculaires CI, DH, FG de tous ses angles sur le plan, & en menant dans le plan par les points I, H, G, des lignes indefinies du point B, à sçauoir BI, BH AF, & les droites A C, A D, A F menées par les angles d'en haut CD, F couperont dans le plan les lignes indefinies és points K, L, M, dont la conionction faite par des lignes droites donnera l'ombre requise contenuë par le triangle K L M : ie laisse l'ombre de l'angle E, parce qu'elle tombe dans l'obscur, & n'a point de lieu particulier.

PROPOSITION VII.

La lumiere estant donnée, trouuer l'ombre estenduë sur diuers plans d'vn solide donné.

L'Ombre s'estend souuent sur vn pl â horizontal, & puis sur vn vertical, ou situé d'vne autre sorte; mais les 82 & 83 figure de la 40 planche remedie à cette difficulté : dans la premiere, A est le luminaire, dans sa perpendiculaire AB, & le solide est CDEF, duquel nous considerons seulement icy cette surface, dont nous trouuons l'ombre EGHF, en menant sur le plan les lignes BEG, B FH, & les rayons ADG, ACH concurrens. Et parce qu'entre le

de la Perspectiue Curieuse. 143

le folide CDEF, & le terme de fon ombre GH, le parallelepipede IKL fe rencontre, qui feroit en l'abfence de CDEF, illuminé dans fes furfaces expofées au luminaire A, & dont il reçoit icy l'ombre, ou la priuation de ladite lumiere, vous marquerez l ombre du folide fur ce parallelepipede, en confiderant que le triangle AHB eft dans vn plan qui à la rencontre de la ligne BH coupe le folide IKL, c'eft pourquoy fa fection faite par le plan AHB doit eftre marquée en toutes les furfaces par le moyen des perpendiculaires menées des points *a* & *c*, par lefquelles paffe BFH. Or ces perpendiculaires tirées iufques au plan fuperieur eftant iointes par la ligne *b* donnent la fection que fait le triangle AHB dans le folide IKL, & quant & quant l'ombre, comme l'on void dans la figure vers K.

L'autre exemple de la 83 figure montre la Perfpectiue de la pyramide, dont l'ombre fait par la lumiere CD fe trouue dans le plan inferieur, en menant la ligne DN par le point F, où tombe la perpendiculaire du fommet F de la pyramide, en menant le rayon CB par le fommet B, iufques à ce qu'il coupe la ligne DN au point N, & qu'il termine l'ombre de la pyramide, afin que les lignes menées de ce terme aux points E & G enferment l'efpace ENG.

Mais parce que les lignes DF & CB frapent le plan HIKL auant que d'arriuer au terme de l'ombre; voyons comme il faut marquer cette ombre. Menez donc dans le plan HIKL vne parallele à CD du point où DN coupe la bafe du plan LK; & du point M menez des lignes en *a* & *b*, où les lignes EN & GN coupent ladite bafe, & *a* M *b* fera vne partie de l'ombre de la pyramide mife en Perfpectiue fur le plan HIKL.

Or tout cecy eft feulement pour les ombres faites par vn point de lumiere, mais quand il eft queftion des rayons du Soleil qui brillent de toutes parts, il eft plus difficile; & parce que Monfieur de Fleurs excellent Analyfte, m'a communiqué la methode dont il vfe pour cette forte d'ombres, ie la mets icy de fon confentement.

PROPOSITION VIII.

Defcrire les ombres de toutes fortes de corps, qui font faites par la lumiere du Soleil.

IL faut fupofer que la lumiere du Soleil ne vient pas feulement de fon centre, mais auffi de chaque partie de fon corps, d'où les rayons viennent tellement iufques à nous qu'on les peut prendre pour paralleles, à raifon de fon grand éloignement, car il y a pour le moins douze cent mille lieues d'icy au Soleil. Nous fupoferons donc ce parallelifme de rayons: & parce qu'ils peuuent auoir treize differens rencontres auec le plan du tableau, puis qu'ils peuuent eftre parallels audit plan, ou que le Soleil peut eftre mis au delà du tableau deuant les yeux, ou au deçà, nous auons trois cas à confiderer dont le premier est quand lesdits rayons sont paralleles au plan de la section, du verre, treillis, ou tableau.

En ce premier cas, l'ombre se trouue, comme l'on void à la figure de la 40 planche, où le corps est NID, auquel, il faut mener par les points QNM qui sont dans le plan, des paralleles indefinies E PQ, CND, AOB; & les lignes IP, HC, LO par les points superieurs des costez du solide IHL, qui fassent l'angle du complement de l'éleuation du Soleil, (par exemple l'angle FHC de 53 degrez; puis que nous suposons que le Soleil est éleué de 37 degrez) auec lesdits costez IQ, HN, LM.

Ce qu'estant fait, le lieu où les rayons IP, HC, LO couperont leurs lignes correspondantes aux points PCO, determineront l'ombre desirée du corps NID : dont la demonstration se void dans la construction.

Le second cas arriue lors que l'on void le Soleil au delà du tableau, dont on a l'exemple à la 85 figure de la 41 planche, & est plus difficile que le premier. Or l'on aura l'ombre du solide $abcdf$ sur le plan inferieur en cette façon.

Il faut premierement marquer vn point dans la table, sur lequel s'appuyroit la perpendiculaire venant du Soleil & ce point doit estre dans la ligne horizontale. Mais pour trouuer ce point, il faut dans la ligne verticale, qui passe par le principal point C, prendre du point C la portion CD égale à la distance de l'œil dans le tableau, qui est CA dans la ligne horizontale : & puis du costé du Soleil, à l'égard du vertical CD, il faut faire l'angle CDF au point D, égal à celuy que font les rayons du Soleil auec le plan vertical au tableau : car l'angle des rayons auec le plan de la table sera determiné à cause de l'angle droit FCD, & partant le point F, sur lequel doit tomber & s'appuyer la perpendiculaire qui vient du Soleil, sera trouué.

Mais il faut encore trouuer vn point, ou vn lieu propre au Soleil, d'où il enuoye sa lumiere : & pour ce suiet prenez FB égale à la ligne FD, & faite l'angle FBE, en menant BE sur l'horizontale égal à la hauteur du Soleil sur le plan horizontal, où est la table ; & vous aurez le point E, pour le propre point du Soleil, où FE perpendiculaire à l'horizontale FC, sera coupée par la ligne BE.

Cecy posé, il faut agir comme cy-dessus, en menant du point F les droites indefinies Ff, Fg, Fd par les points fgd de la base du corps proposé : & puis du point E il faut tirer par les points sublimes aec les droites Ea, Ee, Ec, qui couperont dans le plan les lignes Ff, Fg, Fd aux points ilh, & determineront l'ombre $ilhd$.

Où l'on void le parallelisme des rayons, suposé, car Ei, Ee, Eh &c. aboutissant au point du Soleil, que nous suposons icy infiniment éloigné. Partant fi est l'ombre du costé fa, & gl du costé gc comme l est l'ombre du point e : & i du point a : dont il est l'ombre de

la

de la Perspectiue Curieuse. 145

la ligne *a e* ; & *l h* l'ombre du cofté *e c* &c. ce qui eft euident par la conftruction.

REMARQVE.

Il faut remarquer que M. Defargues a repris quelque chofe de la pratique pour le 2 cas, dans la page 171 de fa Perfpectiue, à la planche 114, mais puis que cette pratique vient d'vn Profeffeur de Mathematique que i'ay nómé cy-deffus, c'eft à luy à voir ce qui en eft.

Finalement, le 3 cas arriue quand le Soleil eft deuant le tableau; & la maniere pour trouuer cette ombre differe fort peu de la precedente. Voyez la 86 figure de la 41 planche. Où il faut premierement remarquer qu'on ne peut y mettre le point du Soleil, puis qu'il eft derriere la tefte du Peintre, c'eft pourquoy il faut eftablir 2 autres points oppofez aux deux du 2 cas, dont le premier oppofé à celuy du Soleil, d'où la perpendiculaire tomboit, fe trouue en cette maniere.

Soit donc le Soleil à la gauche du Peintre, d'où il s'enfuit que les lignes indefinies qui paffent dans la table par les points *f g d m* de la bafe de l'obiet doiuent fe couper au point opofé qui eft à la droite du Peintre; c'eft pourquoy l'on prend CD dans le vertical égale à la diftance de l'œil d'auec la table, comme cy-deuant; & du point D à la droite de la ligne CD, puis que le Soleil eft à gauche, on fait l'angle CDB égal à celuy que font les rayons du Soleil auec le vertical de la table, & le point B, auquel DB coupe l'horizontale AB, eft le point au delà de la table, opofé à celuy qui fouftiendroit la perpendiculaire du Soleil tombante fur l'horizon.

Pour trouuer l'autre point opofé à l'autre point du Soleil, il faut toujours fe fouuenir que fes rayons paffant par les points fuperieurs de l'obiet *a b c e* font paralleles, & partant qu'ils ne doiuent fe rencontrer dans la Perfpectiue qu'à vne diftance infinie: & delà on les conçoit defcendre auffi bas fous le plan horizontal de la table, comme le Soleil eft haut par deffus la mefme table; & partant il faut prédre la ligne AB égale à DB, & faire l'angle BAE auec A fous l'horizontal AB, qui eft l'angle de la hauteur du Soleil fur l'horizon, laquelle nous fupofons au propre point du Soleil qui feroit par delà le tableau.

Cecy pofé, il faut faire comme au 2 cas, en menant du point B par les points de la bafe de l'obiet *f g d m* les lignes B*m*, B*d* & du point E par les points fuperieurs de l'obiet, les lignes E*b*, E*c*, E*e*, &c. qui couperont les autres menées cy-deuant fur le plan, aux points *h i l*, qui ioints de lignes droites enfermeront l'ombre requife, comme l'on void dans la figure.

Il ne refte plus qu'à trouuer l'ombre de la lumiere qui paffe par vne feneftre, dont Accoltius a bien traité au 27 chap. de la 3. partie de fa Perfpectiue pratique, dont ie diray quelque chofe dans cette derniere propofition qui finira ce liure:

T

PROPOSITION IX.

Mettre en Perspectiue l'ombre des corps illuminez par la lumiere d'vne feneſtre.

CEtte maniere eſt la plus familiere, & la plus ordinaire, car preſque tous les Peintres font leurs tableaux de iour en quelque galerie, ſale ou chambre illuminée par quelque feneſtre : En voicy vn exemple dans la 88 figure de la 42 planche, qui montre l'ombre du corps *abcf.*

Soit donc le plan du tableau repreſentant l'obiet, ABCD prolongé iuſques en EH qui eſt commune à la muraille EFGH, qui eſt à angles droits à AEHD. Soit la feneſtre LMNO, ſa hauteur PQ, ſa largeur LM & DN. Des points O QN menez des perpendiculaires aux points T X V du plan inferieur, deſquels & des points P Q on determine tellement l'ombre du ſolide, qu'il faut auoir égard à la hauteur & largeur de la feneſtre ; de plus, il faut diſtinguer la pleine ombre d'auec la diminuée.

Donc ſoit menée la ligne indefinie X *h* du point X par le point *e* de la baſe du ſolide : & des points P & Q par le point ſuperieur *a* reſpondant au point *e* ſoient menez les rayons P *l*, & Q *h*. P *l* determinera la pleine ombre du coſté *ae*, où aucun rayon de la feneſtre ne peut arriuer. QS termineroit l'ombre imparfaite ou diminuée.

On fera la meſme choſe pour les coſtez *bd*, *cf*, en menant dans le plan inferieur les droites T *m* T *g*, V *i*, V *n* des points T & V par les points *d* & *f* : & en menant auſſi des points P & Q par les points ſuperieurs *b* & *c*, les rayons P*m*, Q*i*, P*n*, Q*g*. Car les lignes indefinies T *m*, V*n* coupées par P*m*, P*n* aux points *m*, *n* termineront la pleine ombre du ſolide, & les points *i g* termineront l'ombre diminuée : ce qui eſt ſi clair dans la 42 planche, qu'il ne faut point d'autre diſcours.

COROLLAIRE

Il y a mille autres choſes à dire des ombres, par exemple comme il les faut trouuer lors qu'elles ſót faites par l'ouuerture de pluſieurs feneſtres égales ou inégales ; les 2, 3 & 4 ombres faites par les premieres, car les corps opaques font autant d'ombres comme il y a de lumieres qui les illumine. Il faudroit auſſi traiter des differens degrez de diminution, & des nuances, & adouciſſemens des couleurs : ce qui s'apprend beaucoup mieux par experience & par habitude que par diſcours : ſi quelqu'vn veut faire vn traité de tout ce que ie peux auoir laiſſé à dire, la matiere ne luy manquera pas.

Fin du Second Liure.

LE TROISIESME LIVRE
DE LA
PERSPECTIVE
CVRIEVSE.

Auquel il est traité des apparences des miroirs plats, cylindriques & coniques, & la maniere de construire des figures qui rapportent & representent par reflexion tout autre chose que ce qu'elles paroissent estans veuës directement.

AVANT-PROPOS.
DE LA CATOPTRIQVE ET DES MIROIRS.

LA Catoptrique ou science des miroirs nous a fait voir des productions si admirables, ou des effets si prodigieux, qu'entre ceux qui l'ont connuë & pratiquée il s'en est trouué qui par vne vaine & ridicule ostentation, ou pour abuser les plus simples, se sont efforcez de passer pour deuins, sorciers ou enchanteurs comme ayant le pouuoir, par l'entremise des mauuais esprits, de faire voir tout ce qu'ils vouloient, soit passé, ou à venir. Et l'on en a veu des effets si estranges, qu'à ceux, qui n'en sçauoient pas la cause, ny les raisons, & qui n'auoient iamais rien veu de semblable, ils deuoient passer pour surnaturels, ou estre pris pour de pures illusions ou prestiges de magie diabolique. Le nombre de ces effets est si grand que qui voudroit entreprendre de les declarer tous par le menu, en rendre les raisons, & donner la maniere de leur construction, auroit besoin d'en faire des volumes entiers,

T ij

I'en apporteray feulement icy quelques vns des principaux dont la conftruction a plus d'artifice & d'induftrie, parce qu'ils dependent plus particulierement de l'ordonnance & du deffein des figures qui feruent d'objet, & veulent eftre demonftrez par exemples pour vne plus facile intelligence.

Pour les autres, dont l'artifice eft pluftoft au miroir, qu'en l'obiet, on les peut voir chez Baptifta Porta au 17. liu. de fa Magie naturelle, & en plufieurs autres autheurs qui ont traité de ces effets, lefquels, à mon auis, fe peuuent rapporter à ceux qui font caufez par la matiere, dont eft compofé le miroir; ou à ceux qui font engendrez par fa forme & figure; ou finalement aux autres qui viennent de la difpofition & fituation d'vn, ou plufieurs miroirs à l'égard de l'objet & de celuy qui regarde.

Pour les premiers: fi on mefle auec le cryftal qui foit la principale matiere du miroir, lors qu'il eft encore en la fournaife, vn peu de mafficot, de faffran, ou autre couleur iaune, celuy qui s'y mirera, femblera auoir la iauniffe: fi vous y meflez du noir en petite quantité, il fera paroiftre la face liuide & comme plombée: fi en plus grande quantité, il la monftrera comme celle d'vn Ethiopien: fi l'on y mefle de la lacque, du cynabre ou vermillon, quiconque fe prefentera au miroir qui en fera fait, fe verra tout rouge, & comme enflammé de colere, ou enluminé comme vn yurogne: bref autant qu'il y a de differentes couleurs qui s'y peuuent mefler, auffi differents feront les effets qui en reüffiront.

Pour ce qui eft de ceux qui font engendrez par la forme ou figure du miroir, le feul concaue fpherique nous en fournit d'admirables, en renuerfant les obiets qui luy font oppofez au delà de fon foyer, en groffiffant eftrangement ceux qui font mis entre fa furface & fon foyer, & en iettant au dehors l'efpece de l'obiet; de forte que fi vous luy prefentez vn poignard, vous en voyez fortir vn autre du miroir qui femble vous menacer: fi vous mettez vne chandelle deuant, vous en voyez vne feconde comme fufpenduë dans l'air: & fi vous placez vn de ces miroirs fort grand au milieu d'vn plancher ou de quelque voûte, ceux qui pafferont par deffous penferont voir des fpectres pendus en l'air par les pieds.

L'on peut encore par le moyen du miroir concaue fpherique faire paroiftre plufieurs images d'vn feul obiet, tantoft plus grandes, tantoft plus petites: tantoft droites, tantoft renuerfées: l'on peut par leur reflexion porter la lumiere en des lieux obfcurs, pour voir ce qui y eft & ce qui s'y paffe: l'on peut de loin manifefter fes penfées à vn amy, non en imprimant des caracteres au corps de la Lune, qui fe voyent par reflexion, car l'angle qui auroit fa bafe en ces lettres ou caracteres feroit trop petit pour rendre la vifion fenfible.

Le miroir cylindrique concaue produit encore d'eftranges difformitez à ceux qui s'y regardent: car s'ils le difpofent parallelle à l'horizon, il leur montrera vn viſage extremement eſtendu en largeur; & s'il eſt mis de bout & perpendiculaire, il le rendra extremement long & eſtroit: & ſi l'vne de ces deux figures ſperique ou cylindrique concaue eſt inſerée en vn miroir plat, elle produira des effets extraordinaires; par exemple ſi dans vn miroir plat à l'endroit où ſe doit repreſenter la bouche, on faiſoit par derriere vne boſſe ronde, le miroir, lors qu'on s'y regarderoit, repreſenteroit pluſtoſt le muſeau d'vn chien ou de quelqu'autre animal que la bouche d'vn homme: ſi on faiſoit deux de ces boſſes à l'endroit où ſe doiuent voir les yeux, on croiroit pluſtoſt voir des coquilles, ou quelque choſe encore plus extrauagante que des yeux. Remarquez encore qu'vn cryſtal plat d'vn coſté & ſpherique conuexe de l'autre, de quelque part qu'il ſoit terminé, comme i'en ay fait l'experience pluſieurs fois, rend deux eſpeces d'vn meſme objet, l'vne grande, l'autre plus petite, l'vne droite, & l'autre renuerſée. En vn mot on peut s'imaginer ce que toutes ces differentes configurations peuuent produire en changeant & alterant les eſpeces des obiets qui leur ſont oppoſez, chacune ſelon ſes proprietez.

Ie ne m'arreſteray pas icy à parler des flammes, que peuuent exciter en vne matiere bien diſpoſée les miroirs concaues, dont quelques-vns ramaſſent & vniſſent les rayons & la chaleur du Soleil auec tant de force, qu'ils mettent la flamme preſque en vn inſtant à vn bois verd & remply d'humeur, & fondent le plomb fort promptement: ie ne parleray point, dis ie, de ces effets, parce qu'ils ſemblent eſtre hors de l'eſtenduë de mon ſujet, qui eſt principalement de traiter de ces ſortes de peintures que la Perſpeétiue Curieuſe dirige & conduit: c'eſt pourquoy qui voudra s'inſtruire plus amplement en cette matiere, pourra voir ce qu'en a eſcrit Orontius Fineus au traité qu'il a fait *De ſpeculo vſtorio*, & le P. Merſenne en ſes agreables traitez *De l'harmonie vniuerſelle*, où il declare la puiſſance & les proprietez des miroirs paraboliques & elliptiques. Quelques Chymiſtes pretendent auoir trouué la façon de calciner l'or & d'en extraire le Mercure par le moyen d'vn miroir concaue, qu'ils accommodent ſur vne machine, dont le mouuement artificiel ſuiuant celui du ſoleil, fait receuoir au miroir tout le long du iour ſes rayons perpendiculairemẽt, leſquels s'vniſſant à ſon foyer eſchauffent la matiere qu'ils y mettent enfermée en vn vaiſſeau ſigillé Hermetiquement, mais il n'en faut rien croire qu'on ne le voye.

Or pour retourner à noſtre ſujet ie dis que la diſpoſitiõ d'vn ou pluſieurs miroirs de ſẽblable ou differéte figure faite à propos ne nous fournit pas de moindres ſujets d'admiration, puiſque nous pouuons faire voir des images & des ſpectres qui ſẽblét voler dãs l'air, & dans vn meſme miroir deux repreſentations d'vn ſeul objet, dont l'vne ſemblera approcher, & l'autre reculer: puis que ſelon Cardan l'on en peut faire vn qui rapporte à celuy qui s'y mirera autant de fois

T iij

son image qu'il y a d'heures du iour escoulées. Celuy d'Abraham Colorni ingenieur Iuif est encore plus ingenieusement inuenté, lequel, au rapport de Raphaël Mirami au 16. chap. de son introduction à la Speculaire, auoit trouué le moyen de le construire & de le disposer en sorte qu'il montrast autant d'images du soleil, ou de quelqu'autre planete ou estoile; qu'il estoit d'heures, par exemple qu'en s'en approchant à 4 heures on en vit 4: à 5 heures, 5 &c. ce qui semble presque impossible. L'on tient encore que l'on peut faire, par le moyen des miroirs, parestre vne armée où il n'y aura qu'vn seul homme, ou bien vn long ordre de colomnes & vn edifice ordonné, en opposant au miroir vne seule colomne, ou quelqu'autre piece d'architecture? l'on void aussi par la conjonction de plusieurs glaces mises en vn coffre disposé à cet effet les medailles, les pistolles, les perles & les pierreries, & tout ce qui y tient lieu d'obiet, se multiplier à l'infiny. Ceux qui ont veu la machine qui est à Rome dans la vigne de Borghese, n'ont pas de peine à le croire: Et dans Paris, que l'on peut appeller le cabinet de l'Europe pour les merueilles de la nature & de l'art qui s'y voyent, & qu'on y aporte encore de tous costez, nous ne sommes pas despourueus de cette curiosité, depuis que Monsieur Hesselin Conseiller du Roy, & Maistre de sa chábre aux deniers en a fait dresser vne excelléte, ne voulant pas permettre qu'aucune curiosité máque à son cabinet: i'apelle son cabinet, toute sa maisó: car veritablemét elle est réplie de raretez; on y voit de si belles glaces de si excellens mirois, tant de rares peintures & de pieces à rauir pour les rondes bosses & les reliefs, tát de beaux & bons liures en toutes sortes de sciéces, qu'on la peut dire l'abbregé des cabinets de Paris, & que les rares diuersitez qui sont çà & là en tous s'y les autres, trouuent soigneusement assemblées, ce qui monstre que l'esprit du maistre est tres vniuersel en ses connoissances: mais i'ay peur d'entrer si auant parmy ces beautez que ie ne m'en puisse retirer: c'est pourquoy laissant le reste des particularitez à la conoissance de ceux qui l'ont veu, ie finis en auertissant le Lecteur curieux que s'il veut se satisfaire plus particulierement sur les effets de tous ces miroirs, il peut lire ce qu'en ont escrit Alhazen, & Vitellion aux liures 7. 8 & 9 de sa Perspectiue: Baptista Porta au 17. liure de sa magie naturelle, & Sempilius, au chap. 8. du 4. liu. *de discipulis Mathematicis*, &c. cependant ie viens à nostre premiere proposition.

de la Perspectiue Curieuse. 151

PREMIERE PROPOSITION.

Conſtruire vne figure ou image en vn quadre de ſorte qu'elle ne puiſſe eſtre veuë que par reflexion en vn miroir plat, & que le quadre eſtant veu directement, on en repreſente vne autre toute differente.

IL faut premierement pour diſpoſition faire 8, 12, 20, ou 25 petites tablettes triangulaires ſolides en forme de priſme, egales en longeur à la largeur du quadre, où l'on veut conſtruire la figure, & groſſes à diſcretion, leſquelles ſeront compriſes de trois parallelogrammes, & de deux triangles iſoſceles aux extremitez, comme on void en A D E, B C F de la cinquante-deuxieſme figure, de la 43 planche, afin que la face A B C D, où ſe doit depeindre vne partie de l'objet, qui ſera veu par reflexion au miroir, ſoit vn peu plus petite que D C F E, ſur laquelle ſera vne partie de la figure veuë directement. Plus ſoient preparez deux chevrons ſemblables à ceux qui ſont repreſentez en la cinquante-troiſieſme figure I K, L M, entaillez de ſorte qu'en inſerant les priſmes ou tablettes triangulaires ſemblables à la cinquante-deuxieſme figure, par le coſté E F dans les entailles deſdits chevrons, elles faſſent toutes enſemble vn plan vniforme & continu, ſur lequel on puiſſe depeindre tout ce qu'on voudra, comme l'on voit exprimé dans la cinquante-quatrieſme figure, où ſur les chevrons I K, L M, il y a huict de ces tablettes triangulaires arangées en A B C D E F G H, ſur leſquelles i'ay deſſeiné le portrait de François premier : ce qu'eſtant fait, & la figure eſtant acheuée, il faut prendre leſdites tabletes triangulaires, les tranſporter au quadre *nopq*, & les diſpoſer en ſorte qu'eſtant miſes ſur l'vn des deux plus grands parallelogrammes, comme ſont D C F E de la cinquante-deuxieſme figure, elles tornent vers la part où ſera attaché le miroir la plus eſtroite de leurs faces, dàs laquelle ſera depeinte vne partie de l'objet qui y doit eſtre veu par reflexion, comme l'on peut voir en la cinquante-cinquieſme figure, où les faces *abcdefgh*, qui expriment A B C D E F G H de la cinquante-quatrieſme pareſſent tornées de la ſorte, & d'vn tel ordre que les tablettes qui tiennent la partie ſuperieure de la figure ſoient miſes en la partie inferieure du quadre, & ainſi de ſuite, comme l'on voit que celle qui eſt marquée *a* eſt la plus baſſe : & puis ſuiuent *bcd* &c. d'autant que par le ſeptieſme Theoreme de la catoptrique d'Euclide les hauteurs & les profondeurs pareſſent au miroirs plats tellement renuerſées que la partie inferieure pareſt en la ſuperieure du miroir, & la ſuperieure de l'objet dans l'inferieure du miroir.

Or apres auoir diſpoſé les tablettes de la façon au plan du quadre, il le faut placer contre quelque paroy, au deſſus de l'horizon ou niueau de l'œil, afin que les parties ſuperieures des tablettes *abc def* &c. où l'objet du miroir eſt depeint, ne ſe puiſſent voir directement ; mais ſeulement les inferieures, eſquelles on peut figurer vne image differente de la premiere, ſuiuant la methode que i'ay miſe dans l'auant-propos du ſecond liure : où l'on peut deſcrire des vers, ou quelque anagramme à la loüange de celuy dont le portrait ſe voit au miroir, ce qui ſemble plus à propos, d'autant que les vers, les anagrammes ou les autres eſcritures ſe raſſembleront beaucoup plus parfaitement qu'vne image, laquelle paroiſtroit peut-eſtre entrecoupée à cauſe de la ſeparation des tablettes, ce qui n'arriuera pas à l'eſcriture, parce que ſur chaque tablette l'on peut faire vne ligne comme il ſe voit dans l'exemple, où nous auons eſcrit en cette maniere.

FRANCISCVS
PRIMVS
DEI GRATIA
FRANCORVM
REX
CHRISTIANISSIMVS
ANNO DOMINI
M. D. XV.

pour donner à entendre comment cela ſe doit pratiquer.

Or il faut remarquer qu'on peut mettre de l'eſcriture non ſeulement és faces qui tombent directement ſous la veuë, mais encore en celles qui reflechiſſent au miroir, en la diſpoſant à propos pour la rendre en ſon vray ſens par la reflexion, c'eſt à dire en figurant les caracteres renuerſez & à rebours, afin qu'ils forment au miroir vne ſuite de parfaite eſcriture, d'autant que par le ſeptieſme & la dix-neufieſme Theoreme des Catoptriques d'Euclide, aux miroirs plats les hauteurs & profondeurs paroiſſent renuerſées, comme nous auons deſ-ja dit, & la partie gauche d'vn obiet ſemble eſtre la droite, & la droite la gauche, Cét artifice auroit fort bonne grace pour les anagrammes qui ſe font quelquefois à la loüange des grands, comme d'vn Roy ou d'vn Prince, leſquels on place d'ordinaire au deſſus de quelque porte ou d'vn arc triomphal, lors qu'il font leur entrée és villes de leur obeïſſance : comme quand Lois XIII. fit ſon entrée à Bordeaux l'an 1615, on dit, qu'ils luy firent pour anagramme fort ingenieux & fort auantageux pour les habitans, ſur LOIS DE BOVRBON, BON BOVRDELOIS. Mais cette inuention euſt produit vn effet agreable aux yeux d'vn chacũ ſi l'on euſt eſcrit ſur le coſté de la tablette qui ſe deuoit voir directement LOIS DE BOVRBON, & ſur l'autre qui ſe deuoit reflechir par le miroir, des caracteres qui euſſent rapporté aux yeux des regardans l'anagramme BON BOVRDELOIS ; car il y en euſt eu,

qui

de la Perspectiue Curieuse 153

qui fe fuffent imaginé que les mefmes lettres qui faifoient le nom compofoient auffi l'anagramme, ayant efté difpofées par l'ingenieur auec tant d'artifice que par la reflexion, elles fe transpofoient felon l'intention de l'autheur.

La difpofition du miroir en cette forte de figures, fe fait fuiuant la groffeur des tablettes triangulaires, la fituation du quadre, & le lieu d'où l'on veut faire voir la figure. Mais il est plus court d'y proceder par voye d'experience qu'autrement : & il fuffit de fçauoir que la partie inferieure du miroir $lmno$, & la fuperieure du quadre $nopq$, doiuent eftre iointes enfemble par la ligne no; & que la partie fuperieure dudit miroir lm doit eftre attachée auec deux petits cordons ik contre la muraille en forte qu'elle fe puiffe hauffer & baiffer fur la figure, iufques à ce qu'on ait trouué la conftitution en laquelle le miroir veu d'vn certain point, où l'on fe mettra en faifant l'experience, reprefente parfaitement l'objet propofé.

COROLLAIRE.

La cinquante fixiefme figure de la mefme planche nous reprefente vne autre methode de conftruire ces figures, qui peut eftre vfitée en quelques rencontres felon qu'on iugera à propos. Soient prifes, felon la grandeur de la figure qu'on voudra faire, 25, 30, 40, ou 50, petites tablettes parallelepipedes, longues comme la largeur du quadre, où l'on veut les inferer, de l'epeffeur d'vn double ou enuiron, comme eft ABCD, en cette cinquante-fixiefme figure : & puis les ayant difpofé toutes égales en longueur, largeur & efpeffeur, il les faut mettre l'vne fur l'autre & les ferrer par les deux bouts auec du filet ou du cordon en forte que toutes leurs épeffeurs foient de niueau, & faffent vn plan vniforme & continu, comme eft CD EF, fur lequel on puiffe figurer ce qu'on voudra : nous y auons mis pour feruir d'exemple, la figure d'vn Pape. La figure eftant peinte & acheuée, il faut delier les tablettes, & les aranger l'vne fur l'autre comme plufieurs rangs de tuiles, en forte que d'vn cofté de leur largeur elles portent fur le plan du quadre, & de l'autre cofté où l'image aura efté depeinte, chacune porte fur celle qui la precede. Quant à l'ordre qu'elles doiuent auoir entr'elles & la difpofition du miroir, il faut dire la mefme chofe qu'en la precedente methode, & prendre garde, particulierement en cette-cy, à caufe que l'image fe trouuera feparée en beaucoup de petites parties, qu'elles foient bien efclairées, afin qu'elles enuoyent des efpeces plus fortes fur le miroir. On peut auffi fur ces tablettes ainfi arangées, peindre ce qu'on voudra pour eftre veu directement, & different de ce qui fe verra au miroir.

V

PROPOSITION II.

Expliquer quelle doit estre la matiere des bons miroirs, ce qui entre en sa composition, la maniere de les fondre, & ietter en moule, & de leur donner vn beau poly.

L'On fait de fort bons miroirs de cryſtal à Paris,& à Veniſe, que l'on termine puis apres auec vne feüille d'eſtain & du vif argent ; il ſemble que ce ſeroit trauailler en vain de rechercher quelque plus belle matiere pour cette ſorte de miroirs; & cette propoſition eſt faite pour les miroirs concaues & conuexes tant cylindriques que coniques, deſquels nous deuons traiter cy-apres; d'autant qu'il eſt tres-difficile, d'en faire de verre ou de cryſtal, qui ſoient bons & bien reguliers, c'eſt à dire, qui gardent exactement en leur ſurface la figure qu'on a deſſein de leur donner : c'eſt pourquoy pour les faire reüſſir plus conformes au modelle que l'on ſe propoſe on a trouué moyen d'en faire qu'on appelle communément miroirs d'acier, qui ſont d'vn métal compoſé de pluſieurs autres, ou meſlé de quelques drogues qui luy donnent les qualitez propres à cét effet ; ce métal ſe fond & ſe iette en moule, comme les Fondeurs & les Orfevres iettent leurs figures: Or la compoſition & les moules ſe peuuent faire en pluſieurs façons.

Or once met auec vne liure de roſette, & vne demie liure d'eſtain de glace, 4 onces de marcaſite d'argent, & autant de ſalpeſtre, & le tout eſtant fondu enſemble, il y aiouſte vne tranche de lard & remuë la matiere quelque temps dans le creuſet auec vne verge de fer, afin que le meſlange en ſoit plus parfait, & puis il la iette dans le moule preparé en l'vne des façons que i'expliqueray.

Iean Baptiſte Porta au dix-ſeptieſme liure de ſa Magie naturelle, chapitre dernier, met ſur cinquante liures de vieil airain & vingt-cinq d'eſtain d'Angleterre, deux liures de tartre & autant d'arſenic cryſtallin, & ſi le tout eſtant fondu enſemble & bien purifié, la matiere ſemble trop dure, ou trop caſſante, on peut corriger ce defaut en augmentant ou diminuant la doſe de quelques métaux ou mineraux qui entrent en la compoſition.

Il y en a qui mettent autant d'eſtain que de roſette,& ſur chaque liure de cette matiere vne once d'arſenic cryſtallin, demie once d'antimoine d'argent, & autant de tartre.

Les autres, mettent deux parties de roſette, vne d'eſtain, & la quatrieſme de regule d'antimoine, ou au lieu de regule d'antimoine ils vſent d'vne terre minerale noire, preſque ſemblable à l'an-

de la Perspectiue Curieuse. 155

timoine, qui mise dans le creuset, apres auoir euaporé son souf-
fre donne vne belle liqueur semblable à vn métal fondu, laquelle
se respand sur vn marbre ou sur vne pierre bien nette en laissant les
ordures au fonds du creuset.

Il y en a qui font les miroirs de regule d'antimoine tout pur, d'autres y meslent vn peu d'argent; les autres ne prennent que de la ro-
sette, & la blanchissent à force de poudres & de drogues; en vn
mot chacun de ceux qui s'en meslent faict la matiere à sa façon.

Ceux qui en voudront faire se pourront seruir de quelques vnes
desdites compositions, & l'experience leur fera connoistre quelle
sera la meilleure; car l'vne receura vn plus beau poly, & sera plus
blanche, l'autre plus noire : l'vne aura quantité de flaches ou vents
qui s'y mettent en fondant, & l'autre apres estre polie se gastera incontinent à l'air : Bref chacune aura ses auantages & ses imperfe-
ctions; & quand on aura reconnu ce qui rend la matiere capable
d'vn beau poly, & ce qui la fait plus noire & plus luisante pour rédre
de plus viues especes,&c. on en pourra faire le meslange si à propos,
qu'il en viendra des miroirs où rien ne manque : i'aioute seulement
que quand on y mettra de l'estain, il y doit estre mis sur la fin, de
peur qu'estant mis auec les autres métaux plus durs à la fonte il ne
se calcine.

On peut ietter ces miroirs en deux façons; à sçauoir en sable, &
en moule de cire perduë : & pour les ietter en sable, on en pourra
faire le modelle de bois, de cire, de plomb, ou d'autre chose solide indifferemment, & apres en auoir imprimé la figure sur le sable,
pour faire venir le miroir plus net, & moins difficile à polir, on aura
soin d'auoir vn poncif bien delié à poudrer les moules, que quelques vns font de craye, de charbon de saule, & de folle farine : & si
on veut l'auoir encore plus parfait, on flambera lesdits moules auec
des chandelles de resine qui rendent vne grosse flamme & vne noire fumée ; & pour la derniere disposition des moules il faut preparer vn conduit pour y faire entrer le métal, & quelques-autres conduits pour donner issuë à l'air qui se rencontrant dedans pourroit
causer des flaches, ou des vents; si l'on obserue tout cecy les ouurages viendront tres-beaux & à demy polis.

Et pour acheuer de les polir quand on les aura tiré des moules,
on se peut premierement seruir du grez commun dont on paue les
ruës : apres de deux ou trois pierres à aiguiser, en employant tous-
jours la plus rude au commencement & les plus douces sur la fin,
comme est la pierre à huyle, & puis la pierre d'hypre : & finalement
on pourra se seruir d'Emeril bien pilé, & passé par le tamis, ou de
tripoli cassé ou broyé sur vn porphyre, ou sur vne écaille de mer
auec de l'eau qui fera vne paste rouge excellente à cét effet.

Le charbon de saule, ou de geneure auec l'huile de tartre, & la
cendre grauelée, la suye &c. y seruent aussi : Mais l'experience en-

V ij

seigne qu'il n'y a rien de si propre à donner le dernier & le plus parfait poly à ces miroirs que de la potée ou chaux d'estain bien preparée, c'est à dire bien pulueriſée & miſe dans vn vaiſſeau plein d'eau, afin que le plus groſſier aille au fonds, & que le plus ſubtil nage ſur l'eau, dont on frotte la ſurface du miroir auec vn cuir bien doux, ou auec la paume de la main, & il en reüſſit le plus excellent poly qu'on puiſſe deſirer pourueu que la matiere en ſoit ſuſceptible.

Pour fondre en moule de cire perduë, il faut premierement faire le modelle du miroir cylindrique ou conique de la meſme grandeur & eſpeſſeur qu'on le deſire auoir, & puis il le faut couurir d'vne terre fort deliée que l'on peut compoſer de croye, de vieilles briques, ou tuiles, de plaſtre, de tripoli, de petits cailloux, de pierre ponce, d'os de ſeche, & de bouc bruſlez, de roüille de fer &c, toutes leſquelles choſes doiuent eſtre bien pulueriſées, & puis broyées ſur le marbre ou ſur le porphyre, afin que la matiere qui ſeruira de premiere couuerture au modele en ſoit plus deliée; ſur laquelle on en pourra mettre de plus groſſiere pour renforcer les moules afin qu'ils puiſſent ſuporter la chaleur & la peſanteur du métal fondu: ce qu'eſtant diſpoſé de la ſorte, on peut mettre ce moule cuire au feu, & en cuiſant la cire s'eſcoulera par vn conduit fait expres, & ne laiſſera de vuide au moule que la forme du miroir, laquelle on remplira de métal preparé comme nous auons dit, puis on rompra le moule, & l'on trouuera le miroir preſt à polir comme i'ay dit.

PROPOSITION III.

Eſtant donné vn miroir cylindrique conuexe perpendiculaire ſur vn plan parallele à ſa baſe, deſcrire en ce plan vne figure, laquelle, quoy que difforme & confuſe en apparence, produira au miroir par reflexion vne image bien proportionnée, & ſemblable à quelque objet propoſé.

Nous appellons miroir cylindrique, celuy qui eſt ſemblable à vn cylindre, ou à la pierre longue & ronde également par tout dont on ſe ſeruoit autrefois pour vnir & applanir les lieux où l'on battoit le grain, & les allées de promenades és iardins, au raport de Virgile au 2. des Georgiques.

Area cumprimis ingenti æquanda cylindro.

I'ay donné le moyen d'en faire de métal, c'eſt pourquoy i'aioute ſeulement que pour l'ordinaire on fait le modelle du miroir de la ſeule moitié d'vn cylindre, d'autant que d'vn meſme point, ou d'vn ſeul œil on n'en ſçauroit voir la moitié entiere par la nonante-huictieſme propoſition du 4. des Optiques d'Aguilonius, quoy qu'abſolument parlant, ſi la diſtance qui eſt entre les deux prunelles des

de la Perspectiue Curieuse.

yeux est égale au diametre du cylindre, on en voye iustement la moitié; & si cette distance est plus grande, on en voye plus de la moitié: si plus petite, on en voye moins que la moitié, par la nonante-neufiesme proposition du mesme: Et comme d'ordinaire le diametre de ces miroirs est égal ou plus grand que la distance qui est entre les deux yeux, & que celuy dont nous nous seruons icy pour exemple est des plus petits qui se fassent communement, il suffira qu'ils soient faits d'vn demy cylindre; Neantmoins pour luy donner plus de grace en le montant, c'est à dire en luy faisant sa base & son chapiteau, on acheue l'autre partie du cylindre, ou du corps de la colomne de mesme matiere que ladite base & chapiteau. Mais ce que i'en dis est seulement pour ceux qui n'ont aucune connoissance de ces instrumens, car ie ne doute point que la pluspart de ceux qui se meslent de la Perspectiue n'en ayent veu plusieurs.

Voyons maintenant comme il faut faire parestre en ce miroir cylindrique mis perpendiculairement sur quelque plan vne image bien proportionnée, & semblable à quelque obiet proposé; encore qu'en ce plan il n'y en ait nulle aparence, mais vne seule confusion de traits, comme faits à l'auanture & sans dessein: par exemple s'il estoit proposé de faire au plan de la 44 stampe, vne figure, laquelle en vn miroir cylindrique mis perpendiculairement au milieu du cercle KLMNOPQR, parût semblable à l'image descrite en la cinquante-septiesme figure, qui est l'image de S. François de Paule: il faut, pour disposition, diuiser la largeur de l'image, ou de l'objet proposé en 6, 8, ou 12 parties égales: nous l'auons icy diuisée en 12, d'autant que nous auons trouué cette diuision commode en nostre pratique: les chiffres 1, 2, 3, 4, 5, 6, 7, &c. mis au haut de cette cinquante-septiesme figure montrent comme se doit faire cette diuision, laquelle estant faite, il faut sur la hauteur & la longueur de l'image marquer autant d'espaces de cette premiere diuision qu'elle en pourra porter, comme l'on voit sur le costé de l'image, par les nombres 1, 2, 3, 4, 5, 9, 7, 8, 9, 10, 11, 12, 13, 14, que la figure a de longueur ou hauteur 14 mesures, dont elle n'a que douze en largeur; & par tous les points de ces diuisions tant de la hauteur que de la largeur, il faut tirer des parallèles qui diuiseront l'image proposé par petits quarrez, & par ce moyen la disposeront à estre reduite au plan d'où elle doit estre portée au cylindre, pour y paroistre en sa deuë proportion, pourueu qu'elle soit construite audit plan à propos pour cet effet: ce qu'on pourra faire en cette maniere.

Soient premierement, en la cinquante-huictiesme figure, tirées les deux lignes droites AB, CD, qui s'entrecoupent à angles droits ou à l'équiere au point E, duquel, comme centre, soient descrits le petit cercle FGHI égal à la grosseur du miroir cylindrique, où se doit voir la figure, & le plus grand KLMNOPQR representant la

V iij

base du mesme cylindre; duquel plus grand cercle soit la circonference diuisé en huit parties égales, és points KLMNOPQR, chacune desquelles sera encore diuisée en deux également, excepté les deux arcs LM, MN, qu'on doit imaginer derriere le cylindre mis de la façon que nous auons dit, en sorte que ce qui y seroit compris ne pût estre reflechy par la partie du cylindre capable de representer les objets: ces deux parties de huit estant ainsi retranchées, il faut mener du centre E par tous les points de la diuision faite en la circonference, des lignes droites ou rayons à l'infiny, qui paraistront perpendiculaires & paralleles dans le cylindre, & y feront douze espaces semblables à ceux que forment les montantes, qui diuisent la largeur de l'image en la 57 figure.

Or pour tracer sur le plan de la cinquante-huitiesme figure les lignes qui doiuent, au miroir, parestre paralleles, & en coupant les montantes à angles droits former auec elles de petits quarrez semblables à ceux de la 57; il faut diuiser le demy-diametre EI du plus petit cercle FGHI en 4 parties égales, comme le monstrent les chiffres 1, 2, 3, 4, & en mettant vne iambe du compas sur le point 3, comme centre, d'interualle à discretion, suiuant la hauteur de la base du cylindre, & l'endroit où l'on veut que l'image paroisse, comme de l'interualle 3 a, pour faire parestre la figure vn peu au dessus de la base; il faut, dis-ie, descrire de cét interualle, vne grande portion de cercle depuis la ligne EL prolongée iusques à EN aussi prolongée, & cette portion de cercle parestra au cylindre comme vne ligne droite qui le coupera parallelement à sa base, & exprimera la premiere ligne d'enbas du parallelogramme qui enferme l'image en la figure cinquante-septiesme. Du mesme centre & de l'interualle 3 b, soit encore descrite vne portion d'vn plus grand cercle, laquelle auec la premiere, & auec les rayons, ou lignes qui partent du centre I, formera les quadrangles, qui rendront au miroir des quarrez semblables à ceux de la cinquante-septiesme figure. Pour l'espace, qui doit estre obserué depuis a iusques à b, pour faire representer ces quarrez, en cette methode qui est mechanique, on le reconnoistra plus par discretion, en experimentant, que par aucune autre voye: c'est pourquoy apres auoir fait le premier cercle (ie dis cercle absolument, par ce qu'il y a peu à dire qu'il ne soit entier) on fera le second en sorte que la ligne trauersante qu'il representera dans le miroir, soit parallele à la premiere, d'vne mesme distance que les montantes sont entr'elles: ce qu'on pourra faire à veuë d'œil en l'approchant ou l'esloignât selon qu'on iugera à propos: ce qu'estant reglé on operera és suiuans auec facilité, à sçauoir en augmentant les espaces compris d'a b c d, &c. par où doiuent passer tous les autres cercles, peu à peu & proportionellement, comme de 20 à 21; c'est à dire en donnant au second espace b c, 21 parties, dont le premier a b, n'a que 20: ce qui se peut faire par le

de la Perspectiue Curieuse. 159

moyen du compas de proportion en mettant sur la ligne des parties égales à l'ouuerture de 20, la ligne ab, & le compas demeurant en cet estat, on prend l'ouuerture de 21, pour bc à l'égard de cd, & ainsi de suite iusques à ce qu'on ait marqué tous ces espaces comme ils se voyent, & tracé les cercles qui feront auec les rayons ou lignes droites des quadrangles, qui paroistront au miroir semblables aux petits quarrez de la cinquante-septiesme figure.

Il ne reste plus maintenant, apres auoir tracé les lignes qui expriment au miroir les montantes & les trauersantes qui diuisent l'image, qu'à reduire les parties de cette image comprises és quarrez de la cinquante-septiesme figure, és quadrangles de la cinquante-huictiesme qui les representent: l'exemple proposé facilitera la pratique de cette reduction aux moins intelligens, où nous auons marqué le premier rang des quarrez du haut de la cinquante-septiesme figure, & les quadrangles exterieurs de la cinquante-huictiesme tout autour de mesmes chiffres 1, 2, 3, &c. iusques à 12, pour faire voir que ces derniers representent les premiers, de mesme que ceux qui sont au bas de la stampe, en la cinquante-huictiesme figure, marquée de chiffres depuis 1, 2, 3, 4, &c. iusques à 14, representent ceux qui sont à costé de la cinquante-septiesme figure marquez de mesmes nombres: de sorte que pour sçauoir en quel quadrangle de la cinquante-huictiesme figure doit estre reduit l'œil gauche de l'image, ou quelqu'autre semblable partie : il faut premierement considerer en quel quarré de la cinquante-septiesme il est compris, eu égard aux nombres mis au dessus, & à costé de la mesme figure cinquante-septiesme, & apres auoir recogneu qu'il est enfermé dans le quarré, auquel concourent le 5 nombre d'en haut, & le 2 d'à costé, il faut semblablement le reduire en la cinquante-huictiesme au quadrangle, où se rencontrent ces 2 nombres, comme il se voit en l'exemple: de maniere qu'il ocupe à proportion autant de place en ce quadrangle qu'il en tient au quarré de la cinquante-septiesme figure, d'où il arriuera qu'il sera extremement difforme sur ce plan, veu que demeurant à peu prés en sa mesme largeur, il sera estendu en longueur à proportion que ces quadrangles surpassent les quarrez de la cinquante-septiesme figure. Il faut faire la mesme chose sur toute la figure, laquelle estant desseignée & acheuée, ne manquera pas de produire au miroir l'effet pretendu.

Remarquez que le graueur n'a pas exactement suiuy mon dessein en la disposition & l'augmentation des especes compris entre les cercles, comme l'on peut voir en la figure, que le dernier espace qui devroit estre le plus large, est neantmoins plus estroit que celuy qui le precede, particulierement du costé de la main droite; mais cette faute est de peu d'importance, & n'empesche pas qu'on n'entende le reste.

COROLLAIRE I.

Cette conſtruction ſemble eſtre faite ſans obſeruation des angles d'incidence & de reflexion, & ſans diſtance & hauteur de l'œil dererminée : auſſi ne pretends ie pas qu'elle ſoit dans vne parfaite demonſtration de toutes les maximes de la Catoptrique, car i'ay voulu donner vne methode fort familiere & intelligible à ceux meſmes qui ſont les moins verſez és principes des Mathematiques : pour leſquels i'ay dreſſé vne pratique mechanique qui ſert pour faire reüſſir vn bel effet, dont i'ay vſé dans toutes les figures, faites pour le cylindre, leſquelles ont eſté aſſez eſtimées de ceux qui s'en meſlent, & trouuées auoir vn tres-bel effet au miroir, comme le peuuent teſmoigner ceux qui en ont veu quelques-vnes dans noſtre Bibliotheque de la place Royale, entre leſquelles il y en a vne ſemblable à celle de la ſtampe, mais vn peu plus grande : ce qui ſe reconoiſtra encore par experience ſi l'on enlumine, & ſi l'on ombrage l'image de la cinquante-huictieſme figure, apres l'auoir attachée ſur vn plan bien vny, & auoir mis vn mis vu miroir de la groſſeur ſpecifiée au milieu du cercle KLMNOPQR. La reduction des obiets qui ne ſont compoſez que de lignes droites, reüſſit fort bien par cette methode, comme i'ay experimenté en reduiſant vne chaire ſemblable à celle de la trentieſme figure de la 18. planche, qui reüſſit fort bien au cylindre, encore que ſur le plan elle ne reſſemble point à vne chaire & qu'elle ſoit preſque toute compoſée de traits de regle & de compas : ce qui fait voir, auſſi bien que les trauerſantes de la cinquante-huictieſme figure, que les lignes circulaires paresſent droites dans le cylindre : Or oûtre la facilité d'operer, ie trouue plus de certitude à les faire de la ſorte, qu'à conduire des lignes courbes de point à autre, comme ie diray dans la propoſition qui ſuit, d'autant que le compas dans la regularité de ſon monuement vniforme, ne s'eſloignera pas tant du vray chemin que la main, pour aſſeurée qu'elle ſoit, & qui ne ſçauroit faire vn cercle parfait ſans compas, & beaucoup moins ces lignes qui ſont beaucoup plus difficiles à tracer.

Mais le tout conſiſte à leur choiſir vn centre bien à propos, de maniere que ſi on vouloit conſtruire de ces figures pour vn autre cylindre qui fuſt beaucoup plus gros, & qu'ayant diuiſé le demy-diametre de la groſſeur du cylindre en 4 parties égales, & mis le centre ſur la troiſieſme, on viſt que les lignes circulaires paruſſent au miroir courbées vers la partie inferieure : il faudroit approcher ce centre plus prés de la circonference : & ſi au conrraire elles pareſſoient telles vers la partie ſuperieure, il faudroit reculer ce meſme centre vers celuy du cercle qui exprime la groſſeur du cyliudre.

Pour le point de veuë, il n'eſt pas tellement indeterminé, que ie ne le supose dans la constitution plus ordinaire, dans laquelle on peut voir ces figures ; car elles doiuent estre mises sur vne table de hauteur ordinaire à sçauoir de deux pieds 7 ou 8 pouces : la base du cylindre peut auoir vn pouce & demy ; & la hauteur de l'œil par dessus le plan de la table deux pieds, comme la distance du cylindre.

Si on demande pourquoy ie mets le centre des cercles qui representent au miroir les trauersantes, sur la troisiesme partie du demy diametre de la grosseur du cylindre : pourquoy telle proportion entre les espaces compris de ces cercles, & ainsi du reste de cette construction. Ie responds qu'apres auoir rencontré vne methode facile en ce sujet, ie me suis efforcé de la conformer à son effet autant que i'ay peu, sans la rendre aussi difficile que celle qui procede par les principes de la catoptrique, & qu'ayant experimenté combien d'vne certaine hauteur de l'œil, & d'vne certaine distance les espaces Perspectifs diminuent en la construction geometrique, i'en ay approché en la mechanique autant qu'il se peut, ou que l'on peut raisonnablement souhaiter pour de telles pratiques.

COROLLAIRE. II.

Il y en a plusieurs, qui se seruent d'vn treillis diuisé par petits quarreaux, qu'ils mettent entre le miroir, & vne lumiere qui est au point de veuë, & qui marquent sur le plan les quadrangles qui y sont formez par la reflexion, pour y faire puis apres la reduction de toutes sortes de figures, comme nous auons dit : mais autant que i'ay peu descouurir par l'experience, cette methode a fort peu d'effet & est tres-difficile à pratiquer ; & si elle reüssissoit, il seroit plus court de picquer la figure mesme qu'on y voudroit reduire, & puis de l'exposer de la sorte entre le miroir & la lumiere pour en tracer la reflexion sur le plan : quoy qu'il valle mieux de ne s'y pas amuser, d'autant que la maniere que i'ay donnée est beaucoup plus facile, & plus asseurée. Et si elle ne satisfait pas les plus difficiles, & qu'ils en desirent des methodes demonstratiues, qu'ils se seruent de celle du sieur Vaulezard, lequel a fort bien escrit sur ce sujet, & qui est l'vn des grands Analystes, & des sçauans Geometres d'auiourd'huy : ils pourront encore voir ce qu'en a escrit Herigone dans la neufiesme & derniere proposition de sa Perspectiue, où il en donne vne methode ; finalement ils se pourront seruir de celle que ie vais proposer.

Liure troisiefme

PROPOSITION IV.

Estant donné vn miroir cylindrique conuexe perpendiculaire sur vn plan parallele à sa base, descrire geometriquement en ce plan vne figure ou image, laquelle, quoy que difforme & confuse en apárence, estant veuë d'vn certain point, produise par reflexion d'vn miroir vne image bien proportionnée, & semblable à quelque obiet proposé.

Ette proposition ne differe de la precedente, qu'en ce que la construction en est plus exacte, & procede geometriquement. Donc apres auoir diuisé, comme en la precedente, l'image ou l'obiet proposé, en plusieurs parties égales tant en hauteur, qu'en largeur: par exemple, suposé que l'image naturelle soit comprise au quarré AA, BB, CC, DD, de la 45 planche, qui est diuisé en 36 autres petits quarrez, à sçauoir 6 en hauteur, & 6 en largeur; il faut tracer sur le plan parallele à la base du miroir cylindrique vne figure, laquelle veuë d'vn point donné paresse au miroir semblable à ce quarré, & par consequent que l'image comprise du mesme quarré, estant reduite aux quadrangles de la figure qui reüssira de la construction, soit aussi veuë bien proportionnée & de mesme qu'au quarré.

Pour ce suiet, soit premierement tirée la ligne droite AB, qui sera coupée à angles droits au point C par la ligne DE égale au diametre de la grosseur du cylindre donné: & puis du point de l'intersection C, comme centre; de l'interualle CD, ou CE, soit descrit le petit cercle DFEG qui exprime la grosseur du cylindre, duquel le diametre DE sera diuisé en autant de parties que la largeur de l'image proposée: nous la suposons icy diuisée en 6 parties égales au quarré AA, BB, CC, DD; C'est pourquoy nous auons aussi diuisé ce diametre en six, és points DHICKLE; ce qu'estant fait, soit pris en la ligne AB le point B, aussi esloigné du cercle DGEF, qu'on le trouuera à propos: nous appellerons ce point, le point principal abbaissé sur le plan ; duquel point soient tirées à tous les points de la diuision du diametre DHICKLE, des lignes droictes BD, BH, BI, BC, BK, BL, BE, qui couperont la circonference du petit cercle BH en Q: BI en R: BC en F: BK en S: BL en T: & BD & DE touchantes, en D & en F.

On trouuera la reflexion de ces incidentes en cette maniere: du centre C, d'interualle à discretion, soit descrit vn plus grand cercle MNOP, & du point d'intersection de la ligne incidente & de la circonference du cercle DFEG, comme centre, à l'interualle de la portion de la ligne incidente dont on cherche la reflexion comprise entre les circonferences des deux cercles, soit fait vn arc

de la Perspectiue Curieuse.   163

de cercle qui coupera l'incidente & la circonference du grand cercle en vn mefme point, & la circonference du grand cercle derechef en vn autre point; par lequel & par celuy du centre de cét arc fera tirée la reflechie à l'infiny : par exemple, s'il faut trouuer où fe reflechit la ligne incidente BQ, en mettant l'vne des iambes du compas au point Q, ou en eftendant l'autre iufques au point *a*, où la circonference du grand cercle coupe cette incidente, on fera l'arc du cercle *bc* qui coupera cette circonference encore vne fois au point *c*, par lequel point *c*, & par le point Q, centre de l'arc du cercle, on tirera Q*d* pour la reflechie de l'incidente BR : pour auoir la reflechie de l'incidente BR, on formera du centre R, de l'interualle R*e*, l'arc de cercle *fg*, & par le point *g* fera tirée R*h*, qui fera la reflechie : pour les deux lignes BD, & BE, il les faut prolonger à l'infiny, parce qu'elles doiuent feulement toucher la circonferéce és points D, E, en forte que DV, EX foient les dernieres des reflechies ; & la ligne BF fe reflechira en elle-mefme, parce qu'elle tombe à angles droits fur la furface du miroir cylindrique : il ne refte donc plus que les reflechies des deux incidentes BS, BT, lefquelles eftant trouuées, par la mefme voye que les deux BQ, BR, le miroir eftant mis en fa place tant à l'efgard du plan de la figure que du point de veuë, les lignes DV, Q*d*, R*h*, FB, S*m*, T*q*, EX, y reprefenteront parfaitement toutes celles qui diuifent la largeur de l'image entre AA DD, & BB CC.

Il faut trouuer fur le plan celles qui dans le miroir doiuent reprefenter les trauerfantes qui diuifent la longueur ou la hauteur de l'image entre AA BB, & CC DD. Tirez donc la ligne droite FY qui touche le petit cercle DFEG au point F, parallele à BZ, & égale à la hauteur du cylindre auec fa bafe, de laquelle ligne retranchez la hauteur de la bafe depuis le point F, & fupofez d'vn pouce & demy F 1 : & depuis 1 vers Y prenez fur cette ligne autant d'efpace qu'en contient la hauteur de l'image, eu efgard à fa largeur ; comme dans l'exemple, fuppofant l'image auffi haute que large, fuiuant le quarré AA BB CC DD, dont les coftez font égaux au diametre du cylindre : il faut depuis 1 vers Y prendre vn efpace égal à l'vn de ces coftez AA DD, & le diuifer femblablement en fix parties égales, comme il fe voit és points 1, 2, 3, 4, 5, 6, 7, fur la mefme FY. Cela eftant fait, foit de B point principal abbaiffé fur le plan tirée vne perpendiculaire à l'infiny qui faffe vn angle droit auec FB, elle fera BZ, fur laquelle au point Z (que ie fupofe efloigné de B de huit pouces, & par confequent hors le plan de la ftampe dans la rencontre de la ligne BZ, & des lignes ponctuées, qui paffent par les points *rstux yz*) foit eftably le point de la hauteur de l'œil, que nous pouuons appeller point de veuë efleué fur le plan, duquel point, par tous les points 1, 2, 3, 4, 5, 6, 7, de la diuifion de la ligne FY, foient tirées les lignes droites occultes iufques fur la ligne FA qu'elles couperont

X ij

és points *r f t u x y z*, & determineront la grandeur des espaces compris entre les lignes courbes qui doiuent representer au miroir les trauersantes qui diuisent la hauteur de l'image. Or pour transporter les espaces de ces diuisions sur les lignes D V, Q *d*, R *h*, S *m*, T *q*, E X, on procedera de la sorte.

Sur la ligne F A l'on prendra la distance qui est depuis le point F iusques au point *r*, & on la transportera depuis le mesme point F iusques à 1 vers B : & l'vne des iambes du compas demeurant tousiours en F, on estendra l'autre iusques au point *f*, & on transportera derechef cét espace vers B au point 2, iusques à ce qu'on les y ait tous marqué de la sorte, 1, 2, 3, 4, 5, 6, 7 : pour la diuision proportionelle des autres reflechies D V, Q *d*, R *h*, &c. il faut ioindre lesdites lignes respectiuement, chacune à celle qui luy respond : par de petites lignes droites R S, Q T, & par le diametre D E qui ioint les deux dernieres en sorte qu'elles coupent toutes la ligne A B à l'equiere, ou à angles droits ; & du point de leur intersection, il faut prendre les distances de la ligne F A, qui sont de ce point d'intersection aux points *r f t u x y z*, & les transporter du point d'incidence sur les lignes de reflexion : par exemple, pour diuiser proportionellement la reflechie Q *d*, il faut tirer la ligne Q T & en coupant A B à angles droits, & en mettant l'vne des iambes du compas au point de cette intersection, il faut estendre l'autre iusques sur les points *r f t u x y z* successiuement, & à mesure transporter ces espaces sur la ligne Q *d*, depuis le point Q vers *d*, comme ils se voyent marquez sur cette ligne 1, 2, 3, 4, 5, 6, 7. On operera de mesme respectiuement pour toutes les autres, sur lesquelles toutes les diuisions estant marquées de la sorte, il faut par tous ces points mener des lignes courbes, en sorte que la premiere coupe les lignes D V, Q *d*, R *h*, F B, S *m*, T *q*, E X, és points marquez 1 ; la seconde coupe toutes les mesmes lignes, és points marquez 2, & ainsi des autres ; d'où se formeront sur le plan des quadrangles qui representeront au miroir des quarrez aussi parfaits que ceux du plan naturel proposé A A B B C C D D.

Mais parce qu'il y a de la difficulté à bien tracer ces lignes courbes, on peut pour operer plus iustement diuiser le diametre D E en douze parties, ou d'auantage ; encore que ie ne l'aye icy diuisé qu'en six, pour ne pas embarasser la figure : car operant sur toutes les treize lignes qui comprendront les espaces de cette diuision, comme nous auons fait sur sept, plus les points, par où doiuent passer les lignes courbes, seront proches l'vn de l'autre, & moins l'operation sera sujette à erreur : pour la reduction des images, elle me semble assez clairement exprimée dans la figure de la proposition precedente.

COROLLAIRE I.

Il faut remarquer sur le sujet de cette proposition, que selon la diuersité de la situation du point de l'œil, le lieu de la reflexion se change aussi: de maniere que sur vn mesme plan, pourueu qu'il soit assez grand, nous pouuons peindre plusieurs images qui se verront successiuement l'vne apres l'autre dans le miroir, en establissant plusieurs points de veuë les vns plus pres du miroir, & les autres plus loin; les vns plus esleuez sur le plan, & les autres moins; ce qui causera vne diuersité fort agreable, puis qu'en regardant de prés ou de haut, on verra parestre au miroir ce qui sera causé par la reflexion de ce qu'on aura peint en la partie du plan plus proche de la base du miroir: au contraire en s'en esloignant ou s'abbaissant on y verra ce qui en sera le plus esloigné sur le plan: Et de cette façon on peut faire 6, 7 ou 8 pourtraits differens qui sembleront à celuy qui s'en approchera peu à peu, monter l'vn apres l'autre dans le miroir, & s'esuanoüir par le haut, quand l'œil ne sera plus au lieu necessaire pour les voir, ce qui causera vn grand estonnement à ceux qui en ignorent la cause.

COROLLAIRE II.

On peut encore tracer des figures pour le miroir cylindrique sur des plans perpendiculaires au plan de sa base, mais elles ne seront pas si difformes: i'estime d'auantage celles qui sont depeintes partie sur vn plan parallele à la base du miroir, partie sur vn autre plan perpendiculaire à ce premier, & parallele à la surface du cylindre, lesquelles se voyent au miroir aussi parfaitement reünies que si elles n'estoient qu'en vn seul plan; il s'en void de cette façon d'assez belles à Paris.

Mais sans sortir hors de l'estenduë de nostre proposition, on peut tellement disposer l'artifice de ces figures que ceux qui en verront les apparences les pourront prendre pour des illusions ou prestiges de magie: Car on peut sur quelque plancher, au lieu de pauement, dresser des marqueteries ou pieces de raport, de bois ou de marbre, quelques-vns de ces figures conformement au dessein qu'on en aura fait premierement sur du papier ou du carton, & mettre des colomnes, ou miroirs cylindriques en des lieux propres à l'effet que nous en pretendons; en sorte que les colomnes ne paressent pas inutiles & semblent mises pour supporter le fais du bastiment, ce qui sera fort agreable: car oûtre qu'elles seront dans l'ordre de l'Architecture, & qu'elles seruiront d'ornement, on sera surpris, quand apres auoir veü le corps de ces colomnes esclatant de lumiere par leur beau poly, & sans aucune image ou peinture, à mesure qu'on s'en approchera l'on verra s'esleuer dedans peu à peu les images ou representations de ce qu'on se fera proposé d'y faire voir, iusques à ce qu'estant au point où se doit regulierement faire la reflexion, on voye les objets tous entiers; mais en ce cas il faut establir le point de hauteur de l'œil à la hauteur plus ordinaire d'vn homme; c'est à dire qu'il doit estre esleué sur le plan de la figure autant qu'on supose l'œil d'vn homme droit esleué de terre, c'est à dire enuiron cinq pieds.

On pourroit commodément construire de ces figures sur quelque plancher au haut de l'ornement d'vne demie cheminée qui auroit à chaque costé vne colomne ou vn miroir cylindrique qui entreroit dans l'ordre de son Architecture, & qui seruiroit encore à reünir & à reflechir les especes de ces figures qu'on dresseroit à propos.

Et au lieu des pieces de Perspectiue qu'on fait ordinairement és plats-fonds, on en pourroit peindre de celles-cy en suspendant au milieu d'vn plat fonds vn miroir cylindrique attaché par son chapiteau, (qui sera en la construction consideré comme la base) auec quelque boucle ou cordon, & en desseinant au tour ce qu'on voudra y faire parestre, en sorte que la reflexion s'en fasse en bas au point de veuë éleué de terre enuiron cinq pieds comme nous auons dit: & mesme on pourroit establir des points de veuë en deux ou trois endroits differents pour y faire voir plusieurs differentes figures tout au tour, si toute la surface de la colomne ou cylindre estoit en miroir.

Cette inuention me semble aussi fort vtile & tres-agreable pour l'embellissemement des grottes, puis qu'on en peut facilement appliquer l'vsage, sur les plats-fonds qu'on fait ordinairement d'ouurages de rocailles, en les figurant comme de la marqueterie, pour vn dessein fait exprés pour representer dans vn miroir cylindrique pendu au milieu de la grotte tout ce qu'on se seroit proposé.

COROLLAIRE III.

Parce qu'il seroit long & incommode à chaque figure, qu'on veut desseiner pour le cylindre, de tracer les lignes, & faire des obseruations necessaires, particulierement en la methode Geometrique, ie conseille de tracer d'vne seule obseruation sur quelque grande feüille de papier autant de trauersantes qu'il en faut pour ocuper & diuiser toute la hauteur du miroir en parties égales, & qui fassent auec les montantes des quarrez; ce qu'estant fait, on les picquera auec l'aiguille pour s'en seruir auec le poncif, comme ie l'ay pratiqué pour toutes les figures que i'ay faites: car ayant poncé lesdites lignes sur le plan où l'on veut descrire la figure, on prend au-

de la Perspectiue Curieuſe. 167

tant de quadrangles que l'objet propoſé a de quarrez, pour y faire la reduction, laquelle eſtant faite, toutes ces lignes tant les ſuperfluës que celles qui ont ſeruy à la reduction, s'effacent auec quelque petit linge ou drappeau, & la figure demeure ſeule & nettement deſſeinée.

Pour ceux qui voudront, apres auoir tracé quelques-vnes de ces figures, en faire des copies, parce qu'elles doiuent eſtre extremement exactes, ils ſe pourront ſeruir du parallelogramme lineaire de Skeiner, auec lequel ils les copieront proportionellement pour des cylindres de toutes grandeurs, s'ils en ſçauent bien l'vſage: Et s'ils les veulent copier en meſme grandeur & pour des cylindres de meſme grandeur & de meſme groſſeur, ils les pourront contretirer à trauers vn papier huylé d'huyle de noix ou d'aſpic, & deſſeiché; ou encore mieux auec du papier fin imbu d'huyle de therebentine, de maſtic, & d'huyle d'aſpic incorporez enſemble ſur le feu, car ce papier ſera non ſeulement diafane & tranſparent, mais encore ſuſceptible de traits d'ancre, auſſi bien que de crayon: & les ayant contretiré de la ſorte, ils en feront vn ponceſf dont ils ſe ſeruiront pour faire le trait.

Ce qu'on peut auſſi pratiquer és figures dont nous auons traité cy-deuant, & en celles du miroir conique, deſquelles nous traiterons incontinent, apres auoir encore auerti ceux qui s'exercent en ces pratiques, qu'ils faſſent vn bon choix des figures qu'ils y veulent reduire, d'autant que le plan où pareſt l'image au cylindre, eſtant long & eſtroit, on auroit mauuaiſe grace d'y reduire des images courtes & larges: ce qui doit eſtre remis à la diſcretion de celuy qui y trauaillera.

Quant aux figures qu'on fait pour le miroir cylindrique concaue, elles ne ſont pas beaucoup à eſtimer, parce qu'elles ne ſont pas d'ordinaire grandement difformes ſur le plan, & n'ont pas vn bel effet au miroir, lequel oblige encore à le faire d'vne grandeur tellement proportionnée à l'eſloignement du point de veuë, qu'on ne voye pas deux ou trois images pour vne, parce que cela cauſe de la confuſion. C'eſt pourquoy il n'eſt gueres en vſage, & nous ne nous amuſerons pas icy à traiter de la conſtruction de ces figures; veu principalement que ceux qui deſireront s'en inſtruire pourront voir ce qu'en a eſcrit le ſieur Vaulezard; & les plus adroits & inuentifs s'en pourront dreſſer vne pratique mechanique à l'imitation de celle que nous auons donné en la troiſieſme propoſition de ce liure pour le miroir cylindrique conuexe.

PROPOSITION V.

Estant donné vn miroir conique conuexe sur vn plan parallele à sa base, le point de veuë estant en la ligne de l'axe, laquelle soit perpendiculaire au mesme plan, esloigné du mesme plan & de la pointe du miroir d'vne distance proposée: descrire sur ce plan autour du miroir vne figure, laquelle quoy que difforme & confuse en apparence, estant veuë de son point par reflexion dans le miroir, paresse bien proportionnée & semblable à quelque obiet proposé.

LE sieur Vaulezard explique au 12 probleme de sa Perspectiue cylindrique, vne methode tres-exacte, laquelle ie rends icy plus familiere pour les Praticiens.

Et pour ce suiet ie mets vn exemple de la reduction des obiets ou figures proposées, qui seruira pour en faciliter l'vsage & la pratique, qui est plus difficile qu'on ne s'imagine quand on ne l'a pas experimenté. I'aiouteray encore pour Corollaire vne inuention gentille tirée de cette proposition, pour dresser vne figure, dont vne partie soit veuë directement & de front; vne autre directement & de costé, & la troisiesme par reflexion, auec quelques-autres pensées nouuelles sur ce suiet.

Il faut donc premierement diuiser l'image ou l'objet proposé par le moyen d'vne figure semblable à la soixantiesme de la 46 planche, en l'enfermant dans vn cercle tel qu'est BCDEFG, qui sera diuisé par plusieurs diametres s'entrecoupans au centre A en six ou huit triangles égaux: Nous l'auons icy diuisé en six par les trois diametres BE, CF, DG; de plus quelqu'vn des demy-diametres, comme AB, sera aussi diuisé en six parties egales, ou dauantage, si on le trouue plus commode; & du centre A, par les points de cette diuision seront faits cinq cercles concentriques auec le premier BCDEFG, lesquels, auec les diametres qu'ils couperont en quelques endroits, formeront plusieurs quadrangles, & quelques triangles qui diuiseront l'image comme il est requis.

Il faut encore tracer sur le plan proposé autour du miroir vne figure, laquelle quoy que differente de cette-cy, luy paresse neantmoins semblable estant veuë par reflexion dans ce miroir, d'vn point determiné en la ligne de son axe, afin que les figures ou images reduites proportionnellement de l'vne en l'autre paressent aussi semblables, chacune estant veuë en sa façon.

Soit donc, en la soixante-vniesme figure, tirée la ligne NZ aussi longue qu'il sera necessaire, & au milieu d'icelle soit marqué le diametre de la base du cone, que nous supposons estre AC, sur laquelle ligne AC sera esleué le triangle ABC égal & semblable à celuy que formeroit le diametre de la base, & les deux costez du cone s'il

eftoit

de la Perspectiue Curieuse. 169

estoit coupé par quelque plan passant par son axe; de sorte qu'AB, & BC, representent les deux costez du cone, comme AC represente le diametre de sa base, laquelle est exprimée par le cercle ATXC, que nous supposons entier, aussi bien que les autres, encore que nous n'en ayons marqué que la moitié pour ne point embroüiller la construction. Or la circonference de ce cercle de la base sera diuisée en six parties égales, aussi bien que le cercle BCDEFG de la soixantiesme, comme la moitié ATXC est diuisée en trois arcs, ou espaces égaux AT, TX, XC; & du centre D, par tous le points de cette diuision seront tirées des lignes droites à l'infiny DN, DV, DY, DZ, lesquelles exprimeront & representeront au miroir des diametres semblables à ceux qui diuiseroient sa base en 6 parties égales, comme BE, CF, DG, en la soixantiesme figure, en quelque distance que soit l'œil de la pointe du miroir B, poureu qu'il ne soit pas hors la ligne de l'axe DE.

Mais pour trouuer les proportions qui doiuent estre gardées pour les espaces compris des cercles depuis A iusques à N, afin qu'ils paressent au miroir égaux entr'eux, & semblables à ceux de la soixantiesme figure, soit diuisé le demy-diametre de la base AD en autant de parties égales comme AB de la soixantiesme figure, à sçauoir en 6, és points HIKLMD, & de tous ces points soient tirées des lignes droites occultes au point E; HE, IE, KE, LE, ME, DE, qui seront les incidentes, couperont la ligne AB, qui est le costé du cone proposé: HE, en 1: IE, en 2: LE, en 4: ME, en 5: DE, en 6. Or pour trouuer les reflexions de ces incidentes, il faut sçauoir la distance du point de l'œil, c'est à dire combien il est esleué sur le plan où est descrite la figure; ou de la pointe du miroir qui nous est representée en B, & le suposant esleué sur le plan de la distance DE, & sur la pointe du miroir de la distance BE, soit mise l'vne des iambes du compas au point B, duquel comme centre, & de l'interualle BE, soit descrit l'arc de cercle EFG, qui conpe la ligne du costé du cone AB prolongée iusques en F; & soit fait FG égal à FE; puis du point G, par tous les points des intersections du costé du cone, & des incidentes 1, 2, 3, 4, 5, 6, soient tirées des lignes droites occultes, lesquelles venant à tomber obliquement sur la ligne AN marqueront les points SRQPON, par lesquels doiuent passer les cercles tirez du centre D, qui representeront au miroir ceux de la soixantiesme figure, & les espaces compris d'iceux égaux & semblables, poureu que l'œil soit en la ligne de l'axe esleué par dessus la pointe du miroir, de la distance BF.

Ayant ainsi tracé la figure entiere, comme nous auons fait la moitié NVYZ, la reduction de l'image se fera de sorte que ce qui est au plan naturel en la soixante-deuxiesme figure de la 47, plan-

Y

che plus proche du centre, en soit le plus esloigné à proportion en la soixante-troisiesme; ce qui la rendra extremement difforme, d'autant que les mesmes parties de l'obiet qui seront les plus reserrées en la soixante-deuxiesme, seront les plus estenduës en celle-cy: par exemple, ce qui est en la soixante-deuxiesme, compris és six petits triangles qui sont au centre, se trouue deuoir estre reduit en la soixante-troisiesme és six quadrangles $a1, a2, a3, a4, a5, a6$; l'on peut encore recognoistre que ce qui est en la soixante deuxiesme au quadrangle BHIC, est reduit en la soixante-troisiesme au quadrangle marqué de mesmes caracteres $bhic$; & ce qui est compris en HLMI, est reduit en $hlmi$, & ainsi du reste.

Le trait de l'image estant acheué, comme il se voit en la stampe, on y peut aioûster le coloris, & les ombres, pour auoir vne figure parfaite & disposée à produire vn bel effet en vn miroir conique de la grandeur determinée, qui sera mis au cercle $bcdefg$.

Que si quelqu'vn en veut faire l'essay sur l'exemple mesme, en le peignant de coloris; ou qu'il se veüille seruir du trait des lignes ponctuées pour y reduire d'autres figures semblables en la façon que i'ay dit, sans qu'il ait la peine de faire faire le modele de ce miroir, il en trouuera de cette mesme grandeur, & sur ce modele, comme aussi des cylindres semblables à celuy dont ie me sers chez les heritiers de feu le Seigneur au fauxbourg S. Germain, car ie luy ay donné les modelles de l'vn & de l'autre, & ie l'ay connu l'vn des meilleurs ouuriers de Paris pour faire de ces miroirs de metal de toutes sortes.

Pour le point de veuë; bien qu'il doiue estre fort exactement placé, à raison que ce qui est au limbe exterieur du plus grand cercle en la construction doit estre veu iustement à la pointe du cone, ce qui pourroit varier aisément : toutes fois il faut principalement prendre garde à l'establir iustement en la ligne de l'axe perpendiculaire au plan où est descrite la figure de sorte qu'il ne soit hors cette ligne ny d'vn costé ny d'autre; ce qu'on pourra faire par le moyē d'vne regle percée au milieu d'vn petit trou & mise en trauers & soustenuë par deux petits piuots plantez aux deux costez de la figure : car hausser ou baisser vn peu plus ce point de veuë pourueu qu'il soit tousiours en la ligne de l'axe ne cause pas grand' erreur : & mesme il sera quelquesfois à propos de hausser l'œil par dessus l'obiet vn peu plus qu'il n'est prescrit en la cōstruction, veu que pour l'ordinaire il faudra mettre ces figures à terre au bas de quelque fenestre, afin que le grand iour se rompe, & ne tombe pas si viuement sur le costé du cone, comme il fait estant mis sur vne table à niueau d'vne fenestre; ce qui est cause que la partie de l'image qui se reflechit en ce costé, ne se void pas si bien, à cause de la trop grande incidence de lumiere qui affoiblit les especes du miroir : on peut

de la Perspectiue Curieuse 171

neanmoins y remedier en moderant cette lumiere par l'interpofition d'vne feüille de papier blanc, & bien delié qu'on dreſſera entre le paſſage de la lumiere & l'obiet ; ce qui fera voir la figure & le miroir également eſclairez par tout.

COROLLAIRE.

L'vſage de cette propoſition ſe peut appliquer auec beaucoup de grace à l'ornement des plats-fonds, de meſme que nous auons dit du cylindre au ſecond corollaire de la quatrieſme propoſition : à ſçauoir en attachant au milieu de ce plat fonds vn miroir conique ayant la pointe en bas, & en deſſeinant autour de ſa baſe ſur vn plan qui luy ſera parallele ce qu'on voudra y faire voir, en eſtabliſſant le point de veuë en bas eſleué de terre enuiron la hauteur d'vn homme, de ſorte que quiconque ſe rencontrera directement ſous la pointe du miroir en regardant en haut, y verra vne image bien proportionnée naiſtre d'vne confuſion de traits, & de couleurs miſes comme à l'auanture & ſans deſſein.

On peut meſme peindre pluſieurs de ces figures ſur vn meſme plan, pourueu qu'il ait aſſez d'eſtenduë, leſquelles ſe verront ſucceſſiuement l'vne apres l'autre, en hauſſant ou baiſſant le miroir ſur ce plan, en ſorte que ſa baſe demeure touſiours parallele au meſme plan.

Mais, par vn artifice beaucoup plus admirable, on peut de cette propoſition, tirer la methode de conſtruire en quelque plan, ſoit en haut ou en bas, ſoit ſur quelque paroy perpendiculaire à l'horizon, vne figure dont vne partie ſoit veuë directement & de front ; vne autre partie directement mais de coſté ; & vne troiſieſme partie par reflexion, on y peut à mon auis proceder de la ſorte.

Soit vn plan propoſé rond, triangulaire, quarré, pentagone, ou tel autre qu'on voudra pour y dreſſer cette figure, il faut premierement dans l'eſtenduë de ce plan faire le deſſein ſoit d'vn pourtrait, d'vn payſage, ou d'vne hiſtoire : en apres au milieu du deſſein ſoit fait vn cercle de grandeur à diſcretion, qui laiſſe autour de ſoy en dehors vne partie du deſſein deſcrit au plan, laquelle partie ſera celle qu'on verra de front & directement ; qui pour ce ſuiet ne doit point eſtre changée ny alterée, mais doit eſtre laiſſée en ſa proportion naturelle. Or ſupoſé que ce premier cercle ait vn pied de diametre, on en fera encore vn autre plus petit de la moitié, ou des deux tiers, qui luy ſera concentrique & parallele ; & la partie de l'objet compriſe entre les circonferences de ces deux cercles ſera diuiſée & transferée en la ſurface exterieuré d'vn cone dont la baſe ſera égale au plus grand cercle ; & cette partie de l'image ou du tableau tombera encore ſous la viſion droite, & pour ce ſujet, il faut retrancher vne partie de ce cone vers la pointe, par exemple de 3

Y ij

ou 4 pouces de hauteur; au lieu de laquelle on fubftituëra vn miroir qui fera fait d'vn cone égal & femblable à la portion retranchée auquel on fera voir par reflexion la partie de l'obiet comprife au plus petit cercle, apres l'auoir diuifée & deffeinée felon les regles prefcrites en cette propofition, au mefme plan de la figure prolongé tant qu'il fera neceffaire, ou dans vn autre plus elloigné de la bafe de ce petit cone. Il n'eft pas neceffaire d'expliquer cecy plus clairement; ceux qui auront vn peu d'addreffe ne fçauroient manquer de reüffir en cét artifice, qui paffera toufiours pour vne des gentilles inuentions que nous fournifse l'optique.

On peut encore tracer des figures pour le miroir conique conuexe, fur vn plan torné en cercle perpendiculaire au plan de la bafe du mefme miroir: la conftruction en eft facile, & fe peut tirer de celle qui a efté donnée en la propofition, c'eft pourquoy nous ne nous y arrefterons pas.

Ie n'ay que faire de repeter en ce lieu qu'on peut orner & embellir les grottes de ces artifices, parce que ce que i'ay dit du cylindre à ce propos fe peut auffi vfurper pour le cone.

Pour le miroir conique concaue, il eft encore moins en vfage que le cylindrique concaue, tant à raifon que les figures qu'on pourroit conftruire à ce fujet ne feroient pas fi eftranges, que celles qu'on fait pour le conuexe (lefquelles viennent en la conftruction d'autant plus difformes & eftenduës que le cone eft plus obtus) comme auffi pour ce qu'il eft difficile de s'en feruir; la figure deuant eftre mife entre l'œil & le miroir.

APPENDICE.

Il y a encore vne infinité de chofes à dire fur le fujet des miroirs: dont on peut voir quelque échantillon dans Alhazen, Vitellion, Cardan, & les autres qui en ont efcrit: mais i'ay deduit ce qu'il y a de principal en la pratique de ces figures que l'on conftruit pour les reguliers qui font le plus en vfage.

Quant aux irreguliers, comme le nombre en eft infiny, auffi en peut-on tirer vn grand nombre de tres-agreables diuerfitez: & il me femble qu'on pourroit auec vn peu de trauail conftruire fur vn plan vne figure dont les parties efparfes çà & là fans ordre & en confufion, fe reflechiroient fi à propos en vn miroir polygone, ou taillé à facettes, comme font les cryftaux figurez en la vingt-troifiefme planche, marquez 64 & 65, qu'eftant veuës d'vn certain point elles pourroient pareftre reünies entr'elles & bien ordonnées dans le miroir, quoy que d'ailleurs au plan tout femblaft difforme & fans deffein.

Fin du troifiefme Liure.

LE
QVATRIESME LIVRE
DE LA
PERSPECTIVE
CVRIEVSE.

Auquel il est traité de cette Dioptrique inuentée depuis peu de temps, par laquelle, sur le plan d'vn tableau où seront descrites plusieurs figures ou pourtraits dans leurs iustes proportions, on en peut faire voir vne autre differente de toutes celles qui sont au tableau, bien proportionnée, & semblable à quelque objet ou pourtrait donné.

AVANT-PROPOS.
SVR LE SVIET ET L'ORDRE DE CE LIVRE.

NTRE les vtilitez & les contentemens que nous a fourny la Dioptrique de temps en temps ie trouue qu'elle a donné deux rares inuentions à nostre siecle; dont la premiere est des lunettes à longue veuë, qui nous approchent & grossissent tellement les petits obiets mis hors la portée de nos yeux, qu'il nous semble les voir aussi distinctement que s'ils estoient attachez au bout de ces lunettes; ce qui a depuis causé vn grand diuertissement à vn chacun, & vne satisfaction particuliere aux curieux de l'Astronomie qui s'en sont serus comme d'vn moyé pour accroistre leurs connoissances; & qui y ont si bien trauaillé qu'entr'autres merueilles qu'ils nous ont descouuert dans le Ciel,

Y iij

ils ont apperçeu autour de Iupiter 4 nouueaux planetes, qu'ils ont appellé gardes de Iupiter, & ont reconneu que Venus, auſſi bien que la Lune, auoit ſon croiſſant & ſon decours, ce que i'ay remarqué pluſieurs fois en plein iour par le moyen de ces lunettes. Cette inuention a eſté ſi bien cultiuée depuis ſa naiſſance, que beaucoup de ſçauans ont fait pluſieurs belles ſpeculations & diuerſes experiences ſur ce ſuiet pour la perfectionner (comme Galilée, Daza, de Dominis, Kepler, Sirturus, & Monſieur des Cartes dans ſa Dioptrique) ſi le labeur des artiſans peut reſpondre à la ſpeculation des ſçauans.

Monſieur Heuel Eſcheuin de Danzic y a auſſi trauaillé fort heureuſement, comme teſmoigne ſon excellent liure de la Geographie de la Lune; & le P. Rheita Capucin.

Auſquels on peut ajouſter Fontana, Euſtachio Diuino, Torricelli, Manfredo Milanois, & les ſieurs de Goulieu, de Meru, & pluſieurs autres qui perfectionnent cette eſpece de lunette de longue veuë : entre leſquelles ie mets les courtes qui font voir vn grain de ſable, dont le diametre n'eſt que la dix ou douziéme partie d'vne ligne, auſſi gros qu'vn poids ou qu'vne noiſette.

Les Anatomiſtes en deuroient auoir pour remarquer pluſieurs parties des corps qu'ils coupent & anatomiſent, leſquelles ne ſe peuuent apperceuoir ſans l'ayde de ces lunettes, ou des miroirs concaues qui ſuppléeront le defaut & la foibleſſe de la veuë : par exemple, ces petites lunettes, qu'on appelle microſcopes, font voir qu'vn ciron a des yeux, & dix pieds, à ſçauoir 4 deuant, & 6 derriere; & pluſieurs autres choſes, qu'il eſt difficile de croire ſi on les void.

Mais pour parler de ce qui fait principalement à noſtre ſujet; l'autre merueille que nous a produit la dioptrique eſt celle qui par le moyen des verres ou cryſtaux polygones & à facetes fait voir en vn tableau, où on aura figuré 13 ou 16 pourtraits tous differents, & bien proportionnez, vne nouuelle figure differente des autres, proportionnée & ſemblable à quelque objet propoſé ; cette inuention pour ſembler en quelque façon moins vtile que la premiere, n'eſt pas à meſpriſer puis qu'elle fournit aux curieux vn agreable diuertiſſement, & qu'on ſe laiſſe tromper de la ſorte auec contentement.

C'eſt pourquoy perſonne n'en ayant encore rien eſcrit que ie ſçache, ie donne la methode dont ie me ſers auec quelques maximes ſur ce ſujet priſes des obſeruations que i'ay faites en trauaillant & que i'inſereray çà & là dans les propoſitions ſelon l'occaſion qui s'en preſentera; or ie la peus dire mienne, car encore que la premiere inuention ne ſoit pas de moy, & qu'il y ait eu quelques perſonnes qui ont fait de ces figures deuant moy, & particulierement le P. Du lieu à Lyon, qui ſemble y auoir le premier bien reüſſi. Ie peux neanmoins asseurer auec verité que ie ne tiens la methode dont ie me sers, & que i'explique en ce liure, que de mon inuention, quoy que i'aye ouy dire que quelques-vns, à qui mes ouurages, ont peut-estre donné autant d'émulation & d'enuie que les autres en ont receu de satisfaction & de contentement, se soyent vantez que ie la tiens d'eux: mais ie ne m'arreste pas à si peu de chose, le principal est d'y bien reüssir, voyons comme on le pourra faire.

Ie tiens pour tres-difficile, s'il n'est tout à fait impossible, d'y proceder geometriquement: car oûtre que la nature & les principes de la refraction ne nous sont pas encore bien connus, la diuersité des matieres, comme de verre, de cryftal artificiel, & de celuy de montagne; & l'irregularité de la figure que donnent les ouuriers à ces cryftaux nous obligent à suppleer par discretion & par mechanique ce qui ne peut pas suiure la rigueur d'vne demonftration geometrique: ceux qui y trauailleront reconnoistront que l'inégalité des plans & la differente inclination qu'ils ont les vns aux autres, requiert qu'on y procede de la sorte; cela supposé, par ce qu'il y a plusieurs obseruations à faire en ce sujet: pour y proceder auec vn meilleur ordre, & pour rendre la methode plus facile, nous la distinguerons en plusieurs propositions particulieres, apres auoir fait vne briefue declaration des figures contenuës en la quarante-huitiesme planche.

La soixante-septiesme figure represente la machine toute entiere, sur laquelle on dresse ordinairement ces figures, qui est faite de deux ais ioints ensemble par leurs extremitez à l'equiere, ou à angles droits, en sorte que l'vn demeurant de niueau ou parallele à l'horizon l'autre luy est perpendiculaire, lequel est encore accompagné d'vn ais plus petit, ou plus leger, que nous supposons STVX: il est le plan de la peinture, & se coule par dessus l'autre, au moyen deux plates bandes ou moulures, auec des feüillures dessous mises de part & d'autre, en sorte qu'il se puisse oster & remettre quand on voudra: & pour ce suiet nous l'auons representé à demy tiré. Le petit canal RQ est le tuyau où s'enferme, vers l'extremité Q, vn verre polygone semblable à la soixante-quatriesme ou soixante-cinquiesme figure, ou de quelqu'autre sorte, en la façon qu'il se voit figuré en grand, en la soixante-sixiesme figure, sur la mesme planche: où le profil du premier de ces verres ABC, montre sa constitution en la lunette, & D le point de veuë, qui est vn petit trou d'aiguille fait au milieu d'vn carton, ou de quelque petite lame de matiere solide qui couure toute cette extremité: En la soixante-septiesme figure, c'est le point R. Il reste la soixante-huitiesme qui n'est autre chose qu'vne baguette inserée dans le trauers d'vne petite regle EF, qui nous doit seruir à regler les endroits & espaces du tableau, où doit estre comprise la figure, comme nous dirons tantost.

PREMIERE PROPOSITION.

Expliquer la maniere de tailler & polir les verres & cryſtaux polygones ou à facettes, de quelle forme qu'on voudra.

ON les peut tailler & polir en la meſme façon qu'on taille & qu'on polit les rubis auec la rouë d'acier & la poudre d'emeril ; particulierement les cryſtaux de roche, qui ſont plus durs, & par ce moyen on les pourra rendre plus reguliers en leurs angles & en leurs plans, en les aiuſtant par le moyen du quadran.

Mais parce que la commodité de ces machines ne ſe rencontre pas touſiours à propos quand on en a affaire, & que d'ailleurs chacun n'a pas aſſez de curioſité pour faire tailler des cryſtaux de roche de la façon, veu qu'on en peut bien paſſer, & qu'il s'en fait de cryſtal artificiel, leſquels, pour eſtre taillez plus facilemeut & à moindres frais ne laiſſent pas de ſeruir autant, & reüſſir auſſi bien en ces artifices que les premiers, i'ay voulu donner icy la maniere de les preparer, en laiſſant à part la matiere dont ils ſont compoſez car nous ne voulons pas aller chercher ſi loin.

Soit fait vn modelle de cire, d'argille, de platre ou de quelqu'autre matiere ſemblable, de la meſme figure, grandeur & eſpaiſſeur que vous voulez auoir le criſtal ; par exemple comme la ſoixantequatrieſme figure qui repreſente vn de ces cryſtaux tout plat d'vn coſté, & de l'autre, par où il eſt boſſu, il a ſeize faces huict pentagones irreguliers tout autour du bord exterieur, & autant de trapezes qui aboutiſſent à former vn angle ſolide au milieu, comme en pointe de diamant : ce modelle eſtant endurcy faites en le creux comme ſi vous l'enfonciez par la pointe en quelque morceau de cire molle, en ſorte qu'il y laiſſaſt ſa figure bien emprainte ; ce que vous pouuez faire facilement, ſi apres auoir fait ce modelle de cire ſemblable à la ſoixante-quatrieſme figure, ou de quelqu'autre forme, vous le iettez puis apres de metal, car ſur ce modelle de metal vous pouuez tirer non ſeulement des creux de cire molle, mais encore de ſouffre fondu qui viendront tres nets ; & ſur ce creux on en fera vn ſemblable de roſette, ou de quelqu'autre métal capable de reſiſter à la chaleur du cryſtal fondu, auquel creux s'imprimeront & figureront puis apres les cryſtaux comme on les deſirera, de ſorte qu'il ne reſtera plus qu'à les perfectionner, & à les polir.

Or pour les auoir beaux, & qu'ils ne cauſent point de fautes & de difformitez és peintures pour leſquelles ils ſeront employez à raiſon de quelque defaut de la matiere, il faut qu'elle ſoit extremement claire, ſans aucune couleur, & nette de petits grains de grauier qui ſe rencontrent ordinairement en la moins fine : de plus, pour mettre cette matiere en ſon creux, & luy faire prendre la forme

de la Perspectiue Curieuse.   177

me du modelle, il ne la faut pas prendre au fourneau auec vne canne ou verge de fer en la tortillant mais auec vne cuillier de fer tout au milieu des vases à peine d'vn plus grand dechet, afin qu'estant mise de la sorte au moule & pressée par dessus auec quelque plaque de fer elle en prenne exactement la figure, & ne soit point au dedans remplie de tortillons qui nuisent à la veuë.

Ces verres ou cryftaux quand ils sortent des moules & qu'on les a fait refroidir, quelque diligence qu'on y apporte, ont toufiours la surface brute & remplie de defauts en sa figure, qui doit estre composée de plusieurs plans inclinez les vns aux autres, comme on voit és figures soixante-quatriesme & soixante cinquiesme: mais on les reparera & polira de la sorte.

Il faut auoir vne platine de fer bien vnie & de niueau, sur laquelle on mettra premierement du grez ou sablon detrempé, qui aura auparauant esté passé par le tamis afin qu'il ne s'y rencontre point de pierres ou cailloux, qui estant plus durs que le reste, & que les cryftaux mesmes, les endommageroient. En apres on vsera tous les plans de ces cryftaux l'vn apres l'autre en le frottant çà & là sur la platine, en sorte que le plan qu'on vsera, soit toufiours tenu exactement parallele à la platine: car si on vacille tant soit peu en trauaillant, on emoussera les arrestes & les angles qui doiuent estre extrememement vifs: on vsera donc tous ces plans de la façon, iusques à ce qu'on les voye egaux entr'eux, & tous bien applanis, où il faut remarquer qu'en trauaillát de la sorte, le grez ou le sable qui estoit rude au commencement, s'adoucit tellement qu'il est capable de donner vn premier poly à ces cryftaux; mais il est meilleur d'vser promptement & egaler leurs plans en renouuellant le sable autant qu'il sera necessaire, à mesure qu'on reconnoistra qu'il s'adoucit, pour puis apres les polir auec la poudre d'Emeril que les plus curieux preparent auparauant de cette façon.

Ils prennent vne quantité de cette poudre passée par le tamis, qu'ils iettent en vn vaisseau plein d'eau, laquelle estant remuée & agitée auec vn baston porte dessus la partie la plus deliée & plus subtile de cette poudre pendant que la plus grossiere va au fonds; il faut donc prendre cette eau & la mettre en vn autre vaisseau auec la partie la plus subtile de l'emeril qu'elle contient, & operer en ce second vaisseau comme au premier, de maniere que ce qui sera de plus grossier en cette partie aille encore à fonds, & que la plus subtile nage sur l'eau; ce qu'on pourra continuer iusques à trois ou quatre fois, autant qu'on iugera à propos.

L'emeril estant ainsi preparé, la platine & le cryftal soient bien lauez & nettoyez en pleine eau, de sorte qu'il ne demeure pas vn grain de sable ny sur l'vn ny sur l'autre; & lors vous mettrez sur la platine autant de cette poudre detrempée en l'eau que vous iuge-

Z

rez à propos, en employant toufiours la plus groſſiere la premiere, & réſeruant la plus deliée pour la fin, & fur la platine couuer-
te de cette poudre vous frotterez les plans du cryſtal, de meſme
qu'il a eſté fait pour les vſer, & vous prendrez garde particulierement à ne point pancher de coſté ny d'autre quand vous frotterez quelque plan, de peur d'emouſſer les angles & les arre-
ſtes, & en y procedant de la ſorte ils viendront beaux & bien reguliers.

On pourra neanmoins, pour en perfectionner dauantage le
poly, les frotter encore ſur vn cuir bien doux auec de la potée,
ou chaux d'eſtain la plus deliée que faire ſe pourra, & preparée
en la façon que nous auons dit dans la ſeconde propoſition du troiſieſme liure en traitant du poly des miroirs de métal.

I'ay dit cy-deſſus qu'il faut que la platine ſur laquelle on trauaillera ces cryſtaux ſoit extremement plate & vnie : car ſi elle eſt concaue ou conuexe, pour peu que ce ſoit, elle cauſera de grands defauts aux cryſtaux, particulierement ſi elle eſt concaue ; car par ce
moyen les faces ou plans des cryſtaux tiendront de la conuexité, ce
qui fera qu'en groſſiſſant quelques parties de l'objet, ils le rendront
difforme : & ces plans pourront arriuer à tel point & à telle conſtitution à l'égard des parties qui s'y doiuent repreſenter, qu'on n'en
verra rien qu'en confuſion.

PROPOSITION II.

*Expliquer la façon de diſpoſer le plan auquel on deſcrit ordinairement ces fi-
gures, & dreſſer la lunette par laquelle elles ſont veuës.*

ENcore que la ſoixante-ſeptieſme figure de la 48 planche ſemble repreſenter aſſez expreſſement la façon de dreſſer cette
machine, i'ay neantmoins iugé à propos pour la faire comprendre
plus ayſément à ceux qui n'en ont iamais veu, d'en faire ceſte propoſition particuliere.

Soient doncques à cét effet pris deux ais & ioints enſemble à angles droits ou à l'equierre par le moyen de queuës d'arondelles faites en l'vne de leurs extremitez; ce ſont en la figure ſoixante-ſeptieſme les deux ais NGH, l'autre HKI qui eſt deſſous STVX, qui doit
eſtre vn troiſieſme ais plus mince de la meſme grandeur que celuy
qu'il couure; or il ſe hauſſe & baiſſe, & il s'oſte & ſe remet à diſcretion par le moyen d'vne mouluré, ou plate-bande attachée
à chaque bord de l'autre, dans laquelle on le coulera : ce qui
ſe voit exprimé en la figure où cét ais le plus mince, & qui ſe
peut oſter quand on veut paroiſtre à demy tiré hors de ſa place
en STVZ, qui ſera deſtiné pour le fonds du tableau, auquel on

de la Perspectiue Curieuse. 179

deſcrira la figure : nous ajouſtons encore au haut la moulure ML, qui reſpond à celle des coſtez HI, afin qu'eſtant abbaiſſé & arreſté en ſon lieu il ait plus de grace, & face le complement du quadre eſleué ſur le plan. Et puis à quelque eſpace de ce quadre, au milieu du plus grand ais NGH, lequel on ſupoſe de niueau & parallele à l'horizon, ſoient plantées deux petites colomnes, chevrons, ou autres ſuports d'égale hauteur, en ligne droite vis à vis le milieu du fonds du tableau pour auoir plus de grace, ſur leſquels ſera mis vn tuyau compoſé de la façon qu'il eſt repreſenté plus particulierement en la ſoixante-ſixieſme figure, ſçauoir ayant à l'extremité Q, qui eſt tornée vers le tableau, vn verre ou cryſtal polygone ſemblable à l'vne des deux figures ſoixante-quatrieſme ou ſoixante-cinquieſme, ou de quelqu'autre forme, en la conſtitution qu'il eſt repreſenté en ABC de la ſoixante-ſixieſme figure, c'eſt à dire ayant la partie taillée en pointe de diamant tornée vers le tableau : & cette lunette eſtant miſe en la conſtitution qu'on ſe ſera propoſé, ſoit arreſtée fixement ſur les petites colomnes, en ſorte qu'elle ne puiſſe torner en aucune façon, ny decliner d'vn coſté ny d'autre.

Si l'on demande quelles meſures & quelles proportions on doit garder pour la grandeur de ces ais, pour l'eſloignement de la lunette à l'égard du tableau : & du point de veuë au reſpect du tableau, & du cryſtal meſme, c'eſt à dire la longueur du tuyau, où eſt enchaſſé le cryſtal : Ie reſponds qu'il n'y a point de meſures, ny de proportions determinées, & que comme és pieces de Perſpectiue commune, & des continuations d'édifices, galeries & parterres, &c. nous reglons noſtre deſſein & les points de la Perſpectiue ſuiuant les lieux où elles doiuent eſtre placées; il faut auſſi eſtablir l'eſloignement & la grandeur de la lunette, & la diſtance du point de l'œil ſuiuant le ſuiet qu'on aura à deſſeiner & repreſenter : car quelques-fois il ſera neceſſaire d'eſloigner vn peu dauantage du tableau le bout de la lunette où eſt le cryſtal, pour faire voir vn obiet de plus grande eſtenduë; quelques fois il le faudra approcher vn peu plus; & reculer l'autre extremité où eſt le point de l'œil pour auoir dauantage de place libre en ce qui ne ſe void point par la lunette, afin de n'eſtre pas contraint dans le deſſein : bref on fera le tuyau de la lunette quelquefois plus long, & quelquefois plus court ſelon qu'on voudra que les eſpaces où doit eſtre deſcrite l'image de la figure propoſée, ſoient plus ou moins grands ; & proches ou eſloignez les vns des autres. I'ay neantmoins ſpecifié en la ſoixante-ſeptieſme figure qui repreſente cét inſtrument, quelque ſorte de meſures & proportions, leſquelles eſtant gardées, on diſtinguera & diuiſera le plan de la peinture aſſez commodément pour vn deſſein ordinaire, tel que pourroit eſtre celuy de la 49 planche, en laquelle ſur les figures de douze Empereurs Ottomans, on void l'image de

Z ij

Louys XIII. ce qui est encore representé en petit sur le plan STVX en cette mesme soixante septiesme. Suposé doncques qu'on se serue d'vn verre ou crystal polygone qui soit à peu prés de la grandeur exprimée en la soixante-quatriesme & soixante-cinquiesme figure, comme on les fait d'ordinaire, il sera bon de faire le tuyau de la lunette long de huit pouces, la planter sur deux petits suports, chacun haut de sept pouces par dessus le plan NGH, qui est long de vint pouces, & est ioint à celuy du tableau esleué à angles droits sur l'vne de ses extremitez, lequel est haut de quinze pouces, & large de quatorze, aussi bien que le premier de dessous.

Ce n'est pas qu'on soit obligé à ces mesures, car on les peut changer selon l'occasion comme nous auons desia dit: de mesme qu'il n'est pas necessaire de dresser la machine precisément en la façon que i'ay descrite; & l'on peut prendre pour plan de ce tableau quelque mur, ou quadre dans vn lambri, en atachant la lunette vis à vis à quelque main de fer, ou autrement, pourueu qu'elle soit en sa deuë constitution, c'est à dire que sa longueur soit perpendiculaire au plan du tableau: mais ce que i'en ay dit est pour vne plus grande commodité: & afin que ces pieces reüssissent mieux, lesquelles paroissent ordinairement defectueuses tantost d'vne façon & tantost d'vne autre quand on fait la lunette mobile, parce qu'il est difficile de la mettre precisément & sans varier aucunement au mesme point où elle a esté mise la premiere fois, soit qu'on l'approche ou qu'on l'éloigne; & qu'on la mette vn peu plus de costé ou autrement. C'est pourquoy ie conseille de rechef d'arrester fixement cette lunette, afin que le tableau estant vne fois bien fait à ce point, paresse tousiours de mesme façon.

PROPOSITION III.

Donner la methode de diuiser le plan du tableau, & y tracer le plan artificiel de la figure, ou les espaces ausquels doit estre reduite chacune de ses parties.

LA machine estant dressée & disposée comme nous auons dit, & que la soixante-septiesme figure la represente (tant pour le plan du tableau, que pour la lunette où est enchassé le crystal polygone, excepté que nous deuons icy supposer le plan STVX arresté en sa place, & abaissé en sorte que L soit ioint de prés à I, & par consequent l'autre costé M aussi ioint à l'extremité de la moulure du costé gauche) il faut prendre vne baguette au bout de laquelle on ajoustera vne petite regle en trauers telle qu'est, en la soixante-huitiesme figure, EF; cette baguette doit estre si longue qu'on puisse commodement mener çà & là sur le plan du tableau la regle qui y sera iointe, en ayant l'œil au petit trou de la lunette. Suposons donc

de la Perspectiue Curieuse. 181

pour voir cecy plus distinctement, que le fonds qui nous est proposé pour y tracer le plan artificiel de quelque figure, soit en la 49 planche tout l'espace qui est remply des pourtraits des Ottomans, & qui est marqué en haut de 69 : (Or nous appellons plan artificiel de la figure, tous les trapezes de lignes ponctuées ABCDEFGH, & les pentagones irreguliers aussi de lignes ponctuées IKLMNO PQ, espars çà & là en cette soixante-neufiesme figure, à la distinction de la septante-vniesme de la mesme planche, qui est composée de mesmes parties, mais vnies ensemble, & qui ne font qu'vn plan continu que nous appellons plan naturel, parce qu'on y descrit au naturel ce qu'on veut faire voir au tableau par la lunette, auant que de le reduire par pieces au plan artificiel, & le desguiser comme nous dirons.) Soit donc proposé ce fonds pour y tracer le plan artificiel, & vne lunette plantée vis à vis de telle longueur & distance qu'on iugera à propos, où sera mis vn verre ou crystal polygone semblable à celuy de la soixante-quatriesme figure, en la mesme constitutio qu'il est là representé. Il faut s'imaginer qu'en regardant par le trou qui est à l'autre exrremité de la lunette, (nous le pouuons apeller le point de veuë) tous les rayons visuels qui passeront par l'vne des faces ou plans du crystal, en se rompant iront tomber en quelque endroit du fonds proposé, & y descriront la figure de la facette par où ils auront passé, plus petite, ou plus grande selon que ce point de veuë sera pres ou esloigné du tableau : de sorte que les rayons visuels se rompant diuersement par toutes les facettes, descriront sur le plan autant de figures qu'il y a de facettes au crystal, & qui leur seront semblables toutes esparses çà & là, à cause de l'inclination que les faces du crystal ont les vnes aux autres comme vous voyez les trapezes & pentagones irreguliers de lignes ponctuées qui sont en la soixante neufiesme figure. Or il est question de trouuer sur le plan proposé tous les espaces que descriuent les rayons visuels passant par toutes les facettes.

Pour le faire auec facilité, l'on doit premierement establir vn certain ordre entre les facettes du crystal, en sorte que l'vne soit la premiere, l'autre la seconde, l'autre la troisiesme, &c. par exemple supposons que la septantiesme figure nous represente la constitution du crystal en la lunette & nous exprime ses facettes, comme en effet les lignes pleines & apparentes nous le representent assez bien (encore que nous nous deuions seruir cy-apres de la mesme figure pour la construction du plan naturel de l'image) commençant par les huit facettes interieures qui aboutissent au centre & qui sont trapezes, nous prenons celle d'en haut pour la premiere ; celle qui suit à main droite, pour la seconde ; l'autre d'apres en descendant du mesme costé, pour la troisiesme, & ainsi de suitte, comme elles se voyent marquées. 1, 2, 3, 4, 5, 6, 7, 8. Celles qui sont terminées d'vn costé en dehors de la circonference du cercle ABCD, suiuent

Z iij

apres, & font pentagones irreguliers, pour lefquelles nous eftabliſ-
fons auſſi vn ordre, car i'ay marqué celle d'en haut à main droite de
9, & les autres en continuant par le meſme coſté de 10,11,12,13,14,
15,16.

Cela eſtant fuppoſé, l'on mettra l'œil au point de veuë, & auec
l'inſtrument repreſenté par la ſoixante-huictieſme figure, on trouuera tous les eſpaces du plan artificiel en menant ledit inſtrument çà & là ſur le fonds preparé, iuſques à ce que l'on voye que la
ligne E F qui eſt le bord de la petite regle, pareſſe parallele à quelque arreſte de l'vne des facettes; & puis on reculera ou l'on apro-
chera tant qu'elle paroiſſe faire iuſtement vn coſté de la facette, &
pour lors auec le crayon ou le fuſin on marquera cette ligne le long
de la regle: par exemple fupofé qu'il falle trouuer l'eſpace defcrit
au plan propofé par rayons viſuels qui paſſent par la facete 3 de la
feptantieſme figure difpofée comme nous auons dit à l'eſgard de ce
plan; Ayant l'œil au point, ſoit mené l'inſtrument de la foixantehui-
tieſme figure ſur le plan de la ſoixante-neufieſme, iuſques à ce que
la ligne E F paroiſſe ſur le plan pres de la ligne de la feptantieſme figure qui va depuis b iuſques au centre; ce qui ſe fera vers la facette
marquée C, & puis on tracera le long de la regle E F la ligne a b,
qui fera l'vn des coſtez de la facette C. On en fera de meſme pour
tracer la lignes b c, pour l'autre coſté du meſme trapeze qui exprime
b 3 de la ſeptantieſme figure; & l'on fera le meſme ſur toutes les facettes que l'on tracera d'ordre ſans ſe broüiller, & l'on remarquera que celles qui ſont en la partie ſuperieure du cryſtal defcriuent
leur plan en la partie inferieure du fonds, ou du tableau; & celles
de la partie inferieure du cryſtal en la ſuperieure du tableau; celles
qui ſont à droit le defcriuent à gauche, & celles qui ſont à gauche, à
droit: c'eſt pourquoy dans l'ordre que nous y auons mis, celle qui
eſt la premiere du cryſtal, & marquée 1, defcrira ſon plan en A; la
ſeconde à droite en deſcendant ſur le cryſtal, defcrira ſon plan en
B à gauche & en montant ſur le fonds du tableau; & ainſi de toutes
les autres, lefquelles eſtant marquées en la feptantieſme figure qui
les repreſente auec les chiffres 1, 2, 3, 4, 5, 7, &c. font au plan du tableau marquées des lettres A B C D E F G, &c. A repreſente la premiere; B, la ſeconde; C la troiſieſme, & ainſi des autres.

On tracera de cette façon tout ce qui eſt compris de lignes droites: mais d'autant que les pentagones irreguliers ont l'vn de leurs
coſtez circulaires; pour le tracer plus preciſement on obſeruera
premierement auec la regle, comme on a fait du reſte, deux points
par où doit paſſer cét arc de cercle qui fait l'vn de leurs coſtez, qui
ſera, par exemple e f au pentagone irregulier ou facette K; & puis
ouurant le compas commun de la longueur de la ligne R V entre la
ſeptantieſme & ſeptante-vnieſme figure au bas de la ſtampe (laquelle ligne ſera dreſſée & diuiſée, comme nous dirons apres,) on met-

de la Perspectiue Curieuse 183

tra l'vne de ses iambes successiuement au point e, & au point f, & on descrira les deux arcs qui s'entrecouperont au point g, duquel, comme centre & de la mesme ouuerture de compas, on descrira l'arc fe, qui sera le costé circulaire requis du pentagone irregulier qui represente au tableau la facette 10 de la septantiesme figure: il est encor exprimé de mesme au pentagone irregulier P qui represente la facette quinziesme de cette mesme septantiesme figure.

On pourra encore plus commodement pour quelques vns trouuer ces espaces du plan artificiel par le moyen d'vne pointe de fer attachée au bout de la baguette au lieu de regle: car auec cette pointe l'on peut marquer sur le plan tous les angles de ces facettes, & tirer des lignes de l'vne à l'autre ; par exemple, apres auoir obserué que la pointe estant en b sur le fonds du tableau paroist par l'vn des angles de la facette du crystal, & qu'estant en c elle est veuë par vn autre angle de la mesme facette que nous supposons la troisiesme, on n'aura qu'à tirer la ligne bc, & ainsi de toutes les autres.

COROLLAIRE.

Quelques-vns croyent qu'on peut trouuer ces espaces par le moyen de la lumiere du soleil ou d'vne chandelle ; mais s'ils veulent prendre la peine d'y trauailler, l'experience leur fera connoistre que cette methode est falible, tres-incertaine & ne peut reüssir, veu principalement qu'elle ne suppose aucun point de veuë determiné en se seruãt de la lumiere du Soleil: & si l'on en determinoit vn comme nous faisons en y procedant par la methode proposée, quelque lumiere que ce fût elle ne produiroit aucun bon effet par vne ouuerture telle que nous la faisons, qui n'est que de la grosseur d'vne aiguille ; ce qui seroit neanmoins necessaire, afin que la lumiere passant par cette petite ouuerture peust marquer les espaces sur le plan, puisque l'artifice, pour estre bien regulier & produire son effet dans vne grande iustesse, ne permet pas qu'on en fasse vne plus grande: la raison le dicte & l'experience le confirme ; car ce point estant estably, si vous le transferez seulement de la largeur de trois lignes ; la peinture qui paressoit auparauant bien & deuëment proportionnée, ne sera plus que confusion : c'est pourquoy ie ne conseille à personne de s'en seruir s'il ne veut perdre son temps & sa peine.

PROPOSITION IV.

Construire le plan naturel de l'image, la descrire audit plan, & en faire la reduction au plan artificiel, de sorte qu'estant veuë par la lunette, elle y paresse aussi bien proportionnée qu'au plan naturel.

NOus auons dé-ja distingué le plan naturel & artificiel de la figure, & declaré ce que nous entendons par l'vn & l'autre. Le plan artificiel estant donc dressé & les espaces trouuez comme nous auons dit en la proposition precedente, & qu'il est representé dans la soixāte-neufiesme figure, il faut sur iceluy selon les mesures & la quantité des espaces qui le composent construire le plan naturel en cette sorte. Soit prise au plan artificiel auec le compas la longueur de l'vn des plus grands costez de quelqu'vn des trapezes, comme du costé *ab* du trapeze C, laquelle grandeur sera mise à part sur vne ligne droite, comme est R V, depuis R iusques à S : soit encore prise auec le compas au mesme trapeze, ou à quelqu'autre semblable la distance depuis l'angle de la pointe *a* iusques à son opposée, & soit aussi mise cette distance sur la mesme ligne droite R V, qui sera R T ; puis ajoustez sur la mesme ligne droite en continuant depuis T vers V la grandeur de l'vn des plus petits costez des pentagones irreguliers, comme *de* costé du pentagone K, qui sera TV en la ligne RSTV, sur laquelle on prendra toutes les mesures du plan naturel : & premierement on descrira en la septantiesme figure, le cercle ABCD, dont le demy-diametre sera égal à toute la ligne RV ; duquel cercle on diuisera la circonference en huit parties égales és points 9, 10, 11, 12, 13, 14, 15, 16, & par chacun des points de cette diuision on tirera des diametres de lignes occultes 9, 13 : 10, 14 : 11, 15 : 12, 16 : & puis on portera auec le compas la grandeur R T sur tous ces diametres depuis le centre vers la circonference és points 1, 2, 3, 4, 5, 6, 7, 8 : ce qu'estant fait, on descrira vn plus petit cercle oculte, equidistant & concentrique au premier, dont le demy-diametre sera de la grandeur RS ; & ce cercle se trouuera diuisé en huit arcs ou parties egales au dessous des points 1, 2, 3, 4, 5, 6, 7, 8, par les diametres mesmes qui diuisent le grand ; lesquels arcs de cercles seront encore diuisez chacun en deux parties égales és poins *abcdefgh*, qui seront conjoints chacun à son opposé, par des diametres apparens comme sont *ae, bf, cg, dh*, & seront aussi ioints de lignes aparentes les points 1*a*, *a*2, 2*b*, *b*3, & les autres tout autour, qui formeront les trapezes du milieu & les pentagones irreguliers de l'exterieur, comme il se voit en la figure, où ce qui est tracé de lignes aparentes est le plan naturel requis : le reste qui n'est que de lignes ponctuées n'estant que pour seruir à sa construction : c'est pourquoy nous l'auons seulement descrit à part, en la septante-
vniesme

de la Perspectiue Curieuse. 185

vniefme figure, de lignes ponctuées, afin de mieux difcerner les parties de la figure qui y fera deffeinée.

On y peut figurer tout ce qu'on voudra pour eftre apres transferé & reduit au plan artificiel ; mais il faut que ce qu'on y deffeinera foit compris & terminé tout autour de la circonference du cercle qui borne ce plan, comme fait voir en la feptante-vniefme figure le portrait qui y eft depeint.

Quant à la reduction de la mefme figure ou portrait au plan artificiel ; il faut fuppofer ce que nous auons defia dit, à fçauoir que la fituation des facettes qui eft en ce plan eft tout à fait côtraire à celle du plan naturel : de forte que la facette A du plan artificiel reprefente la premiere marquée 1 du plan naturel, en la feptante-vniefme figure : & le trapeze B du plan artificiel reprefente la feconde facette du plan naturel marquée 2, & ainfi de fuitte, comme elles fe voient marquées auec mefme ordre par les lettres A B C D E F G H, I K L M N O P Q au plan artificiel, & par les chiffres 1,2,3,4,5,6,7 8,9,10,11,12,13,14,15 16, au plan naturel. Ce qu'eftant fuppofé, il faut defcrire és trapezés & pentagones irreguliers du plan artificiel les parties de l'image qui fe trouuent au plan naturel comprifes és trapezes & pentagones irreguliers qu'ils reprefentét: par exemple l'œil droit, vne partie du gauche, & du nez de la figure à reduire fe trouuâs compris au plan naturel en la feptante-vniefme figure au premier trapeze marque 19, il faut reduire la mefme partie de l'image ou portrait au plan artificiel dans le trapeze marqué A, qui reprefente ce premier comme il fe voit fait : ainfi l'autre partie de l'œil gauche & le contour du vifage fe trouuant au trapeze 2 du plan naturel, il faut reduire cette partie au plan artificiel dans le trapeze marqué B qui le reprefente ; & ainfi de toutes les autres parties, en forte que s'il fe trouue quelque trapeze ou pentagone irregulier au plan naturel qui foit tout à fait vuide, & qu'il n'y entre aucune partie de la figure, il doit aufli demeurer vuide au plan artificiel, comme font les pentagones irreguliers K & P, qui reprefentent ceux du plan naturel marquez 10 & 15.

COROLLAIRE.

Encore que la methode enfeignée en cette propofition femble eftre particuliere pour cette forte de cryftaux proligones ou à facettes que nous y mettons en vfage, & qui eft reprefentée par la foixante-quatriefme figure de la 23 planche, on peut neanmoins faire le mefme à proportion fur toutes fortes de verres & cryftaux poligones de quelque forme, qu'ils foient taillez, pourueu qu'on ait au prealable bien obferué & marqué tous les efpaces du plan artificiel en la façon que nous auons dit en la precedente propofition.

A a

Liure quatriesme

Pour voir cecy plus clairement & pour faciliter l'vsage de cette methode aux moins experimentez, i'en ay mis vn second exemple en la vint-cinquiesme & derniere planche, où i'ay dressé vne de ces figures sur vne autre sorte de crystal polygone representée en la vint-troisiesme planche par la figure soixante-cinquiesme. Ce crystal a autant de plans ou facettes que le premier, & luy est semblable quant aux facettes exterieures qui sont huict pentagones irreguliers. Quant aux interieures, elles sont differentes, car ce sont quatre quarrez & autant d'hexagones irreguliers. Suposant donc le plan artificiel dressé & les espaces marquez comme en la figure septante-deuxiesme, les hexagones & quarrez de lignes ponctuées ABCDEFGH, & les pentagones IKLMNOPQ; il faut sur la grandeur de ces espaces construire le plan naturel en prenant pour disposition auec le cópas sur quelqu'vn des hexagones irreguliers, comme sur celuy qui est marqué C, la distance depuis la pointe *a* iusques à *b*, & en la mettant sur vne ligne droite à part comme est RS sur la ligne RX; de mesme auec le compas soit encore sur le mesme hexagone ou sur vn autre semblable, prise la distance *ac*, & transferée sur la mesme ligne depuis R iusques à T; de mesme soit fait de la distance *ad*, qui sera RV, sur ladite ligne, au bout de laquelle on ajoustera encore la grandeur de l'vn des plus petits costez de quelque pentagone irregulier, comme en la precedente figure, & VX sera la grandeur de ce costé, qui terminera la grandeur de la ligne RX, sur laquelle on fera le plan naturel requis, en traçant premierement, comme il se voit en la septante-troisiesme de la cinquantiesme planche, le cercle ABCD, dont le demy-diametre soit égal à la ligne RX : & la circonference de ce cercle estant diuisée en huit parties ou arcs égaux, on tirera de chaque point de la diuision à son opposé des diametres de lignes ocultes 9, 13 : 10, 14 : 11, 15 : 12, 16 : sur lesquels, depuis le centre vers la circonference de part & d'autre, on transportera la grandeur KV és points 1, 2, 4, 5, 6, 7, 8 : & sur les deux AC, BD on marquera encore depuis le centre vers la circonference de part & d'autre la grandeur RS és points *iklm* : ce qu'estant fait, soit tracé vn moindre cercle oculte equidistant & concentrique au premier, dont le demy-diametre soit égal à la ligne RT ; ce plus petit cercle se trouuera diuisé en huit parties egales au dessous des points 1, 2, 3, 4, 5, 6, 7, 8, par les mesmes diametres qui diuisent le plus grand : lesquels huit arcs de cercle seront encore diuisez chacun en deux egalement és points *abcdefgh*, qui seront conioins aux nombres par le moyen de lignes droites tout autour 1*a*, *a*2, 2*b*, *b*3, &c. qui formeront les pétagones irreguliers de l'exterieur. Pour les 4 hexagones & les 4 quarrez de l'interieur de la figure, ils se formeront en ioignant les points *il*, & *km*, de lignes aparentes, & en tirant encore des lignes droites aparentes de *i* en *a* & en *b* : de *k* en *c* & en *d* : de *l* en *e* & en *f* : de *m* en *g* & en *h* : Et pour lors le plan naturel sera dressé, & diuisé; lequel on peut mettre au net, comme il se void en la septante-quatriesme figure auec le portrait d'Vrbain VIII. duquel portrait les parties comprises en chacune des facettes se voyent reduites au plan artificiel, conformement à ce que nous auons dit en la proposition sur la planche precedente; où le mesme ordre est gardé pour les chiffres 1, 2, 3, 4, 5, &c. du plan naturel, & pour les lettres A B C D E &c. de l'artificiel : c'est pourquoy nous ne dirons rien dauantage de cette reduction.

COROLLAIRE II.

Il y en a qui apres auoir dressé le plan artificiel & marqué ses espaces pour construire le plan naturel, coupent de petits morceaux de papier ou carton conformes aux espaces du plan, qu'ils aiustent ensemble, afin de faire vn plan quasi continu pour desseiner dessus leur figure, & pour transporter apres les parties qui se rencontrent sur ces petits morceaux de papier és espaces du plan artificiel qui les representent.

D'autres coupent les images mesmes & en appliquent les pieces sur le fonds preparé, chacun selon la disposition qu'elle y doit auoir pour produire l'effet pretendu. Mais i'estime qu'il est difficile de reüssir à faire quelque chose de parfait par cette voye : car pour l'ordinaire les facettes de ces cryftaux estant inégales, les espaces, comme les trapezes, pentagones & hexagones irreguliers, marquez au plan artificiel seront aussi inegaux, ce qui fera qu'on ne pourra bien aiuster ce plan de pieces raportées, ny faire dessus vn dessein sans interruption : & si vous prenez des images toutes faites & que vous les coupiez de la sorte pour en appliquer les pieces sur le fonds, outre que vous aurez de la peine à desguiser vostre figure, & en cachant l'artifice faire parestre vne peinture bien ordonnée differente de ce qui se doit voir par la lunette, comme nous allons enseigner il se rencontrera quelquesfois que la facette par laquelle on verra quelque partie de l'objet, sera tellement defectueuse, qu'on sera contraint en ragreant de faire des difformitez à dessein pour faire voir quelque chose de parfait : ce qui ne se peut faire si vous ne reduisez vostre dessein comme nous auons dit, és espaces du plan mesme.

Aa ij

PROPOSITION V.

Les parties de la figure estant reduites és espaces du plan artificiel, les desguiser de sorte qu'en cachant l'artifice de la construction on fasse que la peinture estant veuë directement represente vne chose toute differente de ce qui s'y doit voir par la lunette.

Nous auons enseigné la methode de la construction de ces figures en sorte que les parties de la figure ou de l'image estant reduites & dispersées çà & la au plan artificiel selon la disposition requise à cet effet, en regardant par le point de veuë à l'extremité de la lunette on void toutes ces parties se rassembler en vn mesme plan continu sans confusion, & l'image bien proportionnée & semblable à celle qui a premierement esté desseinée au plan naturel.

Mais si nous ne desseinons au plan du tableau que les seules parties de l'objet, ou de la figure, qui sont reduites és espaces du plan artificiel, comme és trapezes & pantagones de la soixante-neufiesme figure, oûtre qu'on en reconnoistra facilement l'artifice en voyant toutes les parties descrites au plan estre bornées par des figures semblables aux facettes du crystal polygone ; il sera encore de mauuaise grace de voir, par exemple, vn visage coupé en sept ou huit pieces, & ses parties separées & esparses çà & là dans le desordre & la confusion. C'est pourquoy afin de rendre l artifice plus admirable ; il faut que le tableau estant regardé directement & hors de la lunette represente vne peinture bien ordonnée & differente de ce qu'on y doit voir par la lunette, de sorte neantmoins que l'vn & l'autre conuienne à vn mesme dessein pour signifier ou representer ce qu'on se sera proposé.

Ce qui sera plus intelligible par l'exemple qu'on en peut voir en la soixante-neufiesme figure, où apres auoir fait la reductiô des parties du portrait de Louis XIII. descrit au plá naturel de la 71 figure en la 49 planche, és espaces du plan artificiel, pour remplir le vuide que laissént ces espaces, nous auons fait de chacune de ces parties vn autre portrait entier different de ce premier en appropriant, par exemple sur le trapeze A où sont enfermez l'œil droict, le nez & vne partie de l œil gauche, & desseinant au tour ce qui reste pour l'accroissement d'vn portraict entier, & ainsi pour tous les autres : & si l'on n'a pas assez d'espace pour faire vn portrait entirer à chasque facette, comme il se rencontre assez souuent à raison de l'irregularité des crystaux, & de la diuersité de l'inclination de leurs plans ou facettes, on peut faire que les parties côprises en deux de ces espaces conuiennent en vne mesme figure, comme il se voit en la mesme planche és trapezes B & C, où la partie des cheueux du portrait

de la Perspectiue Curieuse.   189

reduite en C forme le pennache de la figure faite sur le trapeze B, le mesme se voit encore és trapezes H, G, qui sont vis à vis de ceux-cy de l'autre costé de la stampe.

Le tout estant disposé de la sorte, la peinture aura beaucoup plus de grace, & l'artifice en sera plus estimé: mais encore plus si l'on se forme quelque dessein pour la signification de cette peinture; ce qui se peut remarquer en la 49 & 50 plache és figures soixáte-neufiesme & septante-deuxiesme: dót la premiere est à peu pres la copie, ou du moins le dessein d'vn tableau que i'ay tracé & fait peindre, & qui se garde encore en la Bibliotheque de nostre Coüét de la place Royale à Paris. Ce tableau dressé de la façon que nous auons dit en ce liure, estant veu directement represente vne quinzaine d'Ottomans vestus à la Turque, la plus part au naturel, tirez d'vn liure intitulé *Icones Sultanorum*: & quand on vient à regarder par la lunette, au lieu de ces Ottomans on ne voit plus que le portrait de Louys XIII. vestu à la Françoise, encore qu'il se compose de plusieurs pieces des autres portraits qui se ramassent ensemble pour le former tel qu'il se void.

Ce dessein est fait suiuant la Prophetie, qu'on dit que Mahomet a laissé à ses successeurs, ausquels il recommanda de ne iamais offencer la Monarchie Françoise, parce que leur Empire ne seroit iamais ruiné que par la puissance de quelqu'vn de ses Roys. C'est pourquoy nous faisons que la plus part des Empereurs de ce tableau rendent hommage au Roy, en contribuant chacun quelque partie de soy pour former son image, comme s'ils se despoüilloient eux-mesmes pour honorer son triomphe: d'où vient que si auec le doit ou quelque baguette on touche l'œil droit de celuy qui est au trapeze A, il semblera à ceux qui regarderont par la lunette qu'on touche l'œil droit du Roy; ainsi mettant la baguette sur le bout du nez de l'autre qui est au trapeze B, il semblera encore que ce soit le nez du Roy, duquel le portrait entier, tel qu'il est descrit en la septante-vniesme figure, se void par la lunette au milieu du tableau, au mesme endroit où est figuré celuy d'Amurath quatriesme, comme s'il l'ostoit de son Thrône, & prenoit possession de son Empire.

COROLLAIRE I.

A l'imitation de ces desseins chacun en peut former de nouueaux à sa fantaisie & selon son intention. On peut prendre au vieil testament toutes les figures d'vne mesme signification, & faire qu'estant peintes & disposées au plan selon les regles prescrites, elles ne representent par la lunette que la chose figurée.

L'on peut aussi peindre quelques Prophetes de ceux qui ont parlé plus expressement de la Vierge & de l'Incarnation, chacun auec vn liteau volant, où soient escrits les mots de sa Prophetie par

A a iij

exemple, Isaye auec ces mots, ECCE VIRGO CONCIPIET ET PARIET FILIVM, & ainsi des autres; & faire que par la lunette on ne voye que la Vierge auec cette inscription : ECCE ANCILLA DOMINI, &c.

Et si apres auoir disposé le plan du tableau, on trouue que les espaces tracez soient trop pres l'vn de l'autre, de sorte qu'on ne puisse rien approprier dessus les parties de l'objet, qui soit fait auec iuste proportion, on pourra s'auantager de cette incommodité & prendre vn dessein qui reüssisse en cette confusion aussi bien que si le plan auoit esté disposé auec toutes les precautions possibles: comme si on prenoit le sujet du trente-septiesme Chapitre de la Prophetie d'Ezechiel, & qu'on feignist vn champ remply d'ossemens espars çà & là, auec la deuise; VATICINARE DE OSSIBVS ISTIS. par la lunette on les feroit voir si bien ruünis & ajustez ensemble, qu'ils formeroient vn squelette auec toutes ses proportions & ses iustes mesures.

On pourroit faire le mesme en vn dessein où les parties de la figure d'vn corps humain estant diuisées & reduites aux espaces du plan artificiel, ne pourroient estre accompagnées de ce qu'on y voudroit adjouster, faute de place; car en ce cas il n'y auroit qu'à figurer au milieu du tableau, qui est ordinairement le plus grand vuide, vne Medée qui jettast çà & là les membres de son frere Absyrtus qu'elle deschira en pieces l'ors qu'il la suiuoit comme la fable le descrit. En vn mot le tout depend de l'addresse de ceux qui trauailleront, lesquels nonobstant la sujetion qui est en ce genre de peintures, pourront tellement disposer leurs desseins, qu'elles parestront faites auec aussi peu de contrainte que les peintures communes.

COROLLAIRE II.

En cette sorte de Perspectiue on peut aussi faire voir deux differentes figures successiuement par la mesme lunette & sur le mesme plan, en rendant l'vn ou l'autre mobile, comme si on faisoit tourner le plan au tour d'vn piuot qui fût fixe à son centre, & si apres auoir tracé les espaces pour y reduire les parties de la premiere figure, on venoit à oposer aux facettes du crystal le vuide laissé par ces premiers espaces, & qu'on y entraçast d'autres pour la seconde qui n'anticipassent point sur ces premiers; car par ce moyen on descriroit aux vns & aux autres separément ce qu'on voudroit faire voir à plusieurs fois: mais en ce faisant on sera contraint de laisser les parties des figures reduites au plan artificiel toutes en confusion, sans y rien ajouster de bien proportioné; outre que, comme i'ay des-ja dit, il sera difficile de faire reüssir cét artifice bien exactement à cause que la lunette, ou le plan ne seront pas bien arrestez.

COROLLAIRE III.

Les lunettes qu'on fait d'vn ou plusieurs verres conuexes, & qui nous augmentent si fort la quantité des objets pourroient produire quelque chose de semblable à cét artifice; auec beaucoup moins de peine & de contrainte pour la construction de la figure: Car on pourroit peindre en quelque tableau que ce fût, ce qu'on voudroit faire voir par la lunette, extremement petit, & renuersé, s'il estoit necessaire; de sorte qu'en regardant la peinture directement, on ne s'en aperceuroit pas : & mesme pour en cacher dauantage l'artifice, on pourroit peindre sa figure sur quelque medaille ou anneau qui d'ailleurs ne parût pas inutile en la peinture; & en mettant l'œil à la lunette oposée directement à ce petit objet, elle en grossiroit tellement l'apparence qu'on en verroit les moindres parties fort distinctement, le reste de la peinture ne paroissant plus : ce qui reüssiroit fort bien si on se seruoit de verres ou cryftaux de la forme que prescrit Monsieur des Cartes aux discours 8, 9 & dixiesme de sa Dioptrique; car en faisant l'obiet de la grandeur du verre de la lunettte, les rayons des especes qui en partiroient, tombans parallelles sur la surface de ce verre, feroient vne refraction reguliere, & produiroient vn bel effet : on y peut aussi reüssir par le moyen des verres conuexes spheriques : & i'ay veu d'excellentes lunettes de cette sorte, lesquelles renuersant les especes en augmentoient si notablement la quantité & l'estenduë, que d'vn portrait grand comme le pouce, elles en faisoient voir vn presque aussi grand que le naturel.

Fin du quatriesme & dernier Liure.

ADVERTISSEMENT.

IL faut premierement remarquer qu'on a oublié de mettre à la fin de la 35 propositiō du premier liure, que la figure & la methode qui suit dans la 36, a esté prise des œuures de Monsieur Desargues, qui auoit fait imprimer vne feüille particuliere de ce suiet, auant la publication de sa Perspectiue.

Secondement, que le P. Niceron auoit dessein de faire des traitez acomplis du rayon droit, reflechi & rompu, afin de donner vn ouurage entier au public; ce qu'il pouuoit faire aysement, si Dieu luy eust prolongé la vie, car il auoit vne grande viuacité d'esprit: mais parce que Dieu dispose de nos vies, comme il luy plaist, & que nous nous deuons cette mutuelle charité que de supleer les vns pour les autres, on trouuera dans les traitez qui suiurōt, vne bonne partie de ce que l'on en eust pû esperer: ioint que son amy particulier le R. P. Magnan Professeur en Theologie à la Trinité du mont à Rome, acheue vn ouurage qui ioint à cettuy-cy perfectionnera cét art, puis qu'il y traite fort amplement de tout ce qui apartient aux horloges, & par consequent aux rayons du Soleil.

A quoy l'on peut aioûter les 3 volumes du F. du Breüil, qui donne la maniere de faire toutes sortes de Perspectiues pour toutes sortes d'arts & de mestiers, auec des figures si bien tracées, & grauées, qu'il semble qu'on ne doiue rien desirer de mieux en cét art, dont si l'on ayme la belle Theorie & la Pratique, il suffit de lire & de comprendre tout ce qu'en a donné le sieur A. Bosse au nom de l'Autheur.

En 3 lieu il faut remarquer que les planches qui sont grauées, en taille-douce, & qui seruent pour entendre les discours, & les demonstrations contenuës dans les 4 liures de cette Perspectiue, ne se trouuent pas auec ledit discours, mais à la fin, parce que chaque planche sert pour plusieurs propositions, mais elles sont si bien cottées en chaque lieu, qu'on ne peut manquer à les trouuer. Et si on veut les auoir vis à vis de chaque proposition, sans retorner le liure à la fin, où elles sont, on peut les faire relier à part, afin de les tenir ouuertes en lisant, ou mesme les faire relier dans leurs propres lieux, en faisant tirer le nombre des planches qui sera necessaire pour ce suiet.

Loüange à Dieu premier autheur de toutes choses.

LIVRE

www.ingramcontent.com/pod-product-compliance
Lightning Source LLC
Chambersburg PA
CBHW050210230526
45470CB00001B/321

La perspective curieuse du R. P. Niceron, Minime...
avec L'optique et la catoptrique du
R. P. Mersenne ,... du même ordre, mise en lumière
après la mort de l'auteur

http://gallica.bnf.fr/ark:/12148/bpt6k105509h

Ce livre est la reproduction fidèle d'une œuvre publiée avant 1920 et fait partie d'une collection de livres réimprimés à la demande éditée par Hachette Livre, dans le cadre d'un partenariat avec la Bibliothèque nationale de France, offrant l'opportunité d'accéder à des ouvrages anciens et souvent rares issus des fonds patrimoniaux de la BnF.

Les œuvres faisant partie de cette collection ont été numérisées par la BnF et sont présentes sur Gallica, sa bibliothèque numérique.

En entreprenant de redonner vie à ces ouvrages au travers d'une collection de livres réimprimés à la demande, nous leur donnons la possibilité de rencontrer un public élargi et participons à la transmission de connaissances et de savoirs parfois difficilement accessibles.

Nous avons cherché à concilier la reproduction fidèle d'un livre ancien à partir de sa version numérisée avec le souci d'un confort de lecture optimal.

Nous espérons que les ouvrages de cette nouvelle collection vous apporteront entière satisfaction.

Pour plus d'informations, rendez-vous sur www.hachettebnf.fr